高等职业教育机电类专业规划教材

电机驱动与调速

赵　冰　主编
李　明　史晓华　副主编

電子工業出版社
Publishing House of Electronics Industry
北京・BEIJING

内 容 简 介

本书内容共包含四个大项目：供电变压器的维护与检修、机车牵引电机的维护与调速、电梯曳引电机的维护与调速、自动化生产线驱动电机的维护与调速。各个项目均从应用角度进行阐述，强化对学生职业技能的培养与训练，以期培养学生分析问题、解决实际生产问题的能力。

本书可作为高等职业教育电气自动化技术专业、生产过程自动化技术、供用电技术、机电一体化技术等相关专业的教学用书，也可供有关工程技术人员参考。

图书在版编目（CIP）数据

电机驱动与调速 / 赵冰主编. —北京：电子工业出版社，2017.6
ISBN 978-7-121-30389-0

Ⅰ. ①电… Ⅱ. ①赵… Ⅲ. ①电机-控制系统-高等学校-教材
②电机-调速-高等学校-教材 Ⅳ. ①TM3

中国版本图书馆 CIP 数据核字（2016）第 277786 号

策划编辑：朱怀永
责任编辑：朱怀永
文字编辑：李 静
特约编辑：王 纲
印 装：北京盛通数码印刷有限公司
出版发行：电子工业出版社
北京市海淀区万寿路 173 信箱 邮编 100036
开 本：787×1092 1/16 印张：13.75 字数：352 千字
版 次：2017 年 6 月第 1 版
印 次：2025 年 2 月第 9 次印刷
定 价：33.80 元

凡所购买电子工业出版社图书有缺损问题，请向购买书店调换。若书店售缺，请与本社发行部联系，联系及邮购电话：（010）88254888。

质量投诉请发邮件至 zlts@phei.com.cn，盗版侵权举报请发邮件至 dbqq@phei.com.cn。

本书咨询联系方式：（010）88254608，zhy@phei.com.cn

前　言

随着我国教育改革的不断深入和高等职业教育的迅速发展，尤其是目前采用的基于工作过程的教学方式，对高等职业教育的教材建设提出了更高的要求。为了适应这一要求和教学需要，我们编写了本教材。在本书编写过程中，通过项目及其子任务的设计，帮助学生由浅入深地掌握电机驱动与调速技术的应用和发展。为了使教材内容符合“简单、实用、够用”的原则，力求做到从学生的实际出发，降低难度，减少定量计算，由浅入深，环环相扣。

本书围绕培养学生专业技能这条主线，遵循“理论为基础，实践为主导”的指导思想。理论知识以“必需，够用”为原则，对实训项目的安排力求真实性和可操作性，注重专业技术应用能力的训练，并且与生产中的实际应用紧密结合，使学生在真实的职业环境中，完成任务过程的同时，提高综合职业能力。

本书共分四个大项目，八个任务。第一个项目为供电变压器的维护与检修，分为两个任务，任务一是小区供电变压器的维护与检修，任务二是工厂供电变压器的维护与检修；项目二为机车牵引电机的维护与调速，包括两个任务，任务一是机车牵引电机的维护与检修，任务二是机车牵引电机的调速；项目三为电梯曳引电机的维护与调速，包括两个任务，任务一是电梯曳引电机的维护，任务二是电梯曳引电机的变频驱动；项目四为自动化生产线驱动电机的维护与调速，包括两个任务，任务一是步进电机 PLC 控制设计，任务二是伺服电机 PLC 控制设计。

本教材的主要特色：体现了目前我国高职教育的主流思想，基于工作过程的教学理念，采用项目式教学方法，由工作任务驱动，引出学习内容，使学生在“教”中“学”、“做”中“学”，真正做到学以致用。在给定任务的前提下，引出相应的理论知识，并以理论知识为铺垫，指导学生理解每个学习任务的意义；通过工作过程的引导，使理论知识和实际操作相结合，最终完成一个独立项目。在内容的安排上，本节突出基本理论、基本概念和基本分析方法，删掉复杂的公式推导过程，并遵循人的认知规律和职业成长规律，做到深入浅出、循序渐进、由易到难，便于学生自主学习。每个项目后均有小结和习题。

本书由烟台工程职业技术学院赵冰任主编，负责全书的组织、统稿工作，并编写了项目一；烟台工程职业技术学院李明（编写项目四中的任务二）和史晓华（编写项目三中的任务一）任副主编，协助整本书的统稿和后期处理工作；烟台工程职业技术学院刘静（编写项目三中的任务二）、张波（编写项目二中的任务一和项目四中的任务一）、孙燕斐（编写项目二中的任务二）参加编写。感谢同仁们对教材的编写提出了很多宝贵建议。

编写过程中，编者参考和引用了不少资料，谨向原编著者致以衷心的谢意。由于编者水平有限，书中难免存在一些疏漏和不妥之处，敬请读者批评指正以便再版修订时改正。

编　者

2016年9月

目　录

项目一　供电变压器的维护与检修

项目剖析

人类社会的生存和发展离不开能源。而能源则有多种形式，如热能、光能、化学能、机械能、电能和原子能等。其中，电能是最重要的能源之一，和其他能源形式相比具有明显的优点：它适宜大量生产和集中管理、转换、传输和分配，容易、便于自动控制；另外，它还是一种洁净能源，对环境的污染非常小。因此，电能在工农业生产、交通运输、科学技术、信息传输、国防建设以及日常生活等各个领域获得了极为广泛的应用。变压器是电力系统中一种重要的电气设备。由于发电厂发出的电压受发电机绝缘的限制不可能很高，一般为 6.3～27kV，而发电厂又多建在动力资源丰富的地方，要把发出的大功率电能直接输送到很远的用电区，一般采用“高压输电”，这样就降低了损耗，节省了投资费用。到了用户区，再采用“低压配电”，供给不同用户所需的电压等级。

在自动控制系统中，变压器作为信号传递的元件，应用广泛。它原理简单，但根据不同的使用场合，变压器的绕制工艺会有所不同。在其他部门，同样也广泛使用各种类型的变压器，以提供特种电源或满足特殊需要，如冶金用的电炉变压器、焊接用的电焊变压器、船用变压器以及实验用的调压变压器。

变压器是一种静止的电机，通过绕组间的电磁感应作用，可以把一种电压等级的交流电能变换成同频率的另一电压等级的交流电能。变压器的功能主要有：电压变换、阻抗变换、隔离、稳压（磁饱和变压器）等。

本项目由以下任务组成。

任务一——小区供电变压器的维护与检修。

任务二——工厂供电变压器的维护与检修。

项目目标

1. 掌握变压器的工作原理和主要结构以及型号和额定值。
2. 理解单相变压器空载运行时的电磁关系、空载电流和空载时的空载损耗。

3. 理解单相变压器负载运行时的电磁关系、基本方程式。
4. 掌握变压器的运行特性。
5. 掌握几种特殊用途变压器的工作原理、结构特点以及使用注意事项。

任务一　小区供电变压器的维护与检修

本任务目标

1. 掌握单相变压器的工作原理、主要结构以及型号和额定值。
2. 理解单相变压器的运行特性，包括空载特性、负载特性、阻抗特性、外特性以及损耗和效率计算。
3. 了解单相变压器极性测定以及其相关测试，包括短路测试、绝缘电阻的测试、空载电压的测试和空载电流的测试。
4. 掌握小型变压器运行前和运行中的检查以及常见故障及检修方法。
5. 掌握几种特殊用途变压器的工作原理、结构特点以及使用注意事项。

一、相关知识

（一）变压器的用途

变压器是电力系统中一种重要的电气设备。为了把发电厂发出的电能较经济地传输、合理地分配及安全地使用，都要使用变压器。发电厂欲将 $P=\sqrt{3}U_{\rm L}I_{\rm L}\cos\varphi$ 的电功率输送到用电区域，在 P 和 $\cos\varphi$ 为一定值时，若采用的输送电压愈高，则输送线路中的电流愈小，因而可以减少输电线路上的损耗，线路的用铜量也减少，节省投资费用。所以远距离输电采用高压是最为经济的。目前，我国交流输电的电压最高已达 500kV，而发电厂的发电机发出的电压一般为 6.3～27kV，因此必须采用升压变压器将电压升高才能远距离输送。电能输送到用电区域后，为了适应用电设备的电压要求，还需通过各级变电站利用降压变压器将电压降低为用户所需的电压等级。在用电方面，小型动力设备和照明所需的电压是 380V、220V，大型动力设备采用 6kV 或 10kV 等。

变压器最主要的用途是用在输配电系统。除了用于电力系统的变压器外，还有实验用的调压变压器、焊接金属器件用的交流电焊机、测量高电压的电压互感器、测量大电流的电流互感器等。

（二）变压器的基本结构

变压器的基本结构主要由铁芯和绕组两部分组成。

1. 铁芯

铁芯是变压器磁路的主体，又是绕组的支持骨架。铁芯是由芯柱和铁轭两部分组成，芯柱上套装有绕组，连接芯柱以构成闭合磁路的部分为铁轭。为提高铁芯的导磁性能，减小磁滞损耗和涡流损耗，铁芯大多采用厚度为 0.35mm、表面涂有绝缘漆的硅钢片叠装而成。目前，为了进一步提高导磁性能和降低铁芯损耗，以非晶态电工钢片为导磁材料的非晶合金变压器已开始广泛应用。

铁芯因线圈的位置不同，可分为芯式和壳式两类，如图 1-1 所示。芯式是指线圈包着铁芯，结构简单，装配容易，散热条件好，节省导线，适用于大容量、高电压的变压器，所以电力变压器大多采用三相芯式铁芯。壳式是指铁芯包着线圈，机械强度较高，但制造工艺复杂，散热不好，铁芯材料消耗多，除小型干式变压器外很少采用。

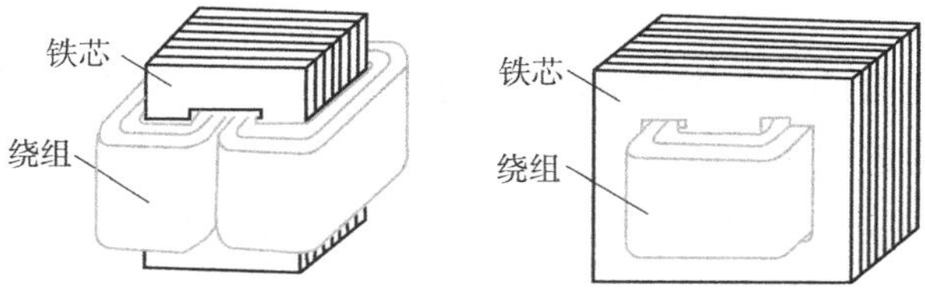

（a）芯式变压器　　（b）壳式变压器

图 1-1　变压器的铁芯结构

2. 绕组

绕组是变压器的电路部分，常用绝缘漆包铜线或铝线绕制而成。在变压器中，工作电压高的绕组称为高压绕组，工作电压低的绕组称为低压绕组。按照高、低压绕组在铁芯柱上排列方式的不同，变压器绕组可分为同芯式绕组和交叠式绕组两大类。

（1）同芯式绕组

同芯式绕组是将一次、两次侧绕组套在同一铁芯柱的内外层，通常低压绕组靠近铁芯层，高压绕组在外层，二者之间用绝缘纸筒隔开。当低压绕组电流较大时，绕组导线较粗，也可以放到外层。绕组的层间留有油道，以利绝缘和散热。同芯式绕组结构简单，制造方便，大多数电力变压器均采用同芯式绕组，其基本结构如图 1-2 所示。

（2）交叠式绕组

交叠式绕组是将高、低压绕组绕成饼形，沿铁芯轴向交叠放置，一般两端靠近铁轭处放置低压绕组，高低压绕组之间用绝缘材料隔开，绕组漏电抗小，引线方便，机械强度好。但高、低压绕组之间的间隙较多，绝缘比较复杂，主要用在电炉和电焊等特种变压器中，如图 1-3 所示。

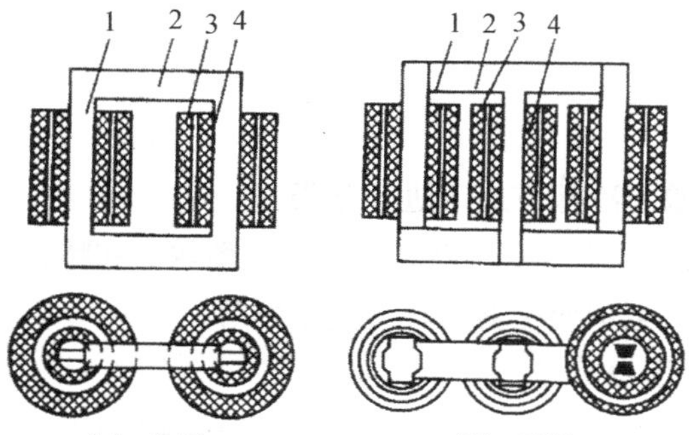

（a） 单相　　（b） 三相

图 1-2　同芯式绕组

1—铁芯柱；2—铁轭；3—高压绕组；4—低压绕组

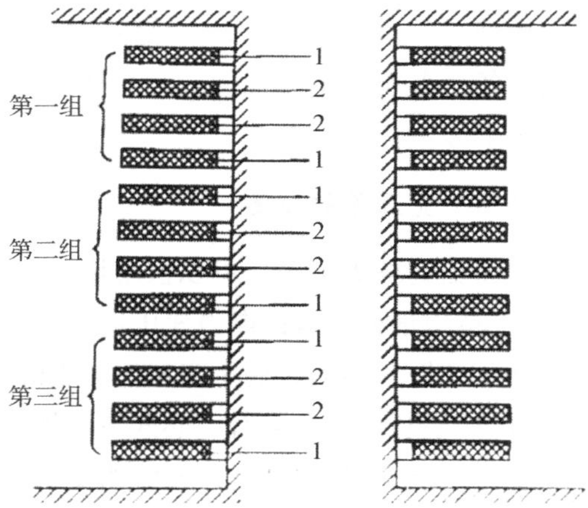

图 1-3　交叠式绕组

（三）变压器的工作原理

变压器是利用电磁感应原理制成的静止电气设备。它能将某一电压值的交流电变成同频率的所需电压值的交流电，以满足高压输电、低压供电及其他用途的需要。另外，变压器还可以变换交流电流和阻抗。

变压器是在一个闭合的铁芯磁路中，套上了两个互相独立、绝缘的绕组，这两个绕组之间有磁的耦合，没有电的联系，如图 1-4 所示。通常在一个绕组上接交流电源，称为一次绕组（或称原绕组或初级绕组），其匝数为 N_1；另一个绕组接负载，称为二次绕组（或称副绕组或次级绕组），其匝数为 N_2。

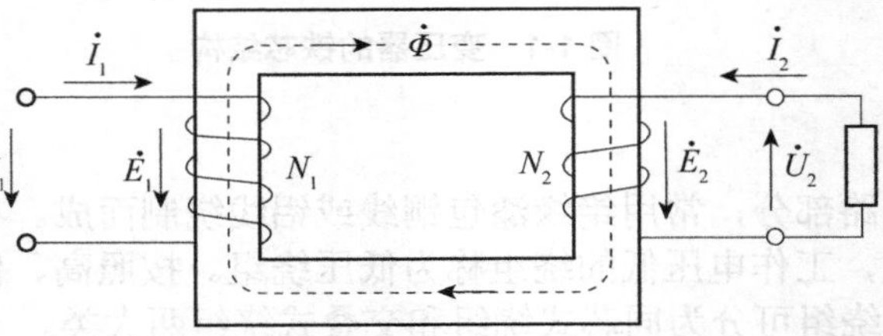

图 1-4　变压器的工作原理

当在一次绕组中加上交流电压 u_1 时，在 u_1 的作用下，流过交流电流 i_1，并建立交变磁通势，在铁芯中产生交变磁通 Φ。该磁通同时交链一、二次绕组，根据电磁感应定律，在一、二次绕组中产生感应电动势 e_1、e_2。二次绕组在感应电动势 e_2 的作用下向负载供电，实现电能传递，其工作原理如图 1-4 所示。其感应电动势瞬时值分别为

$$e_1 = -N_1 \frac{\mathrm{d}\Phi}{\mathrm{d}t} \tag{1-1}$$

$$e_2 = -N_2 \frac{\mathrm{d}\Phi}{\mathrm{d}t} \tag{1-2}$$

由此可知，变压器一、二次绕组感应电动势的大小与匝数成正比，而绕组的感应电动势又近似等于各自的电压。因此，只要改变绕组的匝数比，便可达到改变电压的目的，这就是变压器的变压原理。

（四）变压器的分类

变压器的种类很多，可以按用途、结构、相数、冷却方式等进行分类。

① 按用途分类有：电力变压器（如升压变压器、降压变压器和配电变压器等）和特种变压器（如仪用互感器、调压变压器、电焊变压器、电炉变压器和整流变压器等）。

② 按铁芯结构分类有：芯式变压器和壳式变压器。

③ 按绕组数目分类有：双绕组变压器、三绕组变压器、多绕组变压器和自耦变压器。

④ 按相数分类有：单相变压器、三相变压器和多相变压器。

⑤ 按调压方式分类有：无励磁调压变压器和有载调压变压器。

⑥ 按冷却方式分类有：油浸式变压器、干式变压器和充气式变压器，如图 1-5 所示。

(a) 充气式　　(b) 干式

图 1-5　变压器

（五）变压器的特性

1. 变压器的空载特性

变压器的空载运行是指变压器的一次绕组接在额定频率、额定电压的交流电源上，而二次绕组开路时的运行状态，如图 1-6 所示。当一次绕组两端加上交流电压 u_1 后，一次绕组便有交变电流 i_0 通过，由于二次绕组开路，故 i_2 为零，此时 i_0 称为空载电流。大中型变压器的空载电流约为一次绕组额定电流的 2%～10%。此时，i_0 在一次绕组中产生交变磁动势为 i_0N_1，建立交变的空载磁场，产生交变磁通。通常将它分成两部分：绝大部分磁通通过磁阻很小的铁芯闭合，与一次、二次绕组同时交链，称为主磁通，用 Φ 表示；另一部分少量磁通经过磁阻很大的油或空气闭合，仅仅与一次绕组交链，称为漏磁通，用 $\Phi_{1\sigma}$ 表示，漏磁通一般都很小，可以略去不计。

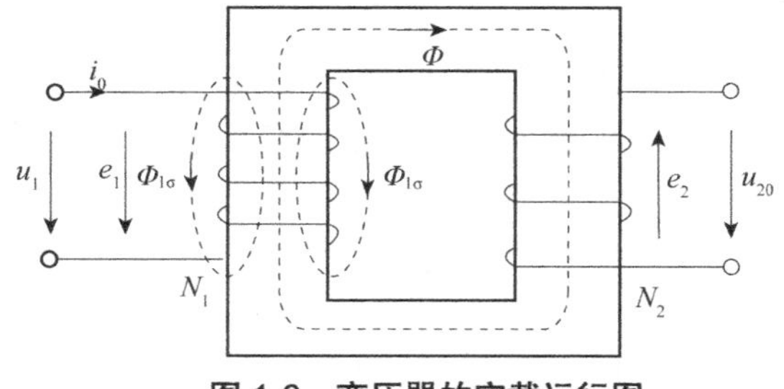

图 1-6　变压器的空载运行图

设主磁通按照正弦规律变化，即

$$\Phi = \Phi_m \sin \omega t \tag{1-3}$$

式中，Φ_m 为主磁通的幅值，单位为韦［伯］，符号是 Wb；$\omega = 2\pi f$ 为磁通变化的角频率，单位为弧度/秒，符号是 rad/s。

将 Φ 代入式 $e_1 = -N_1 \dfrac{d\Phi}{dt}$ 和 $e_2 = -N_2 \dfrac{d\Phi}{dt}$，得

$$e_1 = -N_1 \frac{\mathrm{d}\Phi}{\mathrm{d}t} = -N_1 \frac{\mathrm{d}(\Phi_\mathrm{m} \sin \omega t)}{\mathrm{d}t} = \omega N_1 \Phi_\mathrm{m} \sin\left(\omega t - \frac{\pi}{2}\right) = E_{1\mathrm{m}} \sin\left(\omega t - \frac{\pi}{2}\right) \tag{1-4}$$

$$e_2 = -N_2 \frac{\mathrm{d}\Phi}{\mathrm{d}t} = -N_2 \frac{\mathrm{d}(\Phi_\mathrm{m} \sin \omega t)}{\mathrm{d}t} = \omega N_2 \Phi_\mathrm{m} \sin\left(\omega t - \frac{\pi}{2}\right) = E_{2\mathrm{m}} \sin\left(\omega t - \frac{\pi}{2}\right) \tag{1-5}$$

可见 e_1 与 e_2 的相位都比 Φ 滞后 $\frac{\pi}{2}$；由于 i_0 与产生的磁通是 Φ 同相的，而 i_0 滞后外加电压 $u_1 \frac{\pi}{2}$，所以 e_1 与 e_2 都与外加电压 u_1 相反。

由式（1-4）和式（1-5）求得 e_1 与 e_2 的有效值分别为

$$E_1 = \frac{1}{\sqrt{2}} E_{1\mathrm{m}} = \frac{1}{\sqrt{2}} N_1 \Phi_\mathrm{m} \omega = 4.44 f N_1 \Phi_\mathrm{m} \tag{1-6}$$

$$E_2 = \frac{1}{\sqrt{2}} E_{2\mathrm{m}} = \frac{1}{\sqrt{2}} N_2 \Phi_\mathrm{m} \omega = 4.44 f N_2 \Phi_\mathrm{m} \tag{1-7}$$

由此可得

$$\frac{E_1}{E_2} = \frac{4.44 f N_1 \Phi_\mathrm{m}}{4.44 f N_2 \Phi_\mathrm{m}} = \frac{N_1}{N_2} \tag{1-8}$$

即一次、二次绕组中的感应电动势之比等于一次、二次绕组匝数之比。

由于变压器的空载电流 I_0 很小，一次绕组中的电压降可略去不计，故一次绕组的感应电动势 E_0 近似与外加电压 U_0 相等，即 $U_1 \approx E_0$。而二次绕组是开路的，其端电压 U_{20} 就等于感应电动势 E_2，即 $U_{20}=E_2$。

于是有

$$\frac{U_1}{U_{20}} \approx \frac{E_1}{E_2} = \frac{N_1}{N_2} = k \tag{1-9}$$

式（1-9）说明，变压器空载时，一次、二次绕组端电压之比近似等于电动势之比（即匝数之比），这个比值 k 称为变压比，简称变比。当 $k>1$ 时，则 $U_{20}<U_1$，是降压变压器；当 $k<1$，则 $U_{20}>U_1$，是升压变压器。

2. 变压器的负载特性

变压器的负载运行是指一次绕组接在额定频率、额定电压的交流电源上，二次绕组接上负载时的运行状态，如图 1-7 所示。此时二次绕组中有了电流 i_2，它的大小由二次绕组电动势和总的等效阻抗来决定。

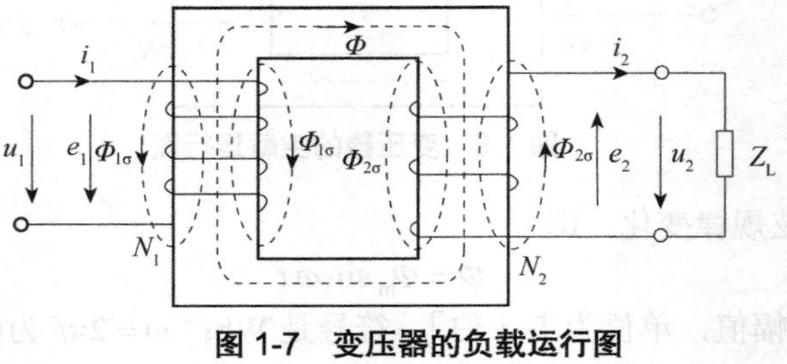

图 1-7　变压器的负载运行图

因为变压器一次绕组的电阻很小，它的电阻电压降可忽略不计，所以变压器负载时仍可近似地认为 U_1 等于 E_1。由式（1-6）可得

$$U_1 \approx E_1 = 4.44 f N_1 \Phi_m \tag{1-10}$$

式（1-10）是反映变压器基本原理的重要公式。它说明，不论是空载还是负载运行，只要加在变压器一次绕组的电压及其频率保持一致，铁芯中的主磁通就基本上保持不变，根据磁路欧姆定律，铁芯磁路中的磁动势也应基本不变。

变压器空载运行时，铁芯磁路中的磁通是由原边磁动势 $\dot{I}_0 N_1$ 产生和决定的。而负载运行后，铁芯中的磁通则是由一次磁动势 $\dot{I}_1 N_1$ 和二次磁动势 $\dot{I}_2 N_2$ 共同产生和决定的，可用相量表示。前面说过，铁芯磁路中的磁动势基本不变，所以负载时的合成磁动势近似等于空载时的磁动势，即

$$\dot{I}_1 N_1 + \dot{I}_2 N_2 = \dot{I}_0 N_1 \tag{1-11}$$

当变压器接近满载时 $\dot{I}_0 N_1$ 远小于 $\dot{I}_1 N_1$，即可认为 $\dot{I}_0 N_1 \approx 0$，则

$$\dot{I}_1 N_1 \approx -\dot{I}_2 N_2$$

说明 $\dot{I}_1 N_1$ 与 $\dot{I}_2 N_2$ 近似相等而且反相。若只考虑量值关系，则

$$I_1 N_1 \approx I_2 N_2$$

或

$$\frac{I_1}{I_2} = \frac{N_1}{N_2} = \frac{1}{k} \tag{1-12}$$

即，变压器接近满载时，一次、二次绕组的电流近似的与绕组匝数成反比，这表明变压器有变流作用。

3. 变压器的阻抗变换

变压器除了有变压和变流的作用之外，还可用来实现阻抗的变换。图 1-8 是表示这种变换作用的等效电路图。设在变压器的二次绕组接入阻抗为 Z_L，那么从一次绕组的输入端看进去的输入阻抗值 $|Z'_L|$ 为

$$|Z'_L| = \frac{U_1}{I_1} = \frac{kU_2}{k^{-1} I_2} = k^2 |Z_L| \tag{1-13}$$

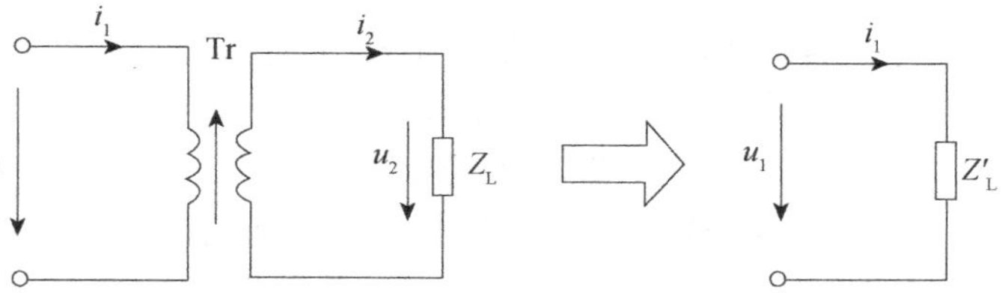

图 1-8 变压器的阻抗变换作用

式（1-13）说明，变压器二次绕组的负载阻抗值 $|Z_L|$ 反映到原边的阻抗值 $|Z'_L|$ 近似为 $|Z_L|$ 的 k^2 倍，起到了阻抗变换作用。

例如，把一个 8Ω 的负载电阻接到 k=3 的变压器副边，折算到原边就是 $R'=3^2\times 8=72(\Omega)$。可见，选用不同的变化，就可把负载阻抗变换成为等效二端网络所需要的阻抗值，使负载获得最大功率，这种做法称为阻抗匹配，在广播设备中常用到，该变压器称为输出变压器。

4. 变压器的运行特性

变压器的运行特性主要有外特性和效率特性，而表征变压器运行性能的主要指标有电压

变化率和效率。

（1）变压器的外特性

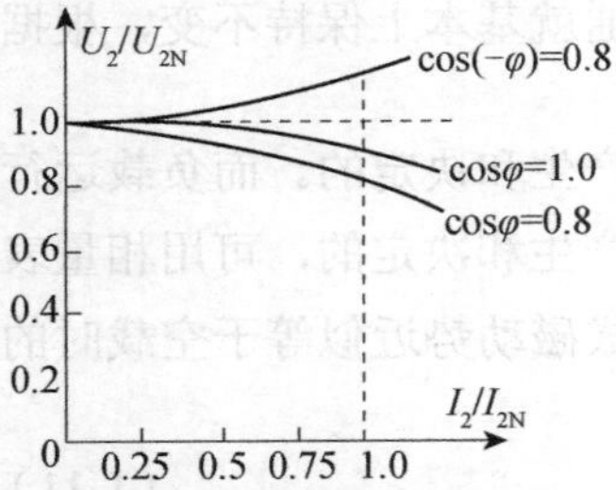

图 1-9　变压器的外特性

变压器的外特性是指当电源电压和负载的功率因数等于常数时，二次端电压随负载电流变化的规律，即 $U_2=f(I_2)$。在负载运行时，由于变压器内部存在电阻和漏抗，故当负载电流流过时，变压器内部将产生阻抗压降，使二次侧端电压随负载电流的变化而变化。不同性质负载时，变压器的外特性曲线如图 1-9 所示。在负载为电阻性 $\cos\varphi_2=1$ 和电感性 $\cos\varphi_2=0.8$ 时，外特性曲线是下降的；而负载为电容性 $\cos(-\varphi_2)=0.8$ 时，外特性曲线是上升的。由图 1-9 可知，变压器二次电压的大小不仅与负载电流的大小有关，而且还与负载的功率因数有关。

（2）电压变化率

电压变化率是指变压器一次绕组加上交流 50Hz 的额定电压，二次绕组空载电压 U_{20} 和带负载后在某一功率因数下二次电压 U_2 之差与二次额定电压 U_{2N} 的比值，用 ΔU 表示，即

$$\Delta U=\frac{U_{20}-U_2}{U_{2N}}\times 100\%=\frac{U_{2N}-U_2}{U_{2N}}\times 100\% \tag{1-14}$$

电压变化率是表征变压器运行性能的重要指标之一，它的大小反映了供电电压的稳定性与电能的质量。

（3）变压器的损耗

变压器在能量传输过程中会产生损耗。由于变压器没有旋转部件，因此没有机械损耗。它的损耗仅包括铁损耗和铜损耗两部分。

① 铁损耗 P_{Fe}：变压器的铁损耗分为基本铁损耗和附加铁损耗两部分。基本铁损耗为铁芯中的磁滞和涡流损耗。附加铁损耗包括铁芯叠片间绝缘损伤和主磁通在结构部件中引起的涡流损耗等，一般为基本铁损耗的 15%～20%。

当电源电压一定时，其铁损耗就基本不变，故又称之为“不变损耗”，它与负载电流的大小和性质基本无关。

由于变压器空载时的空载电流和绕组电阻都比较小，因此空载时的绕组损耗很小，可以忽略不计，所以空载损耗可近似看作为铁损耗，即

$$P_{Fe}=P_0=\text{恒定值} \tag{1-15}$$

② 铜损耗 P_{Cu}：变压器的铜损耗分为基本铜损耗和附加铜损耗两部分。基本铜损耗是一、二次绕组中电流所引起的直流电阻损耗，而附加铜损耗包括由集肤效应引起导线等效截面积变小而增加的损耗以及漏磁场在结构部件中引起的涡流损耗等。附加铜损耗为基本铜损耗的 0.5%～20%。铜损耗的大小与负载电流的平方成正比，故称为“可变损耗”。

由短路实验可知，额定负载时的铜损耗近似等于短路损耗 $P_{cuN}=P_K$，变压器如果没有满负荷运行，设负载系数 $\beta=\dfrac{I_2}{I_{2N}}$，则此时的铜耗为

$$P_{Cu}=\left(\frac{I_2}{I_{2N}}\right)^2 P_{CuN}=\beta^2 P_K \tag{1-16}$$

因此，变压器的总损耗为

$$\sum P = P_{Fe} + P_{Cu} = P_0 + \beta^2 P_K \tag{1-17}$$

（4）变压器的效率和效率特性

变压器的效率是指变压器的输出功率与输入功率之比，用百分数表示，即

$$\eta = \frac{P_2}{P_1} \times 100\% = \left(1 - \frac{\sum P}{P_2 + \sum P}\right) \times 100\% \tag{1-18}$$

变压器效率反映了变压器运行的经济性，也是一项重要的运行性能指标。由于变压器没有转动部分，因此它的效率很高。一般中小型电力变压器的效率在 95%以上，大型电力变压器的效率可达 99%以上。

由于变压器的电压变化率很小，负载时 U_2 的变化可不予考虑，即认为 $U_2= U_{2N}$。故输出功率为

$$P_2 = U_{2N} I_2 \cos\varphi_2 = U_{2N} \beta I_{2N} \cos\varphi_2 = \beta U_{2N} I_{2N} \cos\varphi_2 = \beta S_N \cos\varphi_2 \tag{1-19}$$

由此可得

$$\eta = \left(1 - \frac{P_0 + \beta^2 P_K}{\beta S_N \cos\varphi_2 + P_0 + \beta^2 P_K}\right) \times 100\% \tag{1-20}$$

对于已制成的变压器，空载损耗 P_0 和短路损耗 P_K 均为定值，当变压器的负载功率因数一定时，变压器效率只与负载系数有关，它们之间的关系 $\eta=f(\beta)$ 称为变压器的效率特性曲线，如图 1-10 所示。从图 1-10 中可以看出，空载时，$\beta=0$，$P_2=0$，所以 $\eta=0$；当负载增大时，效率增加很快；当负载达到某一数值时，效率最大，然后又开始降低。这是因为随负载功率 P_2 的增大，铜损耗 P_{Cu} 按 β 的平方成正比增大，超过某一负载之后，效率随 β 的增大反而变小了。通过分析可得出：当铁损耗 P_{Fe} 等于铜损耗 P_{Cu} 时，即 $P_0=\beta^2 P_K$ 时，变压器的效率最高，此时，

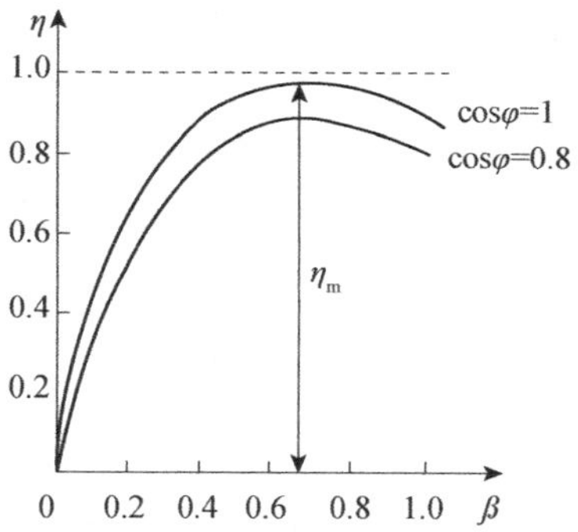

图 1-10　变压器的效率特性曲线

$$\beta_m = \sqrt{\frac{P_0}{P_K}} \tag{1-21}$$

式中，β_m——最大效率时的负载系数，一般为 0.6 左右。

将式（1-21）代入式（1-20）中，可得出最高效率为

$$\eta_{max} = \left(1 - \frac{2P_0}{\beta_m S_N \cos\varphi_2 + 2P_0}\right) \times 100\% \tag{1-22}$$

二、任务分析

（一）单相变压器的极性及其测定

1. 极性

变压器绕组的极性是指一次侧、二次侧绕组在同一磁通作用下所产生的感应电动势之间的相位关系，通常用同名端来表示。如图 1-11 所示，铁芯上绕制的所有线圈都被铁芯中交变的主磁通所穿过，在任何某个瞬间，电动势都处于相同极性（如正极性）的线圈端就称为同

名端，不是同极性的两端就称为异名端。例如在交变磁通的作用下，感应电动势 $\dot{E}_{1U}$ 与 $\dot{E}_{2U}$ 的正方向所指的 1U1 和 2U1 是一对同名端，则 1U2 和 2U2 也是同名端。需要注意的是如果没有被同一个交变磁通贯穿的线圈之间是不存在同名端的。同名端的标记可以用“*”或“·”来表示，互感器绕组的同名端则常用“+”或“-”来表示。

2. 极性的测定

在绕组极性的测定中，一般采用直观法和仪表测试法。

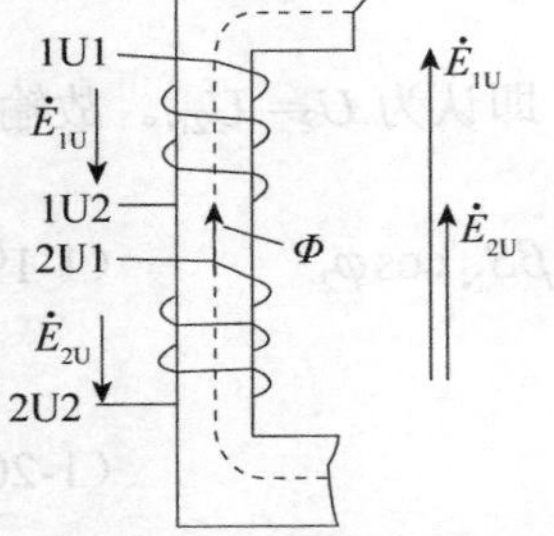

图 1-11　绕组的极性

（1）直观法

因为绕组的极性是由它的绕制方向决定的，所以可以用直观法判别它们的极性，如图 1-11 所示，可以用右手螺旋法则判别，如果从绕组的某端通入直流电，产生的与磁通方向一致的端点就是同名端。

（2）仪表测试法

已经制成的变压器由于浸漆或其他工艺的处理，从外观上无法辨别绕组极性，只能借助仪表进行测试。单相变压器的极性测试方法有直流法和交流法两种。

① 直流法：为了测试的安全，一般多采用低于 6V 的干电池或蓄电池，按图 1-12 所示连接，直流电源接高压绕组，直流毫伏表接低压绕组。在合上开关的一瞬间，如果毫伏表指针向正方向（右方）摆动，则接直流电源正极的端子与接直流毫伏表正极的端子是同名端。

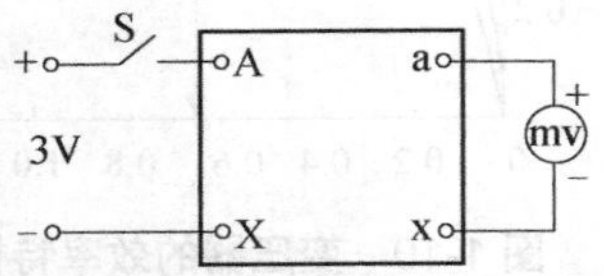

图 1-12　直流法判断变压器同名端

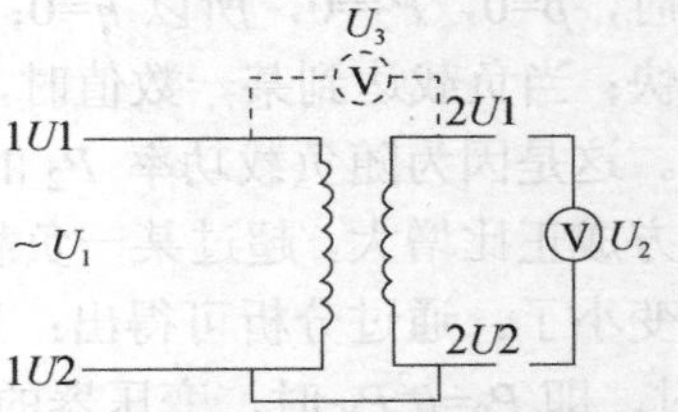

图 1-13　交流法判断变压器同名端

② 交流法：将高压绕组一端用导线与低压绕组一端相连接，将高压绕组两端接入低压交流电源 U_1，低压绕组两端及高压绕组及低压绕组的另一端接交流电压表，测出电压 U_2 和 U_3，如图 1-13 所示。如果 $U_3=U_1+U_2$,则 1U1 与 2U1 为异名端，反之为同名端。

（二）变压器运行前和运行中的检查

1. 变压器投入运行前的检查

① 变压器的铭牌数据是否符合要求，其电压等级、连接组别、容量和运行方式是否与实际要求相符。

② 变压器各部位是否完好无损。

③ 变压器外壳接地是否牢固可靠。

④ 变压器一次侧、二次侧及线路的连接是否完好，三相的颜色标志是否准确无误。

⑤ 采用熔断器和其他保护装置，要检查其规格是否符合要求，接触是否良好。

⑥ 检查夹件和垫块有无松动，各紧固螺栓应有防松措施。

2. 变压器运行中的检查

① 变压器声音是否正常。
② 变压器温度是否正常。
③ 变压器一次侧、二次侧的熔体是否完好。
④ 接地装置是否完整无损。
若发现异常现象，应立即停电进行检查。

三、任务实施

（一）变压器的测试

1. 短路测试

用万用表或电桥检测线圈电阻，看是否有短路故障。如果没有电桥或万用表，可用灯泡法简单进行判断。方法：在变压器的一次侧绕组中串联一只灯泡，其电压和功率可根据电源电压和变压器的容量决定，二次侧开路，原边接通电源，若灯丝微红或不亮，说明变压器没有短路，如果灯很亮，则原边线圈有短路，应拆开线包进行检查。

2. 绝缘电阻的测试

用兆欧表测量各绕组对铁芯的绝缘电阻。 400V以下的变压器其绝缘电阻值应不低于90MΩ。

3. 空载电压的测试

当一次侧电压加到额定值时，二次侧各绕组的空载电压允许误差为±5%，中心抽头电压误差为±2%。

4. 空载电流的测试

当一次侧电压加到额定值时，其空载电流为额定电流值的 5%～8%。如空载电流大于额定电流 10%时，变压器损耗较大；当空载电流超过额定电流的 20%时，它的温升将超过允许值，不能使用。

（二）小型变压器常见故障及检修方法

1. 运行中响声异常

故障原因：
① 电源电压过高造成。
② 短路或过负荷引起振动。
③ 铁芯松动。
检修方法：
① 检测电源电压是否过高，若过高，将电源经降压处理后再进行试验，响声即可消除。
② 短路或过负荷引起振动，首先应断开被怀疑的副边输出电路，再给变压器其他副绕组加额定负载，若响声消除，则须检修被断开的外电路。
③ 若是铁芯松动了，应将铁芯轭部夹在台虎钳中，夹紧钳口，能直接观察出铁芯的松紧

程度。这是用同规格的硅钢片插入，直到完全插紧。重新接在电源上，加上额定负载进行试验，直到完全无响声为止。

2. 温度异常甚至冒烟有异味

变压器在运行过程中，铁芯和绕组的功率损耗可转化为热能，使各部位的温度升高，一般温度应不超过 40～50℃。若发现变压器的温度过高，甚至冒烟且有异味时，可以考虑下述原因。

① 原、副边绕组之间短路或层间、匝间短路。

② 过负荷或外部电路局部短路。

③ 铁芯叠厚不足或绕组匝数偏少。

④ 硅钢片间的绝缘损坏，使涡流增大。

检修方法：

① 原、副边绕组之间短路，可直接用万用表或兆欧表检测。将两表笔一支接原边绕组的一引出线端，另一支接副边绕组的任一引出线端。若绝缘电阻远低于正常值甚至趋近零，说明原、副边绕组之间短路。匝间短路和层间短路可用万用表测量各副边空载电压来判定。原边接电源，若某副边绕组输出电压明显降低，说明该绕组有短路。若变压器发热但各绕组输出电压基本正常，可能是静电屏蔽层自身短路。无论是匝间、层间、原边副边间及静电屏蔽层自身的短路，均应卸下铁芯，拆开线包修理。如果短路不严重，可以局部处理好短路部位绝缘，再将线包与铁芯还原。若短路较严重，漆包线的绝缘损伤太大，则应重换绕组。

② 由过负荷或外部电路局部短路引起温度过高时，减轻负载或排除输出电路上的短路故障即可。

③ 由铁芯叠厚不足或绕组匝数偏少造成温度过高时，可适当增加硅钢片的数量，也可通过计算，适当增加原、副边绕组匝数。如果都不行，只有增加铁芯叠片数量，并重新制作尺寸较大的骨架，再绕新线包。

④ 若是硅钢片绝缘损坏，应拆下铁芯，检查硅钢片表面绝缘是否剥落，若剥落严重，则应重新上绝缘漆。

3. 副边无电压输出

故障原因：

① 电源插头脱焊或电源线开路。

② 原边或副边绕组开路或引线脱焊。

检修方法：

① 插上电源，用万用表交流电压挡测量原边绕组两引线端之间的电压，若电压正常，则说明插头与电源线均无开路故障。若没有电压，则应该用万用表电阻挡检查电源插头是否脱焊或某一股电源线是否开路。

② 用万用表相应的电阻挡测原绕组两引线间的直流电阻，来判断原边绕组或引线是否开路。如果是原边绕组开路，必须将变压器拆开修理。如果原绕组没有问题，再用同样的方法测试副绕组，确定开路点。

③ 如果开路点在线包最里层，必须拆除铁芯，小心撬开靠近引线一面的骨架挡板。用针挑出线头，焊好引出线，用万用表检测无误后处理好绝缘，修补好骨架，再插入铁芯。

4. 铁芯和外壳带电

故障原因：

① 引出线裸露部分碰触铁芯或外壳。

② 线包受潮使绕组局部绝缘电阻降低。

③ 绕组对地短路，或对静电屏蔽短路。

检修方法：

① 先检查引线裸露部分是否与铁芯或外壳碰上，如果碰上了，应在裸露部分用套管套上或包好绝缘材料，即可排除故障。

② 如果引线完好，就应该用兆欧表测量出原、副边绕组对地（即铁芯或静电屏蔽层）之间的绝缘电阻，若绝缘电阻值明显降低或趋近于零，可将变压器进行烘烤。干燥后绝缘电阻恢复，说明外壳带电是绝缘受潮引起的，只要在预烘后重新浸漆烘干，即可修复。

③ 若干燥后绝缘电阻没有明显提高，说明是原边或副边绕组碰触铁芯或静电屏蔽层造成短路，这时只有卸下铁芯，拆除线包找出故障点进行修理，若漆包线绝缘老化，只好重绕漆线包。如果是层间绝缘老化，只须重绕，换层间绝缘，不必换新的漆包线。

5. 线包击穿打火

故障原因：高低压绕组间绝缘被击穿或同一绕组中电位差大的两根导线靠得过近，绝缘被击穿。

检修方法：如果高、低压绕组间出现打火可以将变压器烘烤干燥，重新浸漆干燥，有可能排除故障。如果仍有打火声，只好拆开线包修理。

四、知识拓展

（一）自耦变压器

1. 自耦变压器的原理

普通双绕组变压器的一、二次绕组之间互相绝缘，它们之间只有磁的耦合，没有电的联系，自耦变压器的特点在于一、二次绕组之间不仅有磁的耦合，而且还有电的直接联系，如图 1-14 所示。

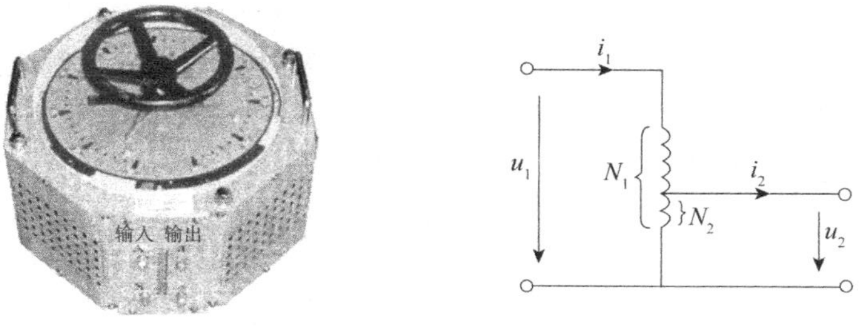

（a）外形　　（b）原理图

图 1-14　自耦变压器

自耦变压器也是利用电磁感应原理工作的，当一次绕组加交变电压 u_1 时，铁芯中产生交变磁通，并分别在一、二次绕组中产生感应电动势，若忽略漏阻抗压降，则有

$$U_1 \approx E_1 = 4.44 f N_1 \Phi_m$$
$$U_2 \approx E_2 = 4.44 f N_2 \Phi_m$$

其变压比为

$$K = \frac{E_1}{E_2} = \frac{N_1}{N_2} \approx \frac{U_1}{U_2} \tag{1-23}$$

可见，适当地选用匝数 N_2，二次侧就可以得到所需的电压。若将自耦变压器的中间出线端做成滑动触点，其二次侧电压就可以在一定范围内进行调节。其变压比不宜过大，一般在 $K \leqslant 2$ 范围内使用。

2. 自耦变压器的特点

和普通双绕组变压器比较，自耦变压器的主要特点如下：

① 由于自耦变压器的计算容量小于额定容量，故在同样的额定容量下，自耦变压器的主要尺寸缩小，有效材料（硅钢片和铜线）和结构材料（钢材）都较节省，从而降低成本。有效材料的减少使得铜耗和铁耗也相应减少，故自耦变压器的效率较高。同时由于主要尺寸缩小，变压器的重量减轻，外形尺寸缩小，有利于变压器的运输和安装。

② 为了提高自耦变压器承受突然短路的能力设计时对自耦变压器的机械结构应适当加强，必要时可适当增大短路阻抗以限制短路电流。

③ 由于自耦变压器一、二次之间有电的直接联系，当高压侧过电压时，会引起低压侧产生严重的过电压。为避免这种危险，一、二次侧都需装设避雷器。

④ 为防止高压侧发生单相接地时，引起低压侧非接地端相对地电压升的较高，造成对地绝缘击穿，自耦变压器的中性点必须可靠接地。

（二）仪用互感器

仪用互感器分为电压互感器和电流互感器。把高电压变成低电压，就是电压互感器；把大电流变成小电流，就是电流互感器。利用互感器使测量仪表与高电压、大电流隔离，从而保证仪表和人身的安全，又可大大减少测量中能量的损耗，扩大仪表限量，便于仪表的标准化。

1. 电流互感器

工作原理：电流互感器由铁芯和一次侧、二次侧绕组组成，一次侧绕组匝数很少，只有一匝到几匝，导线都很粗，串联在被测的电路中。电流互感器的二次侧绕组阻抗都很小，所以二次侧近似于短路状态，如图 1-15 所示。

如果忽略励磁电流，根据磁势平衡方程式可得

$$\frac{I_1}{I_2} = \frac{N_2}{N_1} = K_i \text{或} I_1 = K_i I_2 \tag{1-24}$$

式中，K_i 为电流互感器的额定电流比，是个常数；I_2 为二次侧所接电流表的读数，乘以 K_i 就是一次侧的被测大电流的数值。

电流互感器的选用，可根据测量准确度、电压、电流要求选择。二次侧的额定电流为 5A（或 1A），故所接的电流表量程为 5A（或 1A）。电流互感器的准确度等级有 0.2、0.5、1.0、3 和 10 五级，如 0.5 级表示在额定电流时，误差最大不超过±0.5%，等级数字越大，误差越大。

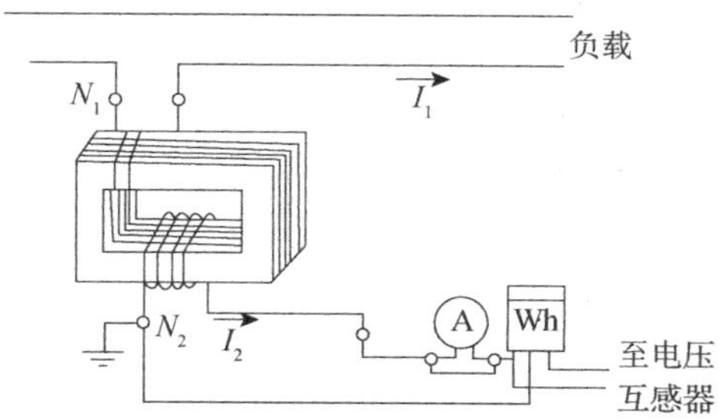

（a）接线图

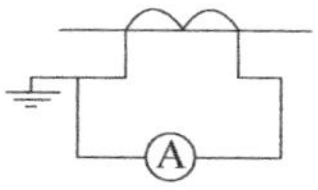

（b）接线符号图

图 1-15　电流互感器

电流互感器使用中应注意的事项：

① 运行中二次侧不得开路，否则会产生高压，危及仪表和人身安全，因此二次侧不能接熔断器；运行中如要拆下电流表，必须将二次侧短路才行。

② 电流互感器的铁芯和二次侧绕组一端要可靠接地，以免在绝缘破坏时带电而危及仪表和人身安全。

③ 电流互感器的一次侧、二次侧绕组有“+”“−”或“*”的同名端标记，二次侧接功率表或电能表的电流线圈时，极性不能接错。

④ 电流互感器二次侧负载阻抗大小会影响测量的准确度，负载阻抗的值应小于互感器要求的阻抗值，使互感器尽量工作在“短路状态”。并且所用互感器的准确度等级应比所接的仪表准确度高两级，以保证测量准确度。

2. 电压互感器

（1）工作原理

电压互感器的原理和普通降压变压器是完全一样的，不同的是它的变压比更准确；电压互感器的一次侧接有高压电，而二次侧有电压表或其他仪表（如功率表、电能表等）的电压线圈，如果 1-16 所示。因为这些负载的阻抗都很大，电压互感器近似运行在二次侧开路的空载状态，则有

$$\frac{U_1}{U_2}=\frac{N_1}{N_2}=K \tag{1-25}$$

式中，U_2 为二次侧电压表上的读数，只要与比值 K 相乘就是一次侧的高压值。

（2）电压互感器的使用

一般电压互感器二次侧额定电压都规定为 100V，一次侧额定电压为电力系统规定的电压等级，这样做的优点是二次侧所接的仪表电压线圈额定值都为 100V，可统一标准化。

电压互感器的种类和电流互感器相似，分干式、浇注绝缘式和油浸式三种。

电压互感器的准确度可分为 0.1、0.2、0.5、1.0、3.0 五级。选择电压互感器时，一要注意额定电压要符合所测电压值；二要注意二次侧负载电流总和不得超过二次侧额定电流，使它尽量接近“空载运行”状态。

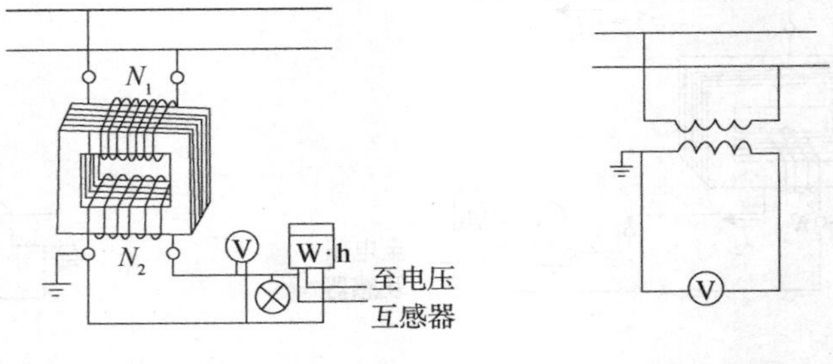

(a) 接线图　　(b) 接线符号图

图 1-16　电压互感器

电压互感器使用中的注意事项：

① 电压互感器运行中，二次侧不能短路，否则会烧坏绕组。为此，二次侧要装熔断器保护。

② 铁芯和二次侧绕组的一端要可靠接地，以防绝缘破坏时，铁芯和绕组带高压电。

③ 二次侧绕组接功率表或电能表的电压线圈时，极性不能接错。三相电压互感器要注意连接法，接错会造成严重后果。

④ 电压互感器的准确度与二次侧的负载大小有关，负载越大，即接的仪表越多，误差也就越大。与电流互感器一样，为了保证所接仪表的测量准确度，电压互感器要比所接仪表准确度高两级。

（三）电焊变压器

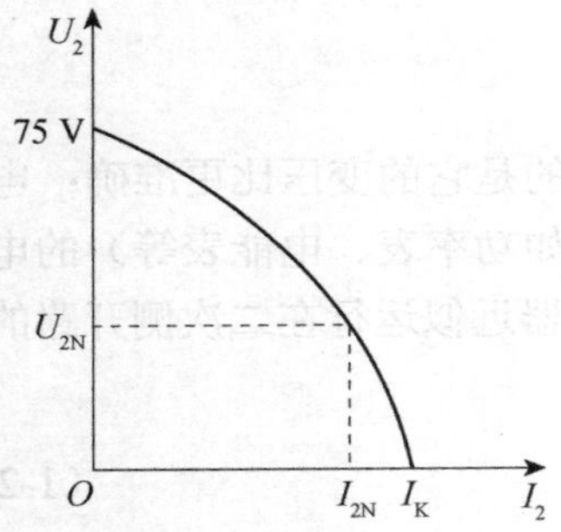

图 1-17　电焊变压器的外特性

交流弧焊机由于结构简单、成本低、制造容易和维护方便而得到广泛应用。电焊变压器是交流弧焊机的主要组成部分，它实质上是一个特殊性能的降压变压器。为了保证焊接质量和电弧燃烧的稳定性，电焊变压器应满足以下条件：

① 二次侧空载电压应为 60～75V，以保证容易起弧。同时为了操作的安全，空载电压最高不超过 85V。

② 具有陡降的外特性，即当负载电流增大时，二次侧输出电压应急剧下降，如图 1-17 所示。通常，额定运行的电焊变压器的输出电压为 30V 左右。

③ 短路电流不能太大，以免损坏电焊机，同时也要求变压器有足够的电动稳定性和热稳定性。焊条开始接触工件短路时，产生一个短路电流，引起电弧，然后焊条再拉起产生一个适当长度的电弧间隙。所以，变压器要能经常承受这种短路电流的冲击。

④ 为了适应不同的加工材料、工件大小和焊条，焊接电流应能在一定范围内调节。

为了满足以上要求，达到调节输出电流的目的，电焊变压器应该有较大的可调电抗。根据形成漏抗和调节方法的不同，常用的带可调电抗器的电焊变压器和磁分路动铁式电焊变压器，如图 1-18 所示。带可调电抗器的电焊变压器的一、二次绕组分别绕在两个铁芯柱上，二次绕组中串接可调电抗器。通过调节螺杆达到调节电抗器气隙的目的，从而调节焊接电流的大小。当气隙增大时，电抗器的感抗减小，焊接电流随之增大；反之，感抗增大，焊接电流减小。

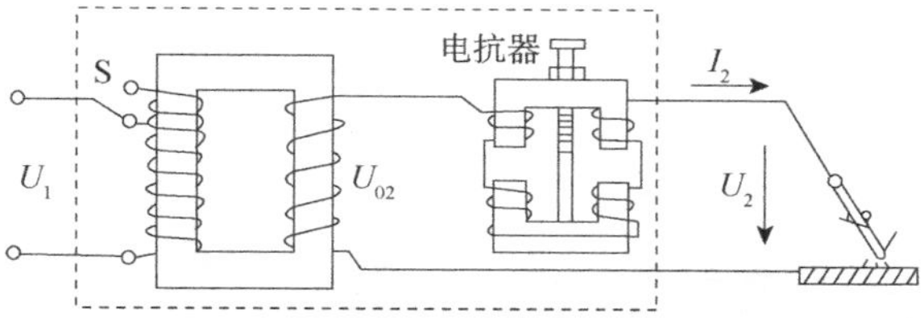

图 1-18　带电抗器的电焊变压器

任务二　工厂供电变压器的维护与检修

本任务目标

1. 掌握三相变压器的主要结构以及型号和额定值。
2. 理解三相变压器的磁路和电路系统及连接组别的判断。
3. 了解变压器的正确使用、日常维护和常见故障及处理方法。
4. 掌握三相变压器的并联运行的优点及条件。

一、相关知识

（一）三相变压器的结构

为了改善散热条件，大中型电力变压器的铁芯和绕组浸在盛满变压器油的封闭油箱中，各绕组的端线由绝缘套管引出，如图 1-19 所示。现以油浸式电力变压器为例介绍变压器的基本结构和组成部件的功能。油浸式电力变压器主要由铁芯、绕组、油箱、冷却装置、绝缘套管和保护装置等部分组成。铁芯和绕组在前面已经讲述，本任务只对其附件进行讲述。

1. 油箱和冷却装置

变压器的铁芯与绕组浸在充满变压器油的油箱里，变压器油起到绝缘和冷却的作用。变压器运行时器身产生的热量由变压器油传给箱壁及冷却装置，再散发到空气中，从而降低变压器的温升。干式变压器直接由空气进行冷却，而油浸式变压器则通过油循环将变压器内部热量带到冷却装置，再有冷却装置将热量散发到空气中。此外，大型变压器还采用强迫油循环冷却等方式，以增强冷却效果。强迫油循环的冷却装置称为冷却器，不强迫油循环的冷却装置称为散热器。

2. 绝缘套管

绝缘套管是变压器绕组的高、低压引线引到箱外的绝缘装置，其装在变压器的油箱上，即实现变压器绕组引出线与接地之间的绝缘，又起到固定引线的作用。低压引线一般用纯瓷套管，高压引线一般用充油式或电容式套管。

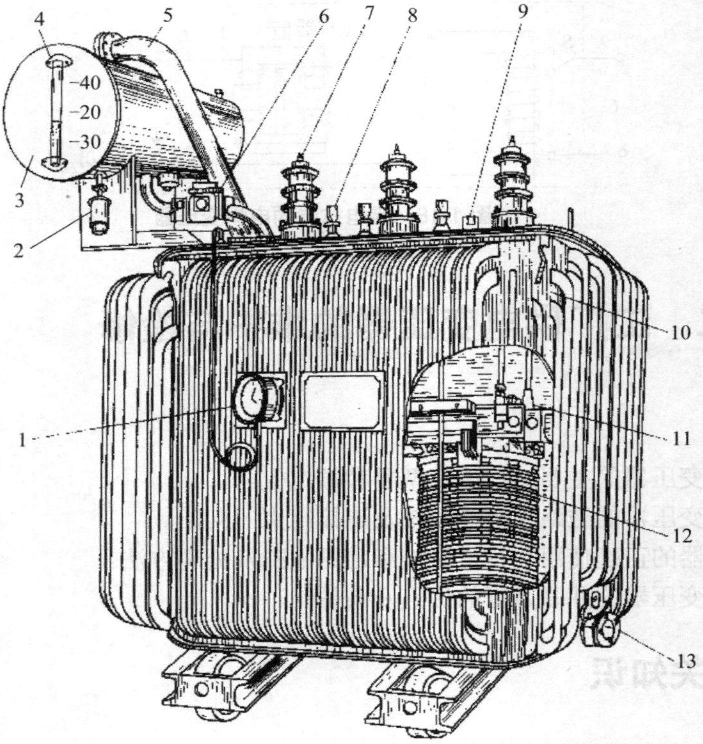

图 1-19 油浸式电力变压器

1—信号式温度计；2—吸湿器；3—储油柜；4—油表；5—安全气道；6—气体继电器；
7—高压套管；8—低压套管；9—分接开关；10—油箱；11—铁芯；12—线圈；13—放油阀门

3. 保护装置

（1）储油柜

为使变压器长久保持良好状态，在变压器油箱上方，安装了圆筒形的储油柜（又称油枕），并经连通管与油箱相连。柜内油面高度随变压器油的热胀冷缩而变化，由于储油柜内油与空气接触面积小，这就缓解了变压器油的受潮和老化速度，确保变压器油的绝缘性能。

（2）吸湿器

吸湿器又称呼吸器，可使空气与储油柜连通，使空气在进入储油柜之前先经吸湿器进行吸潮处理，使储油柜中的空气保持干燥。吸湿器内装有硅胶，当硅胶受潮后会变成红色，应及时更换。

（3）压力释放阀

近年来，为了使变压器的运行更加安全，维护简单，油浸式变压器采用了密封式结构，使变压器油和外部空气完全绝缘，防止了绝缘油因受潮而老化，增强了运行的可靠性。当变压器内部发生故障，油被气化使油箱压力增大到一定值时，压力释放阀会迅速开启，将油箱内压力释放，防止油箱发生爆炸，进而起到保护变压器的作用。

（4）气体继电器

在油箱和储油柜的连通管里，装有气体继电器，当变压器内部发生故障时，内部绝缘物气化产生气体，使气体继电器动作，发出故障信号或切除变压器电源，起自动保护作用。

（5）净油器

净油器是利用油的自然循环，通过吸附剂将油进行过滤，使油保持清洁和延缓老化。

此外，还有可以监测油温的温度计，监测油箱油位变化的油位计，可以进行电压调节的分接开关等其他的附件。

（二）变压器的型号和额定值

为表明变压器的性能，在每台变压器上部装有铭牌，标示了变压器型号及各种额定数据，以便正确、合理地使用变压器，使变压器安全、合理、经济地运行。

1. 型号

变压器的型号表示了变压器的结构、额定容量和高压侧的电压等级等。电力变压器的型号和含义如图 1-20 所示。

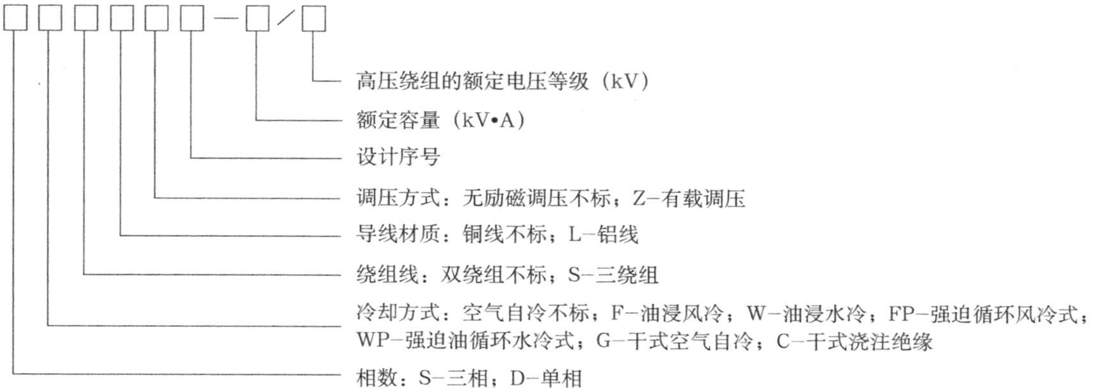

图 1-20　电力变压器的型号和含义

例如：SFPSZ—250000/220 表示三相强迫油循环风冷三相绕组铜线有载调压、额定容量为 250000kV・A、高压侧额定电压为 220kV 的电力变压器。

2. 额定值

额定值是变压器正常工作的使用规定，它是正确使用变压器的依据。在额定状态下运行，可保证变压器长期可靠地工作，并具有良好的性能。

① 额定容量 S_N（kV・A）：指变压器在额定状态下运行时变压器输出的视在功率。对于三相变压器而言，额定容量是指三相容量之和。

② 额定电压 U_{1N} 和 U_{2N}（kV 或 V）：U_{1N} 为一次绕组额定电压，它是根据变压器的绝缘强度和容许发热条件所规定的一次绕组正常工作电压值；U_{2N} 为二次绕组额定电压，它是当一次绕组加上额定电压，而变压器分接开关置于额定分接头处，二次绕组空载时的端电压。对于三相变压器，额定电压值指的是线电压。

③ 额定电流 I_{1N} 和 I_{2N}（kA 或 A）：额定电流是根据允许发热条件所规定的绕组长期允许通过的最大电流值。I_{1N} 是一次绕组的额定电流；I_{2N} 是二次绕组的额定电流。对于三相变压器，额定电流是指线电流。

额定容量、电压、电流之间的关系如下。

单相变压器：

$$S_N = U_{1N}I_{1N} = U_{2N}I_{2N} \tag{1-26}$$

三相变压器：

$$S_N = \sqrt{3}U_{1N}I_{1N} = \sqrt{3}U_{2N}I_{2N} \tag{1-27}$$

④ 额定频率 f_N（Hz）：我国规定的标准工业用电频率为 50Hz。

（三）三相变压器的磁路和电路系统

现代电力系统均采用三相制，故三相变压器使用最广泛。三相变压器可以用三个单相变压器组成，这种三相变压器称为三相变压器组，还有一种用铁轭把三个铁芯柱连在一起的三相变压器，称为三相芯式变压器。从运行原理来看，三相变压器在对称负载下运行时，各相的电流、电压大小相等，相位上彼此相差 120°，就一相来说，和单相变压器没有区别。

1. 三相变压器的磁路系统

三相变压器在结构上可由三台单相变压器组成，称为三相变压器组或三相组式变压器，如图 1-21 所示。三相之间只有电的联系而无磁的联系，磁路独立，互不关联。如果外加三相电压对称，则各相主磁通也必然对称，三相空载电流也是对称的。

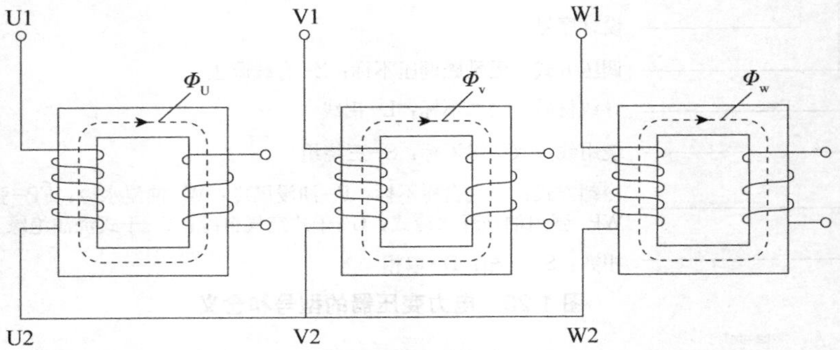

图 1-21　三相变压器组的磁路系统

三相变压器的每相有一个铁芯柱，三个铁芯柱由铁芯轭连接起来，构成三相铁芯，称为三相芯式变压器，如图 1-22 所示。这种磁路的特点是三相磁路互相关联。从图 1-22 可以看出，任何一组的主磁通都要通过其他两相的磁路作为自己的闭合回路。这种铁芯结构是从三相变压器组演变而来的。如果把三台单相变压器的铁芯合并成图 1-22（a）的形式，在外施以对称三相电压时，三相主磁通是对称的，中间铁芯柱内的磁通为 $\dot{\Phi}_U + \dot{\Phi}_V + \dot{\Phi}_W = 0$，因此可将中间芯柱省去，变成图 1-22（b）的结构形式。为了制造方便和节省硅钢片，把三相铁芯柱布置在同一平面内，便成了图 1-22（c）的形式，这就是目前广泛采用的三相芯式变压器的铁芯。在这种变压器中，三相磁路长度不相等，中间 V 相最短，两边 U、W 两相较长，所以三相磁阻不相等。当外施对称三相电压时，三相空载电流便不相等，V 相最小，U、W 两相大些。但由于空载电流很小，它的不对称对变压器负载运行的影响极小，所以可忽略不计。

比较以上两种类型的磁路系统的变压器可以看出，在相同的额定容量下，三相芯式变压器较之三相变压器组具有节省材料、效率高、维护方便、安装占地少等优点。但三相变压器组中每一个三相变压器却比三相芯式变压器的体积小、质量轻、搬运方便，另外还可减少备用容量，所以一些超高压、特大容量的三相变压器，当制造及搬运有困难时，则采用三相变压器组。

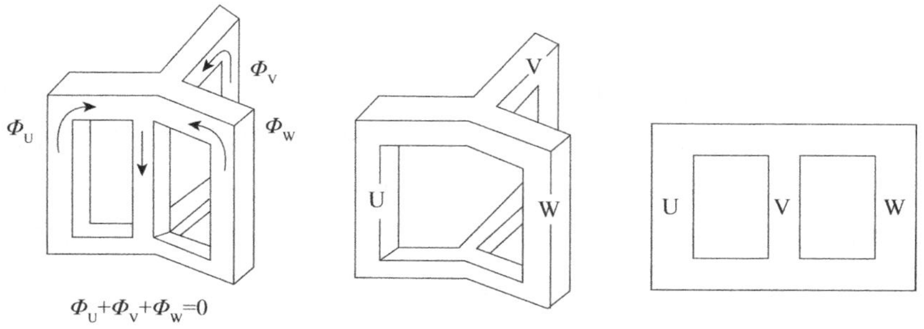

图 1-22　三相芯式变压器的磁路系统

2. 相变压器的电路系统–连接组

为了变压器能正确连接而不发生错误，对绕组的首端和末端的标志规定见表 1-1。

表 1-1　绕组的首端和末端的标记

绕组名称	单相变压器		三相变压器		中点
	首端	末端	首端	末端	
高压绕组	U1	U2	U1、V1、W1	U2、V2、W2	N
低压绕组	u1	u2	u1、v1、w1	u2、v2、w2	N

在三相变压器中，无论一次绕组或二次绕组，我国主要采用星形和三角形两种连接方式。把三相绕组的三个末端 U2、V2、W2（或 u2、v2、w2）连接在一起，而把它们的首端 U1、V1、W1（或 u1、v1、w1）引出，便是星形连接（Y 接法），用字母 Y 或 y 表示，如图 1-23（a）所示。把一相绕组的末端和另一相绕组的首端连在一起，顺次连接成一闭合回路，然后从首端 U1、V1、W1（或 u1、v1、w1）引出，便是三角形连接，用字母 D 或 d 表示，在图 1-23（b）中，三相绕组按照 U—W—V 的顺序连接，称为逆序三角形连接；图 1-23（c）中，三相绕组按照 U—V—W 的顺序连接，称为顺序三角形连接。

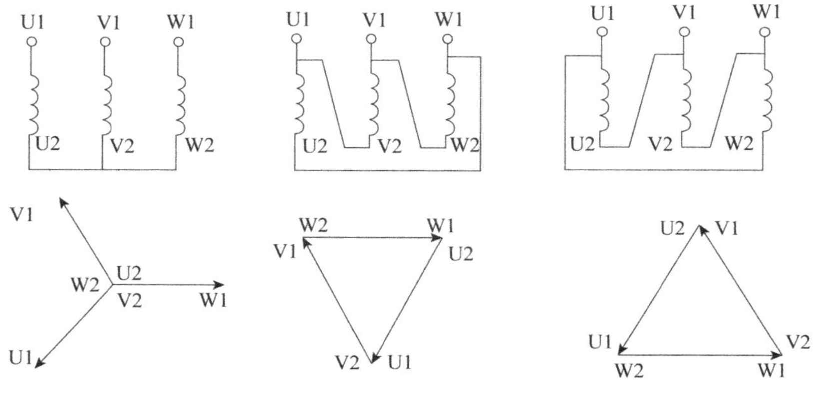

(a)星形连接　(b)三角形连接（逆序）　(b)三角形连接（顺序）

图 1-23　三相绕组的连接方式

3. 三相变压器的连接组别

（1）连接组别的概述

我国生产的三相电力变压器的连接方式有 Y，yn；Y，d；YN，d；Y，y；YN，y；D，yn；D，y；D，d。其中逗号前的大写字母表示高压绕组的连接法；小写字母表示低压绕组的连接法；N 或 n 表示有中性点引出。由于三相绕组可以采用不同的连接，使得三相变压器的一次、二次侧绕组中的线电动势会出现不同的相位差。通过证明，无论采用何种连接方式，一次、二次侧线电动势的相位差总是 30° 的整数倍。为表示这种相位关系，国际上采用了时钟表示法的变压器连接组号的区分，即把高压侧线电动势的相量作为时针，永远指向"12"点位置；相对应的低压侧线电动势的相量作为分针，它指向几点就是连接组别的标号。

（2）连接组别标号的确定

连接组别的标号不仅与绕组的同极性端有关，而且还与三相绕组的连接方式有关。具体的确定步骤如下：

① 首先按照绕组的接线方式画出一次侧和二次侧绕组的接线图；

② 在接线图中标出一次、二次侧每个相电动势的正方向（均指向各自绕组首端）；标出一次、二次侧线电动势 $\dot{E}_{1U1,1V1}$ 和 $\dot{E}_{2U1,2V1}$ 的方向（由 V 相指向 U 相）；

③ 画出一次、二次侧绕组三相对称电动势相量图，按规定一次侧线电动势 $\dot{E}_{1U1,1V1}$ 指向"12"点，二次侧线电动势 $\dot{E}_{2U1,2V1}$ 指向几点，就是连接组别的标号；

④ 将连接组别标号以时钟图的形式表示出来。

（3）举例说明

在常用的连接组别中，可分成 Y，y 和 Y，d 两种，下面分别介绍它们的判别方法。

① Y，y 接法。如图 1-24 所示，一、二次绕组均采用星形连接，且首端为同极性端，按照步骤分析当一次绕组线电动势 $\dot{E}_{1U1,1V1}$ 指向"12"点时，二次绕组线电动势 $\dot{E}_{2U1,2V1}$ 也指向时钟"12"点，这种连接方式称为 Y，y0 连接组。

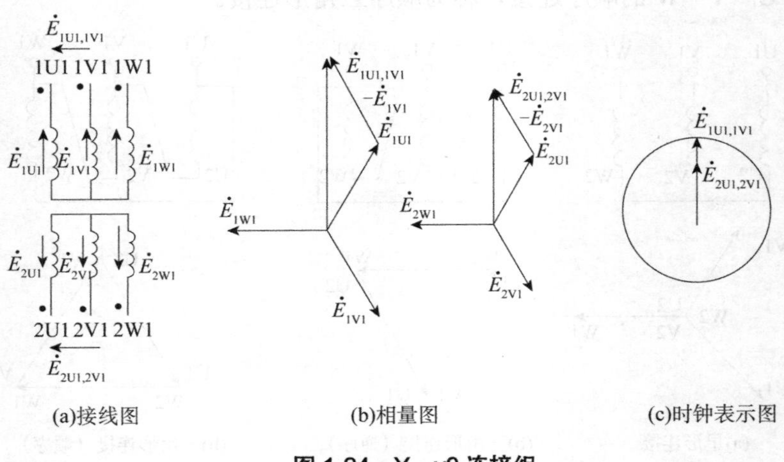

图 1-24　Y，y0 连接组

如果变压器的一次、二次绕组的首端是异名端，则一次、二次绕组相互对应的电动势相量均反向，这种连接方式称为 Y，6y 连接组，可参照 Y，y0 自行判断。

② Y，d 接法。如图 1-25 所示，变压器一次绕组采用星形连接，二次绕组采用三角形连接，按照步骤分析当一次绕组线电动势 $\dot{E}_{1U1,1V1}$ 指向“12”点时，二次绕组线电动势 $\dot{E}_{2U1,2V1}$ 指向“1”点，这种连接方式称为 Y，d1 连接组。

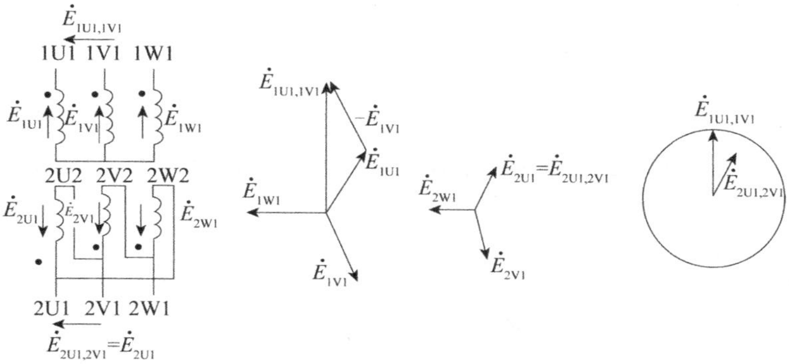

图 1-25　Y，d1 连接组

二、任务分析

（一）变压器的正确使用

1. 温度要求

电力变压器正确使用的环境温度条件最高气温是+40℃，户外变压器最低气温是−30℃，户内变压器最低气温是−5℃。油浸式变压器顶层油的温升不得超过周围气温 55℃，如最高气温+40℃，则变压器顶层油温不得超过+95℃。

2. 使用年限要求

变压器的使用年限主要取决于绕组绝缘的老化速度，绕组绝缘老化严重时，就会变脆、裂纹和脱落，而绕组绝缘的老化速度又取决于绕组最热点的温度。在规定的环境温度下，如果绕组最热点的温度一直维持在 95℃，则变压器可以持续安全运行 20 年；如果绕组最热点的温度升高到 120℃，则变压器只能运行 2 年。

3. 变压器容量的选择

如果变压器容量选的过大，不仅造成电能浪费，而且影响电网电压；如果容量选的过小，会导致变压器因过载而烧毁。

① 装有一台主变压器的容量选择：主变压器的额定容量 S_{NT} 应满足全部用电设备总的计算负荷 S_{30} 的需要，即 $S_{NT} \geqslant S_{30}$。

② 装有两台主变压器的容量选择：每台主变压器单独运行时的额定容量 S_{NT} 应满足不小于总的计算负荷 60%的需要，即 $S_{NT} > S_{30} \times 60\%$；同时满足全部一、二级负荷 $S_{30(\mathrm{I}+\mathrm{II})}$ 的需要，即 $S_{NT} \geqslant S_{30(\mathrm{I}+\mathrm{II})}$。

③ 单台主变压器的容量上限：低压为 0.4kV 的单台主变压器的容量一般不宜大于 1250kV・A。主要是考虑受通用低压断路器的断流能力及短路稳定度的限制和减少低压配电

系统的电能损耗。

（二）电力变压器的日常维护

电力变压器的正常运行对系统供电的可靠性具有严重的影响。因此，为了确保安全运行，值班人员应定期进行全面检查，每天至少一次，遵守“看、闻、嗅、摸、测”五字准则，仔细检查。电力变压器的维护项目如下：

① 检查瓷套管是否清洁，有无裂纹、放电痕迹以及其他现象；检查高低压接头的螺栓是否紧固，有无接触不良和发热现象。

② 检查油温和储油柜油面高度及油色，油浸式变压器的上层油温一般不应超过 85℃；其油高度不能低于油面线，必要时进行油样化验；油色应是透明微带黄色，若呈红棕色，则可能是油已变质或油位计本身脏污造成。

③ 检查各密封处有无漏油、渗油现象。

④ 检查变压器的响声是否正常，一般正常运行时是均匀的“嗡嗡”声。

⑤ 检查安全气道的玻璃是否完整；压力释放器的标示杆未突出，无喷油痕迹；检查气体继电器内应充满油，无气体存在。

⑥ 检查变压器的铁芯和外壳的接地情况，接地线的电流值应不大于 0.5A。

⑦ 监测各指示仪表，观察变压器是否额定运行，超差值是否在允许的范围之内。

⑧ 注意变压器室内消防设备是否完整、良好、有效；一次、二次引线及各接线点是否紧固，各部分的电气距离是否符合要求。

（三）任务实施

变压器的常见故障及处理方法：

运行过程中，变压器可能发生各种不同的故障。而造成变压器故障的原因是多方面的，要根据具体情况进行细致分析，并加以恰当处理。变压器常见的故障主要有绕组故障、铁芯故障及分接开关、瓷套管故障等。其中，变压器绕组故障最多，占变压器故障的 60%～70%。

1．绕组故障

（1）匝间或层间短路

故障现象：

① 变压器异常发热。

② 气体继电器动作。

③ 油温升高，油有时发出特殊的“嘶嘶”声。

④ 电源侧电流增大。

⑤ 故障严重时，差动保护装置动作，供电侧的过电流保护装置也要动作。

故障产生的原因：

① 变压器运行时间长，绕组绝缘受潮或老化。

② 绕组绕制时导线有毛刺，导线焊接不良、导线绝缘不良或线匝排列与换位等不正确，使绝缘受到损坏。

③ 由于变压器短路，或其他故障，线圈受到振动与变形而损坏匝间绝缘。

④ 油道内落入杂物，使油道堵塞，局部过热。

检查与处理方法：

① 吊出器身，进行外观检查。

② 测量直流电阻。

③ 将器身置于空气中，在绕组上加10%～20%额定电压，如有损坏点则会冒烟。

④ 更换或修复绕组，进行浸漆和干燥处理。

（2）绕组接地或相间短路

故障现象：

① 过电流保护装置动作。

② 安全气道爆破、喷油。

③ 气体继电器动作。

④ 变压器油燃烧。

⑤ 变压器振动。

故障产生的原因：

① 绕组绝缘老化或有破损等严重缺陷。

② 变压器进水，绝缘油严重受潮。

③ 短路时造成绕组变形损坏。

④ 过电压击穿绕组绝缘引起。

检查与处理方法：

① 吊出器身检查。

② 用绝缘电阻表（兆欧表）测绕组对油箱的绝缘电阻。

③ 将油进行简化实验（试验油的击穿电压）。

④ 应立即停止运行，重绕绕组。

（3）绕组变形与断线

故障现象：

① 断线处发生电弧使变压器内有放电声。

② 断线相没有电流。

故障产生的原因：

① 由于连接不良或安装套管时使引线扭曲断开。

② 导线内部焊接不良或短路电流的电磁力作用。

③ 雷击原因造成断线。

检查与处理方法：

① 修复变形部位，必要时更换绕组。

② 割除熔蚀面，重焊新导线。

2. 铁芯故障

（1）铁芯片间绝缘损坏

故障现象：

① 空载损耗变大。

② 铁芯发热，油温升高，油色变深。

③ 变压器发出异常声响。

故障产生的原因：
① 硅钢片间绝缘老化。
② 铁芯接地后发热，烧坏片间绝缘。
③ 受强烈振动，片间发生位移或摩擦。
④ 铁芯紧固件松动。
检查与处理方法：
① 对绝缘损坏的硅钢片重新刷绝缘漆。
② 紧固铁芯夹件。
③ 按铁芯接地故障处理。
（2）铁芯多点接地或接地不良
故障现象：
① 高压熔断器熔断。
② 铁芯发热，油温升高。
③ 气体继电器动作。
故障产生的原因：
① 铁芯与穿心螺杆间的绝缘老化，引起铁芯多点接地。
② 铁芯接地片松动或断开。
检查与处理方法：
① 更换穿心螺杆与铁芯间的绝缘管。
② 更换新接地片或将接地片压紧。

3. 分接开关烧损

故障现象：
① 油温升高。
② 高压熔断器熔断。
③ 触点表面产生放电声。
④ 变压器油发出"咕嘟"声。
故障产生的原因：
① 分接开关结构与装配上存在缺陷，造成接触不良。
② 触点压力不够，短路时触点过热。
③ 绝缘板绝缘性能变劣。
④ 分接开关位置错位。
检查与处理方法：
① 修复触头接触面，更换绝缘板。
② 补注变压器油到正常油位。

4. 套管闪络

故障现象：
① 高压熔丝熔断。
② 套管表面有放电痕迹。

故障产生的原因：
① 套管有裂纹或破损；
② 套管表面较脏；
③ 套管密封不严，绝缘受损；
④ 套管间掉入杂物。
检查与处理方法：
① 清除套管表面脏污；
② 更换套管或封垫；
③ 清除杂物。

5. 变压器油变劣

故障现象：油色变暗。
故障产生的原因：
① 故障引起放电造成变压器油分解；
② 变压器油长期受热氧化。
检查与处理方法：对变压器油进行过滤或更换新油。

三、知识拓展

随着生产力的发展，供电站用户数不断增加，用电量也成倍的增加，许多变电站都采用几台变压器并联供电来提高运行效率。所谓并联运行，就是将几台变压器的一、二次绕组分别并联到一、二次的公共母线上，共同向负载供电的运行方式，如图 1-26 所示。

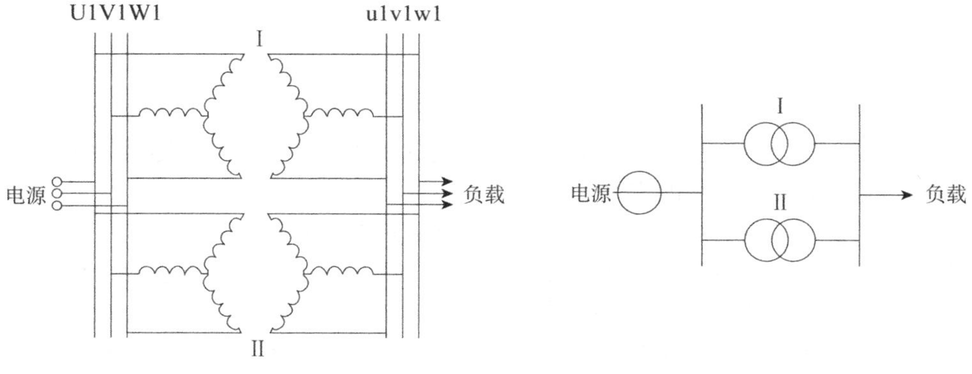

(a)并联运行接线图　　(b)并联运行简化表示形式

图 1-26　Y，y 连接三相变压器的并联运行

1. 并联运行的优点

（1）提高供电的可靠性。并联运行时，如果某台变压器发生故障需要检修时，可以有备用变压器并联运行，保证不停电，从而提高供电质量。

（2）可以根据负载的大小调整投入并联运行变压器的台数，以提高运行效率，减少不必要的损耗。

（3）可以减少总的备用容量，随着用电量的增加分批安装新变压器。

当然，并联的台数过多也是不经济的，因为一台大容量变压器的造价要比总容量相同的几台小变压器的造价低，占地面积也小。

变压器并联运行的理想情况是：空载时并联的各变压器之间没有环流，以避免环流铜耗。负载时，各变压器所承担的负载电源应按其容量的大小成正比例分配，防止其中某台过载或欠载。负载后，各变压器所分担的电流应与总的负载电流同相位。这样在总的负载电流一定时，各变压器所分担的电流最小。如果各变压器二次电流一定，则共同承担的负载电流为最大，要达到上述理想并联运行的要求，须满足一定条件。

2. 并联运行的条件

（1）各变压器的变压比相等。如果变压比不相等，那么并联变压器的二次空载电压也不相等，二次侧将产生环流，即电压较高的绕组将向电压较低的绕组供电流，引起电能损耗，导致绕组过热或烧毁。变压比的误差不允许超过±5%。

（2）各变压器连接组别应相同。如果连接组别不相同，就等于二次电压的相位不相同，这样一、二次绕组中将产生极大的环流，而将变压器绕组烧毁。

（3）各变压器的短路阻抗的相对值应相等。由于并联运行变压器的负荷是按其阻抗电压值成反比分配的，所以其阻抗电压的允许误差不得超过±10%。

变压器并联运行时，变压器间的容量差别越大，离开理想运行的可能性就越大，所以在并联运行的各台变压器中，最大容量和最小容量之比不宜超过3∶1。

项目小结

通过本项目的学习，要求掌握的主要内容有以下几点：

（1）变压器是一种变换交流电能的静止电气设备，它利用一次、二次绕组匝数不同，通过电磁感应作用，把一种电压等级的交流电能转变同频率的另一种电压等级的交流电能，以满足电能的传输、分配和使用的需要。

（2）在分析变压器内部电磁关系时，通常按其磁通的实际分布和所起作用不同，分成主磁通和漏磁通两部分，前者以铁芯作闭合磁路，在一次、二次绕组中均感应电动势，起着传递能量的作用；而漏磁通主要以非铁磁料闭合，只起电抗降压的作用，不能传递能量。

（3）铁芯损耗近似等于变压器的空载损耗。铜损耗 $P_{Cu}=I_{1n}^2R_S$ 又称为负载损耗，近似等于变压器的短路损耗。

（4）每一种电抗都对应磁场中的一种磁通，励磁电抗对应于主磁通，漏电抗对于漏磁通，励磁电抗受磁路饱和影响不是常量，而是漏电抗基本上不受铁芯饱和的影响，因此它为常数。

（5）电压变换率和效率是衡量变压器运行性能的两个主要运行性能指标。电压变化率的大小反映了变压器负载运行时二次端电压的稳定性，而效率则是表面变压器运行时的经济性。ΔU 和 η 的大小不仅与变压器自身参数有关，而且还与负载的大小和性质有关。

（6）三相变压器分为组式变压器和芯式变压器。三项组式变压器每相有独立的磁路，三相芯式变压器各相磁路彼此相关。

（7）三相变压器的电路系统实质上是研究变压器两侧线电压（或线电动势）之间的相位关系。变压器两侧电压的相位关系通常用时钟法来表示，即所谓连接组别。影响三相变压器连接组别的因素除有绕组绕向和首末端标志外，还有三相绕组的连接方式。变压器共有 12 种连接组别，国家标准规定三相变压器有 5 种标准连接组别。

（8）变压器并联运行的条件是：变比相等；连接组别相同；短路电压（短路阻抗）标示值相等。前两个条件保证了空载运行时变压器绕组之间不产生环流，后一个条件是保证并联运行变压器的容量得以充分利用。除组别相同这一条件必须严格满足外，其他条件允许有一定的偏差。

（9）自耦变压器的特点是一次、二次绕组之间既有磁耦合，又有直接电的联系。故其一部分功率不通过电磁感应，而直接由一次侧传递到二次侧，因此和同容量普通变压器相比，自耦变压器具有省材料、损耗小、体积小等优点。但自耦变压器也有缺点，如短路电抗标示值较小、短路电流较大等。

（10）仪用互感器是测量用的变压器，使用时应注意其二次侧接地，电流互感器二次侧决不允许开路，而电压互感器二次侧绝不允许短路。

思考与练习一

一、填空题

1. 变压器的基本结构主要由________和________两部分组成。它是利用________原理制成的静止的电气设备。

2. 一般中小型电力变压器的效率在________以上，大型电力变压器的效率在以________上。

3. 电压互感器是将________变成低电压，电流互感器是将大电流变成________。

4. 为了提高变压器的导磁性能和减少损耗，________变压器已开始广泛使用。

5. 变压器的绕组是它的________部分，而铁芯是变压器________的部分。

6. 变压器的外特性是指当电源电压和________为常数时，二次端电压随________变化的规律。

7. 变压器的短路测试除了用万用表或电桥检测线圈外，还可用________法简单判断。

8. 自耦变压器在使用时一、二次侧都须装设________。

9. 变压器在运行中，铁芯和绕组的温度会升高，但一般不允许超过________。

10. 一般电压互感器二次侧额定电压都规定为________，电流互感器二次侧的额定电流为________。

二、选择题

1. 一台变压器在（　　）时效率最高。

A. β=1　　B. $\frac{P_0}{P_S}$=常数　　C. $P_{Cu}=P_{Fe}$　　D. $S=S_N$

2. 主磁通是通过（　　）形成闭合回路。

A. 油　　B. 铁芯　　C. 空气　　D. 绕组

3. 变压器除了有变压和变流的作用之外，还有变换（　　）的作用。

A. 频率　　B. 阻抗　　C. 功率　　D. 参数

4. 400V 以下的变压器其绝缘电阻值应不低于（　　）。

A. 90MΩ　　B. 50MΩ　　C. 120MΩ　　D. 300MΩ

5. 当一次侧电压加到额定值时，二次侧各绕组的空载电压允许误差为（　　）。

A. ±5%　　B. ±15%　　C. ±30%　　D. ±3%

6. 交流弧焊机的主要组成部分是（　　）。

A. 电流互感器　　B. 电压互感器　　C. 自耦变压器　　D. 电焊变压器

三、判断题

1. 变压器二次电压的大小不仅与负载电流的大小有关，而且还与负载的功率因数有关。（　　）

2. 变压器的同名端只存在于同一个交变磁通贯穿的线圈之间。（　　）

3. 小型变压器运行中响声异常可能由于电源电压过高造成。（　　）

4. 自耦变压器一、二次绕组之间只有磁的耦合，没有电的联系。（　　）

5. 远距离输电采用高压是最为经济的。（　　）

6. 只要给变压器一次绕组加电压，铁芯中就会产生交变磁通。（　　）

7. 由于变压器没有旋转部件，因此没有机械损耗。（　　）

8. 只要改变绕组的匝数比，便可达到改变电压的目的。（　　）

9. 变压器的附加铁损耗一般为基本铁损耗的 5%～10%。（　　）

10. 当变压比大于 1 时，该变压器是降压变压器。（　　）

四、问答题

1. 简述变压器的基本工作原理。

2. 小型变压器副边无电压输出的原因和检修方法。

3. 电流互感器和电压互感器使用中应该注意哪些事项？

4. 变压器一次绕组若接在直流电源上，二次侧会有稳定的直流电压吗，为什么？

5. 一台 380V/220V 的单相变压器，如不慎将 380V 加在低压绕组上，会发生什么？

6. 如何用交流法判断小型单相变压器的极性？

7. 由于变压器的原、副边绕组之间短路造成的温度过高应如何进行检修？

8. 变压器变换电压的原理是什么？它能否变换直流电压？

9. 油浸式电力变压器的主要结构有哪几部分？其主要作用是什么？

10. 电力变压器常见故障有哪些？如何检修？

11. 电流互感器与电压互感器在使用时应注意哪些事项？

12. 变压器并联运行有哪些优点？

13. 自耦变压器具有哪些特点？

14. 试说明三相变压器组为什么不采用 Y，y 连接，而三相芯式变压器又可以采用呢？为什么三相变压器中希望有一边接成三角形？

15. 一台 Y，d 连接的三相变压器，在一次侧加额定电压空载运行，此时将二侧的三角形连接打开一角测量开口处的电压，再将三角形闭合测量电流。试问：当此三相变压器是三相变压器组或三相芯式变压器时，所测得的数值有无不同？为什么？

项目二　机车牵引电机的维护与调速

项目剖析

牵引电动机是在机车或动车上用于驱动一根或几根动轮轴的电动机。牵引电动机有多种类型，如直流牵引电动机，尤其是直流串励电动机有较好调速性能和工作特性，适应机车牵引特性的需要，获得广泛应用。

本项目主要针对牵引电机结构、工作原理及特性进行分析，从而延伸至对牵引电机工作原理和其结构的掌握，以及调速方案的设计。

通过引入企业真实的案例，学生可以在实践中学习机车牵引电机的应用技术和维护方法，并能自行设计机车牵引电机调速方案，做到学以致用，进一步提升职业能力。

本项目由以下两个任务组成。

任务一——机车牵引电机的维护与检修。

任务二——机车牵引电机的调速。

项目目标

1. 掌握直流牵引电机基本结构和工作原理。
2. 掌握直流牵引电机的运行特性。
3. 理解直流牵引电机基本控制方式。
4. 会对直流牵引电机进行常规维修。
5. 能正确判断直流牵引电机的故障。
6. 能为直流牵引电机设计调速方案。

任务一　机车牵引电机的维护与检修

本任务目标

1. 掌握机车牵引电机的结构及工作原理。
2. 掌握机车牵引电机主要特性和一般检测的知识。
3. 能对机车牵引电机进行常规维护和一般故障分析处理。
4. 能进行机车牵引电机调速方案设计。

一、相关知识

机车牵引电机的种类很多，本项目介绍的是采用直流电机作为机车牵引电机的类型。直流电机包括直流发电机和直流电动机。直流发电机是将机械能转换为电能，而直流电动机是将电能转换为机械能。直流电机虽然结构简单、成本高、运行维护困难，但它具有良好的调速性能、较大的启动转矩和过载能力等很多优点，在启动和调速要求较高的生产机械中仍得到广泛应用。

（一）直流电动机的基本结构

直流电动机和直流发电机的结构基本相同，都由静止部分和可旋转部分组成。静止部分称为定子，可旋转部分称为转子。图 2-1 为 Z2 和 ZZJ 系列直流电机的外形，图 2-2 为直流电动机的总装配图，图 2-3 为直流电动机的剖面图。

(a) Z2系列　　(b) ZZJ系列

图 2-1　直流电机外形

直流电机的主要结构：

① 定子包括主磁极、换向磁极、机座、端盖、电刷装置。

② 转子包括电枢铁芯、电枢绕组、换向装置、风扇、转轴。

③ 气隙。

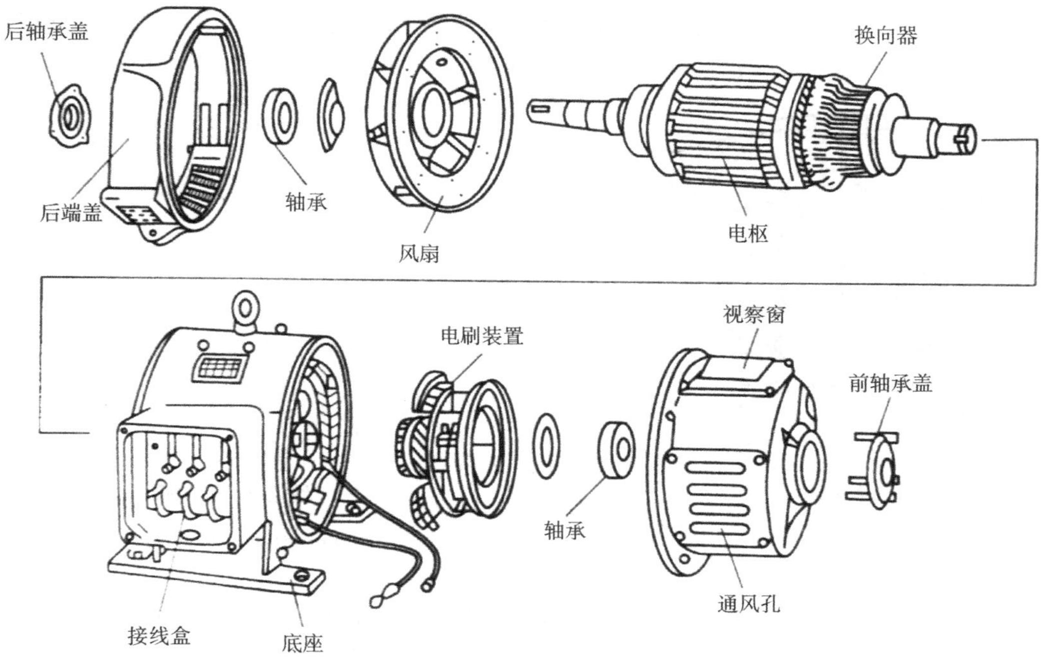

图 2-2　直流电动机总装配图

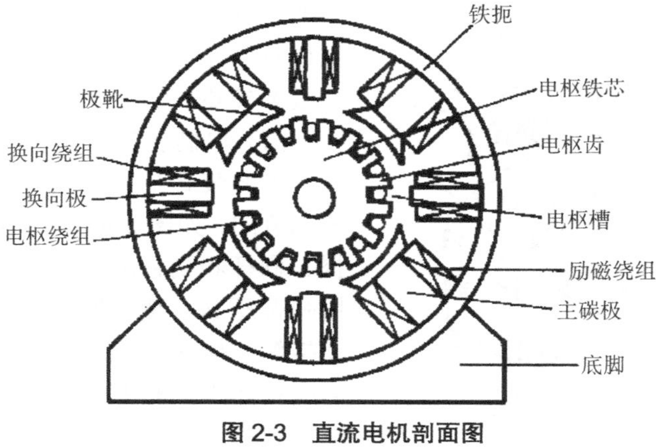

图 2-3　直流电机剖面图

1. 定子

定子的主要作用是产生磁场，由机座、主磁极、换向极、端盖、轴承和电刷装置等组成。

（1）主磁极

主磁极的作用是产生气隙磁场，如图 2-4 所示。主磁极由主磁极铁芯和励磁绕组两部分组成的。铁芯一般用 0.5～1.5mm 厚的硅钢板冲片叠压铆紧而成，分为极身和极靴两部分，上面套励磁绕组的部分称为极身，下面扩宽的部分称为极靴，极靴宽于极身，既可以调整气隙中磁场的分布，又便于固定励磁绕组。励磁绕组用绝缘铜线绕制而成，套在主磁极铁芯上。整个主磁极用螺钉固定在机座上。

（2）换向极

换向极的作用是改善换向，减小电机运行时电刷与换向器之间可能产生的换向火花，一般装在两个相邻主磁极之间，由换向极铁芯和换向极绕组组成，如图 2-5 所示。换向极绕组用绝缘导线绕制而成，套在换向极铁芯上，换向极的数目与主磁极相等。

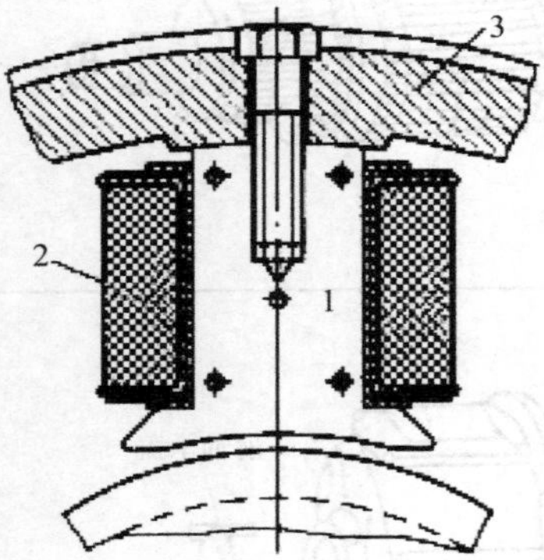

图 2-4　主磁极

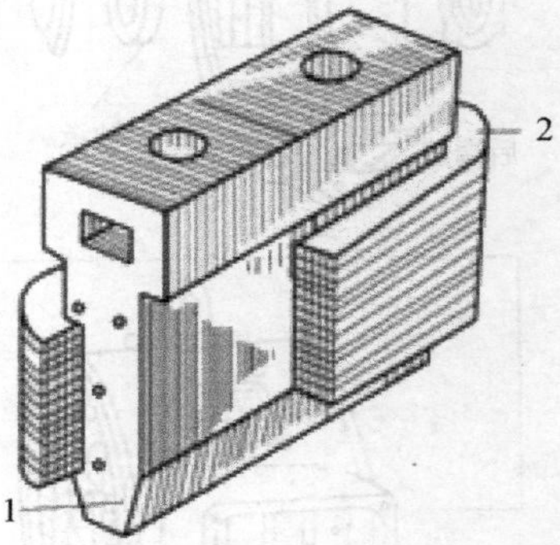

图 2-5　换向极

1—换向极铁芯；2—换向极绕组

（3）机座

电机定子的外壳称为机座，机座的作用有两个：一是用来固定主磁极、换向极和端盖，并起整个电机的支撑和固定作用；二是机座本身也是磁路的一部分，借以构成磁极之间磁的通路，磁通通过的部分称为磁轭。为保证机座具有足够的机械强度和良好的导磁性能，一般为铸钢件或由钢板焊接而成。

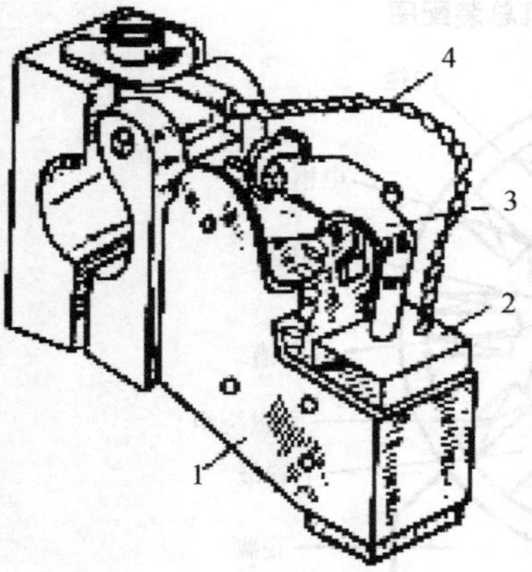

图 2-6　电刷装置

1—刷握；2—电刷；3—压紧弹簧；4—刷辫

（4）电刷装置

电刷装置是用来引入或引出直流电压和直流电流的，如图 2-6 所示。电刷装置由电刷、刷握、刷杆和刷杆座等组成。电刷放在刷握内，用弹簧压紧，使电刷与换向器之间有良好的滑动接触，刷握固定在刷杆上，刷杆装在圆环形的刷杆座上，相互之间必须绝缘。刷杆座装在端盖或轴承内盖上，圆周位置可以调整，调好以后加以固定。

2. 转子（电枢）

运行时转动的部分称为转子，其主要作用是产生电磁转矩和感应电动势，是直流电机进行能量转换的枢纽，所以通常又称为电枢，由电枢铁芯、电枢绕组、转轴、换向器和风扇等组成，如图 2-7 所示。

（1）电枢铁芯

电枢铁芯是主磁路的主要部分，同时用以嵌放电枢绕组。一般电枢铁芯采用由 0.5mm 厚的硅钢片冲制而成的冲片叠压而成，以降低电机运行时电枢铁芯中产生的涡流损耗和磁滞损耗，冲片如图 2-8 所示。叠成的铁芯固定在转轴或转子支架上。铁芯的外圆开有电枢槽，槽内嵌放电枢绕组。

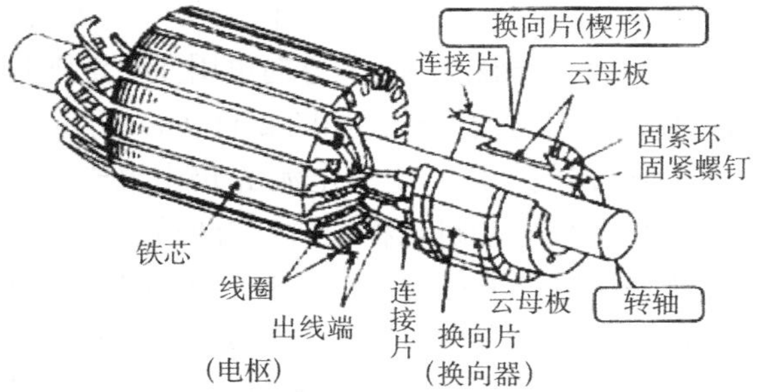

图 2-7　直流电机电枢结构图

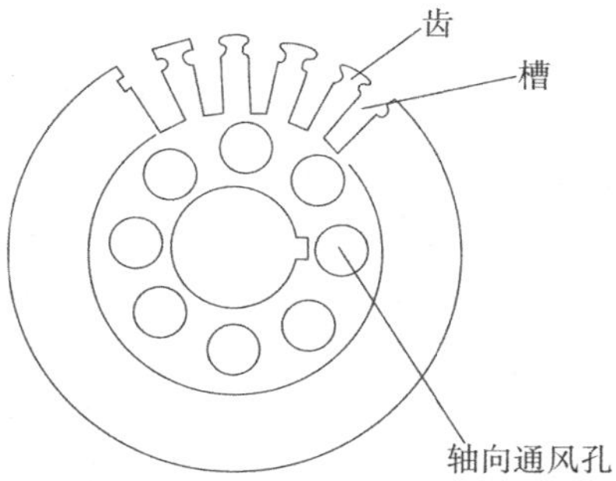

图 2-8　电枢铁芯冲片

（2）电枢绕组

电枢绕组的作用是产生电磁转矩和感应电动势，是直流电机进行能量变换的关键部件。它是由许多线圈(以下称元件)按一定规律连接而成的，线圈采用高强度漆包线或玻璃丝包扁铜线绕成，不同线圈的线圈边分上、下两层嵌放在电枢槽中，线圈与铁芯之间以及上、下两层线圈边之间都必须妥善绝缘。为防止离心力将线圈边甩出槽外，槽口用槽楔固定，如图 2-9 所示。线圈伸出槽外的端接部分用热固性无纬玻璃带进行绑扎。

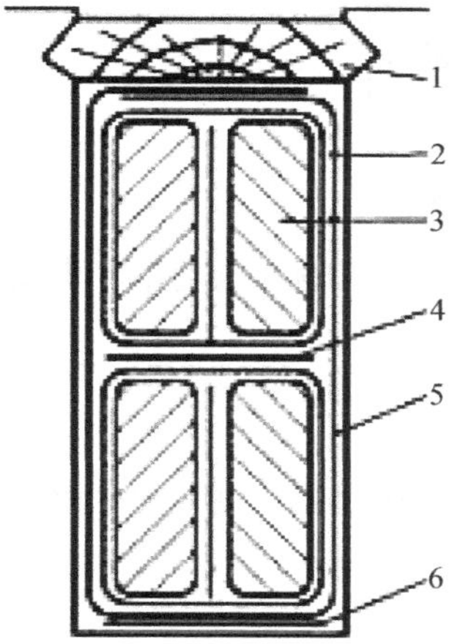

图 2-9　电枢槽的结构

1—槽楔；2—线圈绝缘；3—电枢导体；

4—层间绝缘；5—槽绝缘；6—槽底绝缘

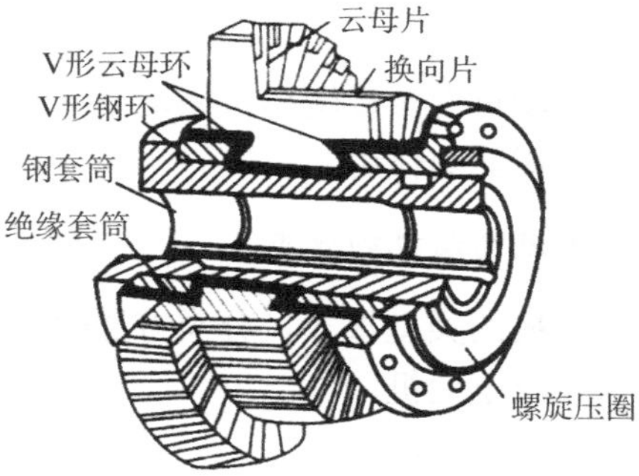

图 2-10　换向器结构

（3）换向器

在直流电动机中，换向器配以电刷，能将外加直流电源转换为电枢线圈中的交变电流，使电磁转矩的方向恒定不变。换向器采用导电性能好、硬度大、耐磨性能好的紫铜或铜合金制成。换向片的下部做成燕尾形，燕尾部分嵌在含有云母绝缘的 V 形钢环内，拼成圆筒形套入钢套筒上，相邻的两换向片间用云母片绝缘，再用螺旋压圈压紧。换相片靠近电枢绕组一端的部分与绕组引出线相焊接，如图 2-10 所示。

（4）转轴

转轴起转子旋转的支撑作用，须有一定的机械强度和刚度，一般用圆钢加工而成。

（二）直流电动机的工作原理

电枢绕组通过电刷接到直流电源上，绕组的旋转轴与机械负载相联。电流从电刷 A 流入电枢绕组，从电刷 B 流出。电枢电流 I_a 与磁场相互作用产生电磁力 F，其方向可用左手定则判定。这一对电磁力所形成的电磁转矩 T，使电动机电枢逆时针方向旋转，如图 2-11（a）所示。

当电枢转到图 2-11（b）所示位置时，由于换向器的作用，电源电流 I_a 仍由电刷 A 流入绕组，由电刷 B 流出。电磁力和电磁转矩的方向仍然使电动机电枢逆时针方向旋转。电枢转动时，切割磁力线而产生感应电动势，这个电动势（用右手定则判定）的方向与电枢电流 I_a 和外加电压 U 的方向总是相反的，称为反电动势 E_a。它与发电机的电动势 E 的作用不同。发电机的电动势是电源电动势，在外电路产生电流，而 E_a 是反电动势，电源只有克服这个反电动势才能向电动机输入电流。

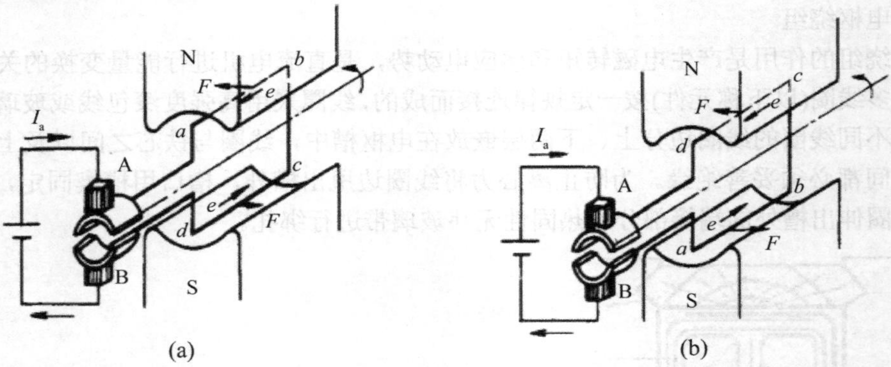

图 2-11　直流电动机原理图

可见，电动机向负载输出机械功率的同时，电源却向电动机输入电功率，电动机起着将电能转换为机械能的作用。

（三）直流电动机的分类

直流电动机的类型很多，分类方法也很多。若按励磁方式分类，可分为永磁式直流电动机和电磁式直流电动机。

1. 永磁式直流电动机

永磁式直流电动机的磁场是由磁性材料提供，不需要线圈励磁，主要用于微型直流电动机或一些具有特殊要求的直流电动机，如电动剃须刀电动机。

2. 电磁式直流电动机

电磁式直流电动机则是利用给主磁极绕组通入直流电产生主磁场，它按照主磁极绕组与电枢绕组接线方式的不同，可以分为他励式和自励式两种，自励式又分为并励、串励、复励等几种，如图 2-12 所示。

（1）他励直流电动机

励磁绕组与电枢绕组无连接关系，而由其他直流电源对励磁绕组供电的直流电机称为他励直流电动机，具有较硬的机械特性，励磁电流与转子电流无关，一般用于大型和精密直流电动机控制系统中，如图 2-12（a）所示。

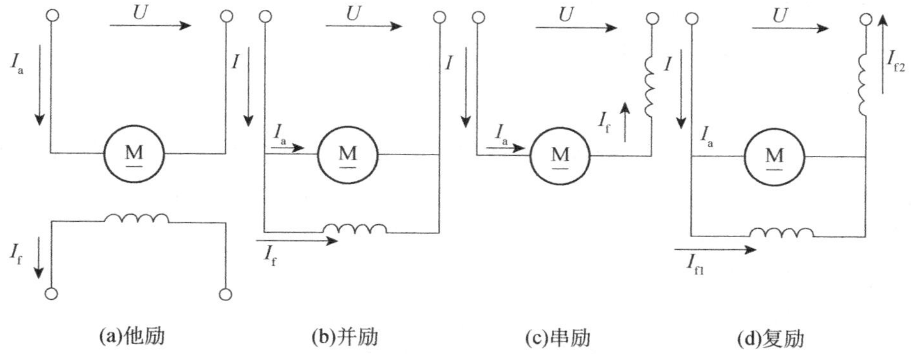

图 2-12 直流电机的励磁方式

（2）自励直流电动机

① 并励直流电动机

并励直流电动机的励磁绕组与电枢绕组相并联，接线如图 2-12（b）所示。作为并励发电机来说，是电机本身发出来的端电压为励磁绕组供电；作为并励电动机来说，励磁绕组与电枢共用同一电源，从性能上与他励直流电动机相同，多用于中小型直流电动机。

② 串励直流电动机

串励直流电动机的励磁绕组与电枢绕组串联后，再接于直流电源，如图 2-12（c）所示。串励直流电动机具有很大的启动转矩，但机械特性很软，空载时转速极高，禁止空载或轻载运行，常用于启动转矩要求很大且转速有较大变化的负载，如电瓶车、起货机、电车等。

③ 复励直流电动机

复励直流电动机有并励和串励两个励磁绕组，接线如图 2-12（d）所示。若串励绕组产生的磁通势与并励绕组产生的磁通势方向相同称为积复励；若两个磁通势方向相反，则称为差复励。

（四）直流电动机的铭牌

1. 型号

国产电动机型号一般采用大写的汉语拼音字母和阿拉伯数字表示。其格式为：第一部分用大写的拼音字母表示产品代号，第二部分用阿拉伯数字表示设计序号，第三部分用阿拉伯数字表示机座代号，第四部分用阿拉伯数字表示电枢铁芯长度代号。

Z2-92：Z 表示一般用途直流电动机；2 表示设计序号，第二次改型设计；9 表示机座序号；2 表示电枢铁芯长度符号。

型号的第一部分字符含义如下。

Z 系列：一般用途直流电动机（如 Z2、Z3、Z4 等系列）。

ZY 系列：永磁直流电动机。

ZJ 系列：精密机床用直流电动机。

ZT 系列：广调速直流电动机。

ZQ 系列：直流牵引电动机。

ZH 系列：船用直流电动机。

ZA 系列：防爆安全型直流电动机。

ZKJ 系列：挖掘机用直流电动机。

ZZJ 系列：冶金起重机用直流电动机。

2. 额定值

额定值是制造厂对各种电气设备（本章指直流电机）在指定工作条件下运行时所规定的一些量值。在额定状态下运行时，可以保证各电气设备长期可靠地工作，并具有优良的性能。额定值也是制造厂和用户进行产品设计或试验的依据。

① 额定功率 P_N（W 或 kW）：对于直流电动机是指电机带额定负载时，转轴上输出的机械功率；对直流发电机是指额定状态时出线端输出的电功率。

② 额定电压 U_N（V）：指在额定状态下电机出线端的平均电压。对于电动机是指输入额定电压，对于发电机是指输出电压。

③ 额定电流 I_N（A）：指电机在额定电压、额定功率时对应的电流值。

额定功率、额定电压和额定电流之间的关系如下。

直流发电机：

$$P_N = U_N I_N \tag{2-1}$$

直流电动机：

$$P_N = U_N I_N \eta_N \tag{2-2}$$

④ 额定转速 n_N（r/min）：指电机在额定电压、额定电流、额定功率下运行时所允许的旋转速度。

⑤ 额定励磁电流 I_f（A）：指电机在额定状态时，励磁回路所允许的最大励磁电流。

电机的铭牌上还有其他数据，如励磁方式、防护等级、绝缘等级、工作制、重量、出厂日期、出厂编号、生产单位等。

（四）直流电动机的机械特性与工作特性

1. 直流电动机机械特性

他励直流电动机的一些基本方程式：

（1）电压平衡方程式

$$U = E_a + I_a R_a \tag{2-3}$$

（2）转矩平衡方程

$$T = T_0 + T_L \tag{2-4}$$

式中，T——电磁转矩，T_0——空载转矩，T_L——负载静阻转矩。

（3）功率平衡方程式

电压平衡方程式两边同乘 I_0 得

$$UI_a = EI_a + I_a^2 R_a \tag{2-5}$$

式中，UI_a——电源输入功率，EI_a——电枢反电势从电源吸收的电功率，$I_a^2 R_a$——电枢铜损耗。

电磁功率 $P_M=E_aI_a=K_e\Phi I_a=T\omega$，表明电动机从电源吸收的电功率转换成了机械功率 $T\omega$，因此输入功率：

$$P_1 = P_M + P_{Cu}P_M = P_0 + P_2$$

$$P_0 = P_m + P_{Fe}$$

式中，P_M——电磁功率，P_{Cu}——铜损耗，P_0——空载损耗，P_m——机械损耗，P_{Fe}——磁滞损耗和涡流损耗（简称铁损）。

（4）他励电动机的机械特性

电压平衡方程：

$$U = E + IR \tag{2-6}$$

$$E = K_e \Phi_N$$

$$n = \frac{U}{K_e \Phi} - \frac{R_a}{K_e \Phi} I_a \tag{2-7}$$

$$T = K_t \Phi \ I_a \qquad I_a = T(K_t \Phi)$$

$$n = \frac{U}{K_e \Phi} - \frac{R_a}{K_e K_t \Phi^2} T = n_0 - KT = n_0 - \Delta n \tag{2-8}$$

直流他励电动机的机械特性图如图 2-13 所示。

对于他励和并励而言，当 U_f 与 U 为同一电源时，这两种电动机励磁电流 I_f 的大小均与电枢电流 I_a 无关，因此他励和并励电动机的机械特性相同。

2. 直流电动机工作特性

直流电动机的工作特性是指在供给电机额定电压 U_N、额定励磁电流 I_{fN} 且电枢回路无外串电阻时，转速 n、电磁转矩 T_{em} 和效率 η 与输出功率 P_2 之间的关系，即转速特性 $n=f(P_2)$、转矩特性 $T_{em}=f(P_2)$ 和效率特性 $\eta=f(P_2)$。但在实际应用中，由于电枢电流 I_a 易测量，且随 P_2 的增大而增大，所以工作特性可以表示为转速 n、电磁转矩 T_{em} 和效率 η 与电枢电流 I_a 之间的关系，即转速特性为 $n=f(I_a)$、转矩特性 $T_{em}=f(I_a)$ 和效率特性 $\eta=f(I_a)$，如图 2-14 所示。

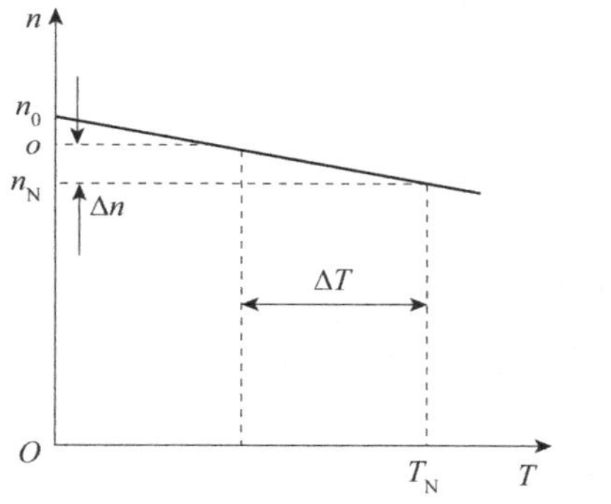

n_0—理想空载转速（T=0）；Δn—速度降落

图 2-13 直流他励电动机的机械特性图

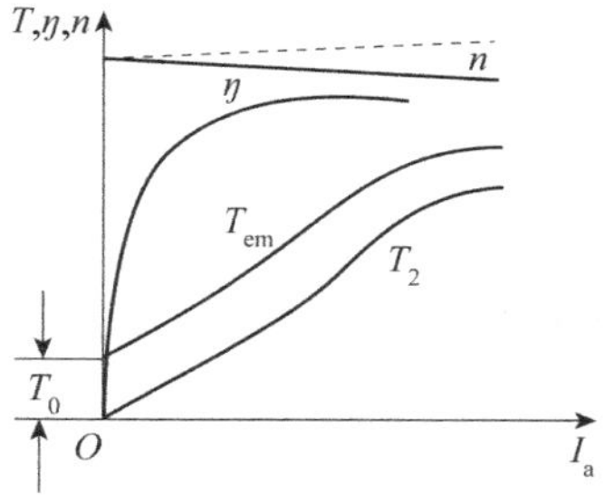

图 2-14 并励电动机的工作特性

（1）他励（并励）直流电动机的工作特性

他励直流电动机的工作特性与并励直流电动机的工作特性相同。

① 转速特性

他励直流电动机的转速特性可表示为 $n=f(I_a)$，把 $E_a=C_E\Phi n$ 代入电压平衡方程 $U=E_a+I_aR_a$，整理可得

$$n=\frac{U_{\mathrm{N}}}{Ce\Phi_{\mathrm{N}}}-\frac{R_{\mathrm{a}}}{C_{\mathrm{e}}\Phi_{\mathrm{N}}}I_{\mathrm{a}} \tag{2-9}$$

式（2-9）为转速特性的表达式。如果忽略电枢反应的去磁效应，则转速与负载电流按线性关系变化，当负载电流增加时，转速有所下降。并励直流电动机的工作特性如图 2-14 所示。

② 转矩特性

当 $U=U_{\mathrm{N}}$，$I=I_{\mathrm{N}}$ 时，$T_{\mathrm{em}}=f(I_{\mathrm{a}})$ 的关系称为转矩特性。根据电磁转矩表达式可得电动机转矩表达式如下：

$$T_{\mathrm{em}}=C_{\mathrm{T}}\Phi_{\mathrm{N}}I_{\mathrm{a}} \tag{2-10}$$

由式（2-10）可见，在忽略电枢反应的情况下电磁转矩与电枢电流成正比，若考虑电枢反应使主磁通略有下降，电磁转矩上升的速度比电流上升的速度要慢一些，曲线的斜率略有下降。

③ 效率特性

当 $U=U_{\mathrm{N}}$，$I=I_{\mathrm{N}}$ 时，$\eta=f(I_{\mathrm{a}})$ 的关系为效率特性。

$$\eta=\frac{P_1-\sum P}{P_1}=1-\frac{P_0+R_{\mathrm{a}}I_{\mathrm{a}}^2}{U_{\mathrm{N}}I_{\mathrm{a}}} \tag{2-11}$$

从前文叙述可知，空载损耗 P_0 是不随负载电流变化的，当负载电流较小时效率较低，输入的功率大部分消耗在空载损耗上；当负载电流增大时效率也增大，输入的功率大部分消耗在机械负载上；但当负载电流大到一定程度时，铜损快速增大，此时效率又开始变小。

（2）串励直流电动机的工作特性

串励电动机的励磁绕组与电枢绕组相串联，电枢电流即为励磁电流。串励电动机的工作特性与并励电动机有很大的区别。当负载电流较小时，磁路不饱和，主磁通与励磁电流（负载电流）按线性关系变化，而当负载电流较大时，磁路趋于饱和，主磁通基本不随电枢电流变化。因此讨论串励电动机的转速特性、转矩特性和机械特性必须分段讨论。

当负载电流较小时，电机的磁路没有饱和，每极气隙磁通 Φ 与励磁电流 $I_{\mathrm{f}}=I_{\mathrm{a}}$ 呈线性变化关系，即

$$\Phi=K_{\mathrm{f}}I_{\mathrm{f}}=K_{\mathrm{f}}I_{\mathrm{a}} \tag{2-12}$$

式（2-12）中，K_{f} 是比例系数，根据式（2-10），串励电动机的转速特性可写为

$$n=\frac{U}{C_{\mathrm{E}}\Phi}-\frac{I_{\mathrm{a}}R}{C_{\mathrm{E}}\Phi}=\frac{U}{K_{\mathrm{f}}C_{\mathrm{E}}I_{\mathrm{a}}}-\frac{R}{K_{\mathrm{f}}C_{\mathrm{E}}} \tag{2-13}$$

式（2-13）中，R 为串励直流电动机电枢回路总电阻，$R=R_{\mathrm{a}}+R_{\mathrm{f}}$。

串励电动机的转矩特性可写为

$$T_{\mathrm{em}}=C_{\mathrm{T}}\Phi I_{\mathrm{a}}=K_{\mathrm{f}}C_{\mathrm{T}}I_{\mathrm{a}}^2 \tag{2-14}$$

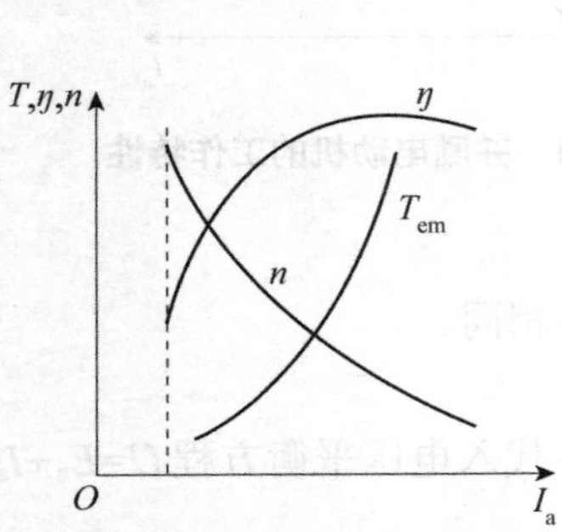

图 2-15 串励直流电动机的工作特性

由上述可知，转速与负载电流成反比关系，当负载电流较小时，转速较大，负载电流增加，转速快速下降；当负载电流趋于零时，电机转速趋于无穷大。因此，串励电动机不可以空载或在轻载下运行，电磁转矩与负载电流的平方成正比。

当负载电流较大时，磁路已经饱和，磁通 Φ 基本不随负载电流变化，串励电动机的工作特性与并励电动机相同。串励直流电动机的工作特性曲线如图 2-15 所示。

二、任务分析

（一）直流电动机的正确使用

1. 直流电动机使用前的检查

① 用压缩空气或手动吹风机吹净电动机内部灰尘、电刷粉末等，清除污垢杂物。

② 拆除与电动机连接的一切接线，用绝缘电阻表测量绕组对机座的绝缘电阻。若小于0.5MΩ时，应进行烘干处理，测量合格后再将拆除的接线恢复。

③ 检查换向器的表面是否光洁，如发现有机械损伤或火花灼痕应进行必要的处理。

④ 检查电刷是否严重损坏，刷架的压力是否适当，刷架的位置是否位于标记的位置。

⑤ 根据电动机铭牌，检查直流电动机各绕组之间的接线方式是否正确，电动机额定电压与电源电压是否相符，电动机的启动设备是否符合要求，是否完好无损。

2. 直流电动机的使用

① 直流电动机在直接启动时因启动电流很大，这将对电源及电动机本身带来极大的影响。因此，除功率很小的直流电动机可以直接启动外，一般的直流电动机都要采取减压措施来限制启动电流。

② 当直流电动机采用减压启动时，要掌握好启动过程所需的时间，不能启动过快，也不能过慢，并确保启动电流不能过大（一般为额定电流的1～2倍）。

③ 在电动机启动时就应做好相应的停车准备，一旦出现意外情况时应立即切除电源，并查找故障原因。

④ 在直流电动机运行时，应观察电动机转速是否正常，有无噪声、振动等，有无冒烟或发出焦臭味等现象，如有应立即停机查找原因。

⑤ 注意观察直流电动机运行时电刷与换向器表面的火花情况。在额定负载工况下，一般直流电动机只允许有不超过$1\frac{1}{2}$级的火花。电刷火花的等级见表2-1。

表2-1　火花等级

火花等级	电刷火花程度	换向器及电刷的状态	允许运行方式
1	无火花	换向器上没有黑痕，电刷上没有灼痕	允许长期连续运行
$1\frac{1}{4}$	电刷边缘仅小部分有微弱的点状火花或有非放电性的红色小火花		
$1\frac{1}{2}$	电刷边缘大部或全部有轻微的火花	换向器上有黑痕出现，用汽油可以擦除，在电刷上有轻微灼痕	
2	电刷边缘大部分或全部有较强烈的火花	换向器上有黑痕出现，用汽油不能擦除，电刷上有灼痕。短时出现这一级火花，换向器上不出现灼痕，电刷不致烧焦或损坏	仅在短时过载或有冲击负载时允许出现
3	电刷的整个边缘有强烈的火花，即环火，同时有大火花飞出	换向器上有黑痕且相当严重，用汽油不能擦除，电刷上有灼痕。如在这一级火花短时运行，则换向器上将出现灼痕，电刷将被烧焦或损坏	仅在直接启动或逆转的瞬间允许出现，但不得损坏换向器及电刷

⑥ 串励电动机在使用时，应注意不允许空载启动，不允许用带轮或链条传动；并励或他励电动机在使用时，应注意励磁回路绝对不允许开路，否则都可能因电动机转速过高而导致严重后果的发生。

(二)直流电动机的常见故障及排除方法

直流电动机的常见故障及排除方法见表 2-2。

表 2-2　直流电动机的常见故障及排除方法

故障现象	可能原因	排除方法
不能启动	①电源无电压； ②励磁回路断开； ③电刷回路断开； ④有电源但电动机不能转动	①检查电源及熔断器； ②检查励磁绕组及启动器； ③检查电枢绕组及电刷换向器接触情况； ④负载过重或电枢被卡死或启动设备不符合要求，应分别进行检查
转速不正常	①转速过高； ②转速过低	①检查电源电压是否过高，主磁场是否过弱，电动机负载是否过轻； ②检查电枢绕组是否有断路、短路、接地等故障；检查电刷压力及电刷位置；检查电源电压是否过低及负载是否过重；检查励磁绕组回路是否正常
电刷火花过大	①电刷不在中性线上； ②电刷压力不当或与换向器接触不良或电刷磨损或电刷牌号不对； ③换向器表面不光滑或云母片凸出； ④电动机过载或电源电压过高； ⑤电枢绕组或磁极绕组或换向极绕组故障； ⑥转子动平衡未校正好	①调整刷杆位置； ②调整电刷压力，研磨电刷与换向器接触面，更换电刷； ③研磨换向器表面，下刻云母槽； ④降低电动机负载及电源电压； ⑤分别检查原因； ⑥重新校正转子动平衡
过热或冒烟	①电动机长期过载； ②电源电压过高或过低； ③电枢、磁极、换向极绕组故障； ④启动或正、反转过于频繁	①更换功率较大的电动机； ②检查电源电压； ③分别检查原因； ④避免不必要的正、反转
机座带电	①各绕组绝缘电阻太低； ②出线端与机座相接触； ③各绕组绝缘损坏造成对地短路	①烘干或重新浸漆； ②修复出线端绝缘； ③修复绝缘损坏处

三、任务实施

(一) 直流电动机的拆装

以常用的 Z 系列直流电动机为例介绍直流电动机的拆装过程。在拆卸前首先应在前端盖与机座、后端盖与机座的连接处做好标记，还应在刷架处做好标记，以便于将来的装配。其拆卸顺序为：

① 拆除直流电动机接线盒内的连接线；

② 拆下换向器端盖（后端盖）上通风窗螺栓，打开通风窗，从刷握中取出电刷，拆除刷杆上的连接线；

③ 拆下换向器端盖的螺栓、轴承盖螺栓，并取下轴承外盖；

④ 拆卸换向器端盖；

⑤ 拆下轴伸出端端盖（前端盖）上的螺栓，把电枢连同端盖从定子中小心地抽出来，注

意不要碰伤电枢绕组、换向器及磁极绕组；

⑥ 用纸将换向器包好，并用纱带扎紧；

⑦ 拆下前端盖上的轴承盖螺栓，并取下轴承外盖；

⑧ 将电枢连同前端盖一起放置在木架上或木板上，并用纸或布包好。

电动机保养或修复后的装配顺序与拆卸顺序相反，并按所做标记矫正电刷的位置。

（二）直流电动机的维护

1. 保持清洁

应保持直流电动机的清洁，尽量防止灰沙、雨水、油污、杂物等进入电动机内部。直流电动机在运行过程中存在的薄弱环节是电刷与换向器部分，因此必须特别注意对其维护和保养。

2. 换向器的维护和保养

换向器表面应保持光洁，不得有机械损伤和火花灼痕。如有轻微灼痕时，可用 0 号砂纸在低速旋转的换向器表面仔细研磨。如换向器表面出现严重的灼痕或粗糙不平、表面不圆或局部凹凸等现象时，则应拆下重新进行车削加工。车削完毕后，应将片间云母槽中的云母片下刻 1mm 左右，并清除换向器表面的金属屑及毛刺等，最后用压缩空气将整个电枢表面吹扫干净，再进行装配。

换向器在负载作用下长期运行后，表面会产生一层坚硬的深褐色薄膜，这层薄膜能够保护换向器表面不受磨损，因此要保护好这层薄膜。

3. 电刷的使用

电刷与换向器表面应有良好的接触，正常的电刷压力为 15～25kPa，可用弹簧秤进行测量，如图 2-16 所示。电刷与刷盒的配合不宜过紧，应留有少量的间隙。

电刷磨损或碎裂时应更换牌号、尺寸规格都相同的电刷，新电刷装配好后应研磨光滑，保证与换向器表面的接触面达到 80%。

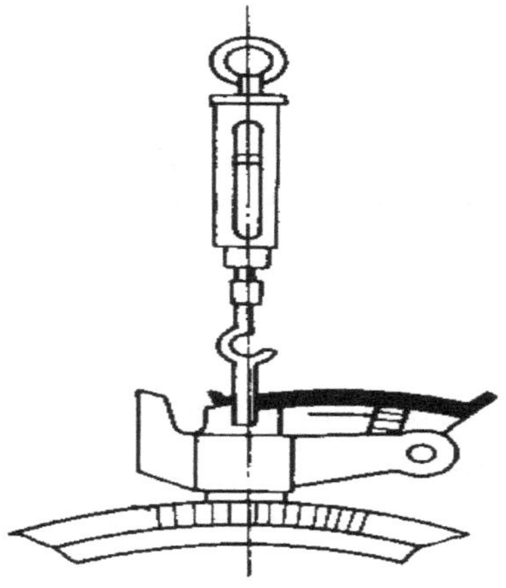

图 2-16 电刷压力测试

（三）直流电动机故障检修工艺

1. 电枢绕组接地故障

这是直流电动机绕组最常见的故障。电枢绕组接地故障一般常发生在槽口处和槽内底部，对其的判定可采用绝缘电阻表法或校验灯法。用绝缘电阻表测量电枢绕组对机座的绝缘电阻时，如阻值为零则说明电枢绕组接地；或者用图 2-17（b）所示的毫伏表法进行判定，将 36V 低压电源通过额定电压为 36V 的低压照明灯后，连接到换向器片上及转轴一端，若灯泡发亮，则说明电枢绕组存在接地故障。具体是哪个槽的绕组元件接地，则可用图 2-17（b）所示的毫伏表法进行判定。将 6～12V 低压直流电源的两端分别接到相隔 $K/2$ 或 $K/4$ 的两换向片上（K 为换向片数），然后用毫伏表的一支表笔触及电动机轴，另一支表笔触在换向片上，依次测量每个换向片与电动机轴之间的电压值。若被测换向片与电动机轴之间有一定电压数值（即毫伏表有读数），则说明该换向片所连接的绕组元件未接地；相反，若读数为零，则说明该换向片所连接的绕组元件接地。最后，还要判明究竟是绕组元件接地还是与之相连接的换向片接地，还应将该绕组元件的端都从换向片上取下来，再分别测试加以确定。

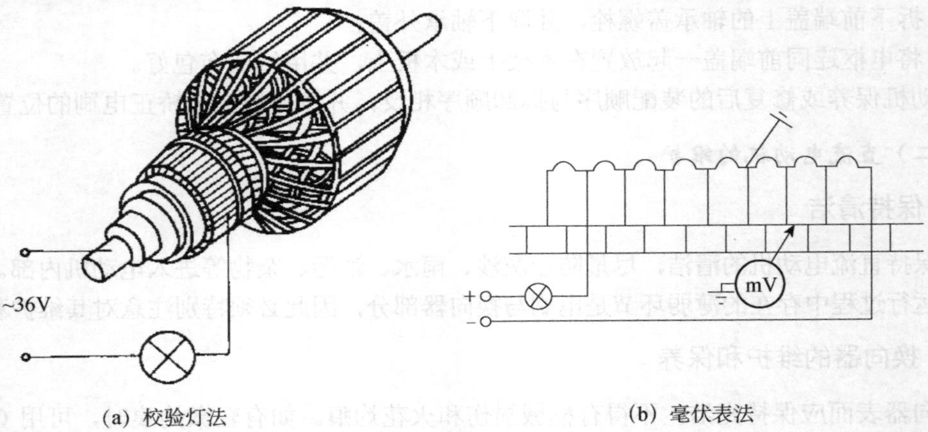

图 2-17　电枢绕组接地故障检测

电枢绕组接地点找出来后，可以根据绕组元件接地的部位，采取适当的修理方法。若接地点在元件引出线与换向片连接的部位，或者在电枢铁芯槽的外部槽口处，则只需在接地部位的导线与铁芯之间重新进行绝缘处理就可以了。若接地点在铁芯槽内，一般需要更换电枢绕组。如果只有一个绕组元件在铁芯槽内发生接地，而且电动机又急需使用时，可采用应急处理方法，即将该元件所连接的两换向片之间用短接线将该接地元件短接，此时电动机仍可继续使用，但是电流及火花将会有所加大。

2. 电枢绕组短路故障

若电枢绕组严重短路，会将电动机烧坏。若只有个别线圈发生短路时，电动机仍能运转，只是使换向器表面火花变大，电枢绕组发热严重，若不及时发现并加以排除，则最终也将导致电动机烧毁。因此，当电枢绕组出现短路故障时，就必须及时予以排除。

电枢绕组短路故障主要发生在同槽绕组元件的匝间及上、下层绕组元件之间，查找短路的常用方法有以下几种。

（1）短路测试器法

与前面查找三相异步电动机定子绕组匝间短路的方法一样，将短路测试器接通交流电源后，置于电枢铁芯的某一槽上，将断锯条在其他各槽口上面平行移动，当出现较大幅度的振动时，则该槽内的绕组元件存在短路故障。

（2）毫伏表法

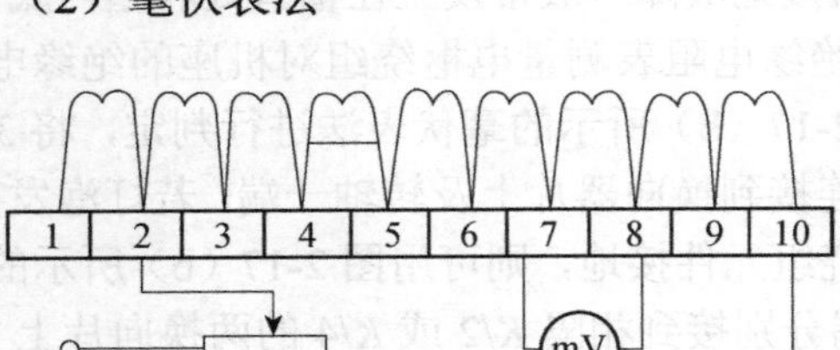

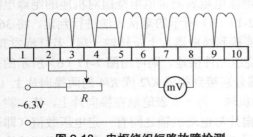

图 2-18　电枢绕组短路故障检测

如图 2-18 所示，将 6.3V 交流电压（用直流电压也可以）加在相隔 $K/2$ 或 $K/4$ 两换向片上，用毫伏表的两支表笔依次接触到换向器的相邻两换向片上，检测换向器的片间电压。在检测过程中，若发现毫伏表的读数突然变小，例如，图中 4 与 5 两换向片间的测试读数突然变小，则说明与该两换向片相连接的电枢绕组元件有匝间短路。若在检测过程中，各换向片间电压相等，则说明没有短路故障。电枢绕组短路故障可按不同情况分别加以处理，若绕组只有个别地方短路，且短路点较为明显，则可将短路导线拆开后在其间垫入绝缘材料并涂以绝缘漆，待烘干后即可使用。若短路点难以找到，而电动机又急需使用时，则可用前面所述的短接法将短路元件所连接的两换向片短接即可。如短路故障较严重，则需局部或全部更换电枢绕组。

3. 电枢绕组断路故障

这也是直流电动机常见故障之一。实践经验表明，电枢绕组断路点一般发生在绕组元件引出线与换向片的焊接处。造成的原因有：一是焊接质量不好，二是电动机过载、电流过大造成脱焊。这种断路点一般较容易发现，只要仔细观察换向器升高片处的焊点情况，再用螺钉旋具或镊子拨动各焊接点，即可发现。

若断路点发生在电枢铁芯槽内部，或者不易发现的部位，则可用图 2-19 所示的方法来判定。将 6～12 V 的直流电源连接到换向器上相距 $K/2$ 或 $K/4$ 的两换向片上，用毫伏表测量各相邻两换向片间的电压，并逐步依次进行测量 E。有断路的绕组所连接的两换向片（如图 2-19 中的 4、5 两换向片）被毫伏表跨接时，有读数指示，而且指针发生剧烈跳动。若毫伏表跨接在完好的绕组所连接的两换向片上时，指针将无读数指示。

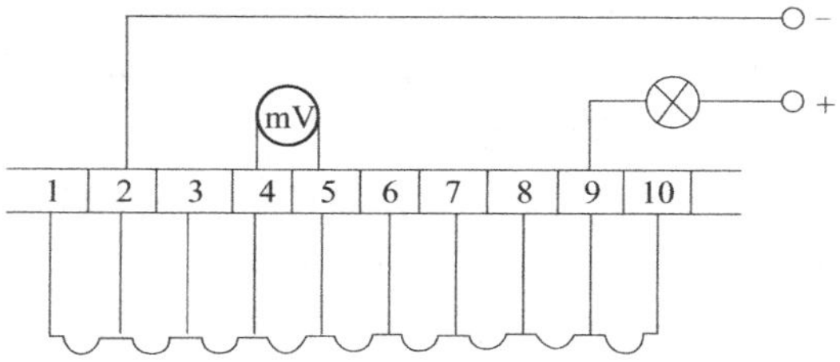

图 2-19　电枢绕组断路故障检测

电枢绕组断路点若发生在绕组元件与换向片的焊接处，只要重新焊接好即可使用。若断路点不在槽内，则可以先焊接断线，再进行绝缘处理即可。如果断路点发生在铁芯槽内，且断路点只有一处，则将该绕组元件所连接的两换向片短接后，也可继续使用；若断路点较多，则必须更换电枢绕组。

4. 换向器故障的检修

（1）片间短路故障

按图 2-20 所示方法进行检测，如判定为换向器片间短路时，可先仔细观察发生短路的换向片表面的具体状况，一般均是由于电刷炭粉在槽口将换向片短路或是由于火花烧灼所致。

可用图 2-21 所示的拉槽工具刮去造成片间短路的金属屑末及电刷粉末即可。若用上述方法仍不能消除片间短路，即可确定短路发生在换向器内部，一般需要更换新的换向器。

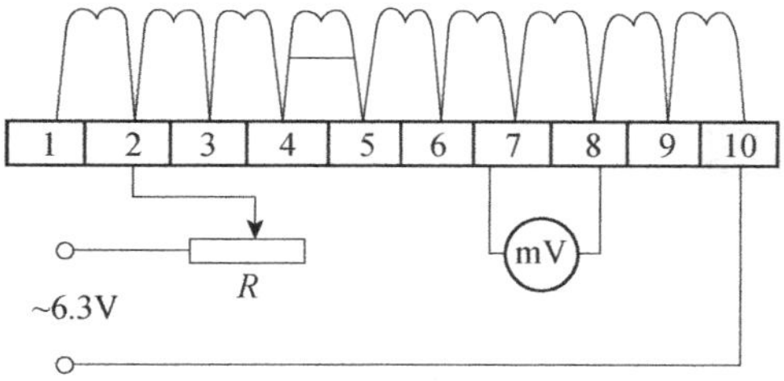

图 2-20　片间短路故障检测

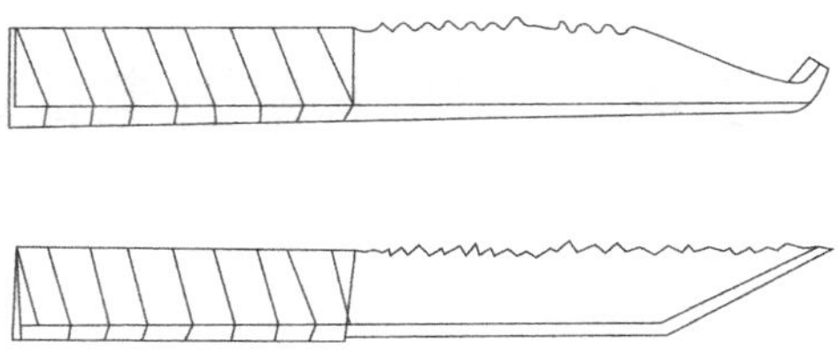
图 2-21　拉槽工具

（2）换向器接地故障

接地故障一般发生在前端的云母环上，该环有一部分裸露在外面，由于灰尘、油污和其他杂物的堆积，很容易造成接地故障。当接地故障发生时，这部分的云母环大都已烧损，而且查找起来也比较容易。修理时，一般只要把击穿烧坏处的污物清除干净，并用虫胶漆和云母材料填补烧坏之处，再用可塑云母板覆盖 1～2 层即可。

（3）云母片凸出

由于换向器上换向片的磨损比云母片要快，因此直流电动机使用较长一段时间后，有可能出现云母片凸起。在对其进行修理时，可用拉槽工具，把凸出的云母片刮削到比换向片约低 1mm 即可。

5. 电刷中性线位置的确定及电刷的研磨

（1）确定电刷中性线的位置

常用的是感应法，如图 2-22 所示，励磁绕组通过开关接到 1.5～3V 的直流电源上，毫伏表连接到相邻两组电刷上（电刷与换向器的接触一定要良好）。当断开或闭合开关时（即交替接通和断开励磁绕组的电流），毫伏表的指针会左右摆动，这时将电刷架顺电动机转向或逆电动机转向缓慢移动，直到毫伏表指针几乎不动时为止，此时刷架的位置就是中性线所在的位置。

（2）电刷的研磨

电刷与换向器表面接触面积的大小将直接影响到电刷下火花的等级，对新更换的电刷必须进行研磨，以保证其接触面积在 80％以上。研磨电刷的接触面时，一般采用 0 号砂布，砂布的宽度等于换向器的长度，砂布应能将整个换向器表面包住，再用橡皮胶布或胶带将砂布固定在换向器上，如图 2-23 所示，将待研磨的电刷放入刷握内，然后按电动机旋转的方向转动电枢，即可进行研磨。

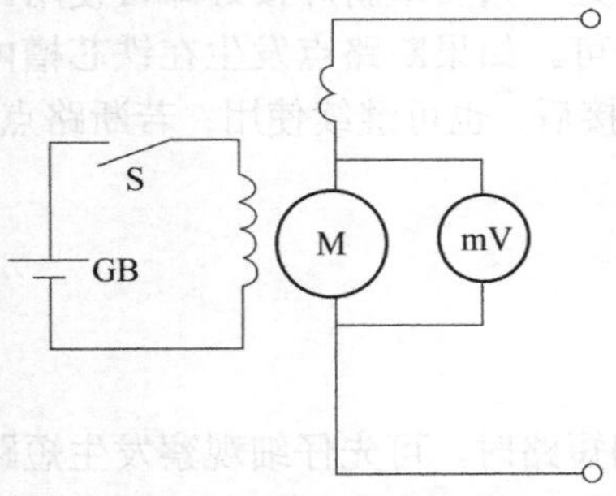

图 2-22 电刷中性线检测

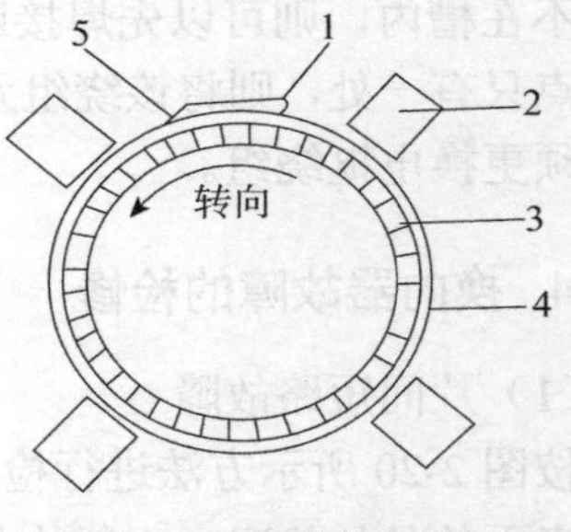

图 2-23 电刷研磨

1—胶带；2—电刷；3—换向器；4—砂布；5—砂布末端

任务二 机车牵引电机的调速

本任务目标

1. 掌握机车牵引电机的启动原理。
2. 掌握机车牵引电机的调速原理。
3. 掌握机车牵引电机调速方案设计。

一、相关知识

（一）直流电动机的启动

电动机的启动是指电机接上电源从静止状态转动起来到达稳态运行的过程。电动机在启动瞬间（n=0）的电磁转矩称为启动转矩，启动瞬间的电枢电流称为启动电流，分别用 T_{st} 和 I_{st} 表示。启动转矩为

$$T_{st} = C_T \Phi I_{st}$$

如果他励直流电动机在额定电压下直接启动，由于启动瞬间转速 n=0，电枢电动势 E_a=0，故启动电流为

$$I_{st} = \frac{U_N}{R_a} \tag{2-15}$$

因为电枢电阻 R_a 很小，所以直接启动电流将达到很大的数值，通常可达到额定电流的10～20倍。过大的启动电流会引起电网电压下降，影响电网上其他用户的正常用电；使电动机的换向严重恶化，甚至会烧坏电动机；同时过大的冲击转矩会损坏电枢绕组和传动机构。因此，除了个别容量很小的电动机外，一般直流电动机是不容许直接启动的。

对直流电动机的启动，一般有如下要求：

① 启动转矩要足够大。

② 启动电流不要太大。

③ 启动设备要简单、可靠。

为了限制启动电流，他励直流电动机通常采用电枢回路串电阻启动或降低电枢电压启动。无论采用哪种启动方法，启动时都应保证电动机的磁通达到最大值。这是因为在同样的电流下，Φ 大，则 T_{st} 大；而在同样的转矩下，Φ 大，则 I_{st} 可以小一些。

1. 电枢回路串变阻器启动

启动时在电枢回路串入启动电阻 R_{st}，此时启动电流为

$$I_{st} = \frac{U_N - E_a}{R_a + R_{st}} \tag{2-16}$$

在电枢回路串入电阻，可减小启动电流。当启动转矩大于负载转矩，电动机开始转动，随着转速的升高，反电动势不断增大，启动电流继续减小。但是，同时启动转矩也在减小，所以为了在整个启动过程中保持一定的启动转矩，加速电动机的启动过程，我们采用将启动电阻一段一段逐步切除，最后电动机进入稳态运行，此时，启动电阻应被完全切除。

2. 降压启动

这种方法在启动过程中不会有大量的能量消耗。串励与复励直流电动机的启动方法基本上与并励直流电动机一样，采用串电阻的方法以减小启动电流。但特别值得注意的是串励电动机绝不允许在空载下启动，否则电机的转速将达到危险的高速，电机会因此而损坏。

（二）直流电动机的调速

为了提高劳动生产率和保证产品质量，要求生产机械在不同的情况下有不同的工作速度，如轧钢机在轧制不同厚度钢材时对应电机不同转速，车床在车削不同精度工件时对应不同转

速，精加工需要高转速，粗加工需要低转速。

1. 对调速性能的要求

① 调速范围大（调速比 $I=\dfrac{n_{\max}}{n_{\min}}$）；

② 调速平滑；

③ 经济性好；

④ 方法简便可靠。

2.调速方法

根据转速公式：

$$n=\frac{u}{C_e\Phi}-\frac{I_a(R_a+R_\Omega)}{C_e\Phi} \tag{2-17}$$

可知可通过改变电枢回路串电阻 R_Ω、改变励磁电流 I_f（励磁回路串电阻）、改变电枢电压 u 进行调速。

（1）降低电枢电压调速

电机在正常工作时，电枢电压为额定电压，采用降压调速时，因为只改变了电枢电压，我们将得到一系列平行与固有特性的曲线，如图 2-24 所示。

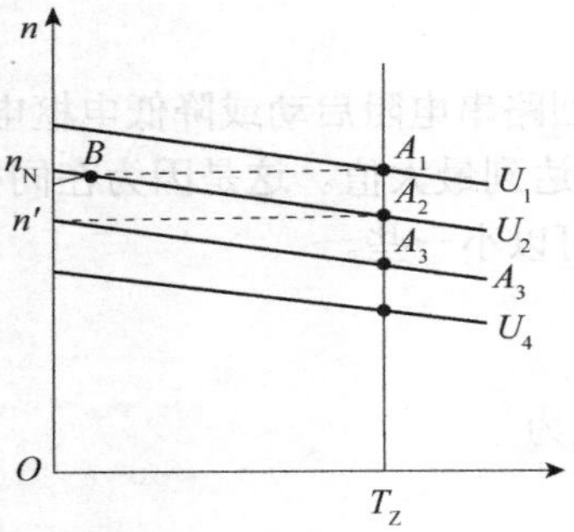

图 2-24　降低电枢电压调速特性曲线

优点：改变电枢电压调节转速的方法具有较好的调速性能。由于调电压后，机械特性的"硬度"不变，因此有较好的转速稳定性，调速范围较大，同时便于控制，可以做到无级平滑调速，损耗较小。在实际工程当中，常常采用这种方法。

缺点：转速只能由额定电压对应的速度向低调。此外，应用这种方法时，电枢回路需要一个专门的可调压电源，过去用直流发电机–直流电动机系统实现，由于电力电子技术的发展，目前一般均采用可控硅调压设备——直流电动机系统来实现。

（2）弱磁调速

这种调速方法的特点是由于励磁回路的电流很小，只有额定电流的 1%～3%，不仅能量损失很小，且电阻可以连续调节，便于控制。其限制是转速只能由额定磁通时对应的速度向高调，而电动机最高转速要受到电机本身的机械强度及换向的限制。弱磁调速特性曲线如图 2-25 所示。

（3）电枢回路串电阻调速

电枢回路串联电阻越大，机械特性的斜率越大，因此在负载转矩恒定时，即为常数，增大电阻，可以降低电动机的转速。电枢回路串电阻调速特性曲线如图 2-26 所示。

直流电动机上述三种调速方法中，改变电枢电压和电枢回路串电阻调速属于恒转矩调速，而弱磁调速属于恒功率调速。

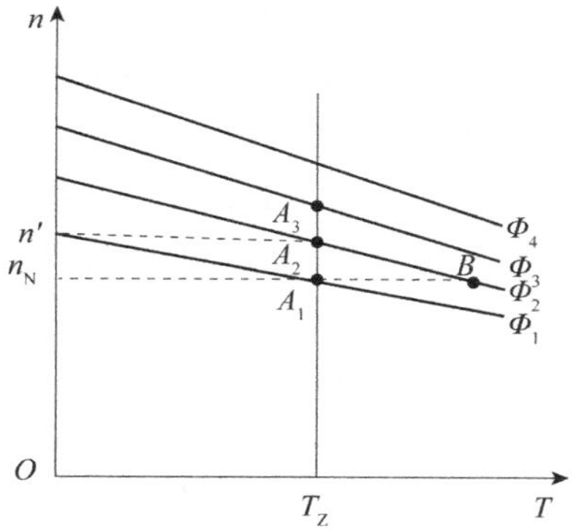

图 2-25　弱磁调速特性曲线

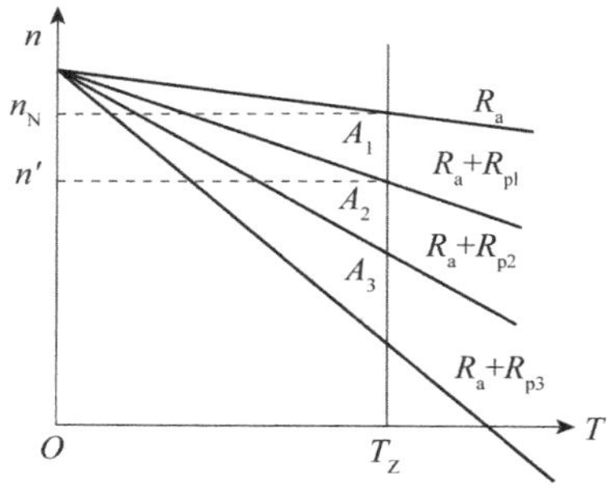

图 2-26　电枢回路串电阻调速特性曲线

（三）直流电动机的制动

在生产过程中，经常需要采取一些措施使电动机尽快停转，或者限制势能性负载在某一转速下稳定运转，这就是电动机的制动问题。实现制动既可以采用机械的方法，也可以采用电气的方法。我们重点讲述电气制动方法。

1. 能耗制动

能耗制动接线图如图 2-27 所示。在制动时，将闸刀合向下方，很明显，此时，电动机的电能不再供向电网，而是在电阻上以电阻压降的形式进行消耗，这样一来使得电机的转速迅速下降。这时电机实际处于发电机运行状态，将转动部分的动能转换成电能消耗在电阻和电枢回路的电阻上，所以称为能耗制动。能耗制动特性曲线如图 2-28 所示。

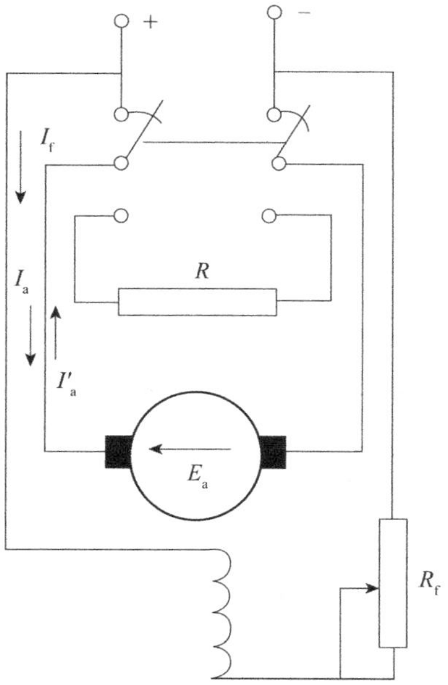

图 2-27　能耗制动接线图

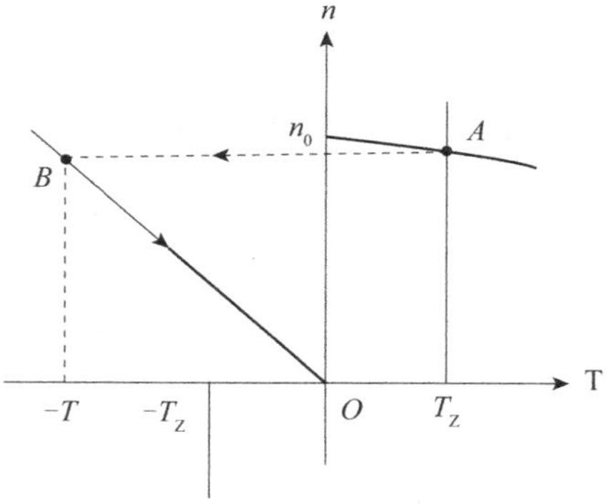

图 2-28　能耗制动特性曲线

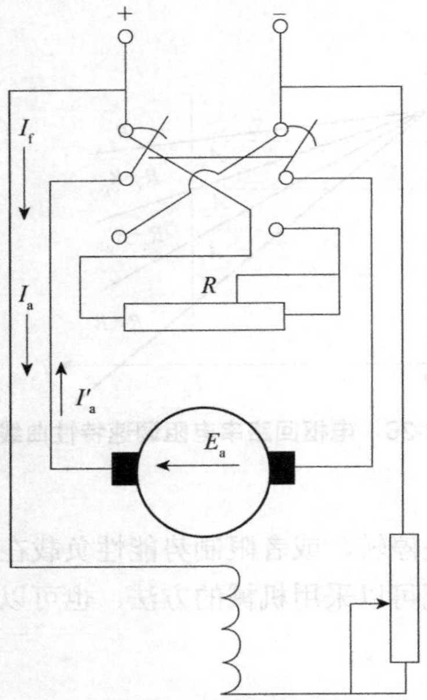

图 2-29　反接制动接线图

结果分析：这种方法所串入的电阻越小，能耗制动开始瞬间的制动转矩和电枢电流就越大，而电流太大，会造成转换向上的困难，因此能耗制动过程中电枢电流有上限，即电动机允许的最大电流。由此可以计算出能耗制动过程中电枢回路串入制动电阻的最小值：

$$R_{\min}=\frac{E_e}{I_{a\max}}-R_a \tag{2-18}$$

这种制动方法在转速较高时制动作用较大，随着转速下降，制动作用也随之减小，在低速时可配合使用机械制动装置，使系统迅速停转。

2. 电压反接制动

反接制动接线图如图 2-29 所示。电压反接制动是将正在正向运行的他励直流电动机电枢回路的电压突然反接，电枢电流也将反向，主磁通不变，则电磁转矩反向，产生制动转矩。

$$I'_a=\frac{U_N+E_a}{R_a} \tag{2-19}$$

可见，电压反接后：

$$R_{\min}=\frac{U_N+E_a}{I_{a\max}}-R_a$$

因此反接后电流的数值将非常大，为了限制电枢电流，所以反接时必须在电枢回路串入一个足够大的限流电阻。

电压反接制动时，电动机的机械特性方程式为

$$n=\frac{-U_N}{C_e\Phi_N}-\frac{R_a+R}{C_eC_T\Phi_N^2}T \tag{2-20}$$

机械特性曲线如图 2-30 所示。

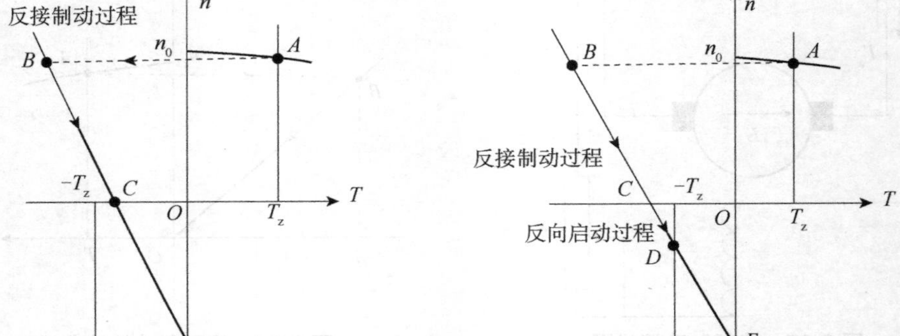

图 2-30　电压反接制动机械特性曲线

反接制动反向启动过程：如果 C 点电动机的转矩大于负载转矩，如图 2-30（b）所示，在转速到达零时，应迅速将电源开关从电网上拉开，否则电动机将反向启动，最后稳定在 D 点运行。电压反接制动在整个制动过程中均具有较大的制动转矩，因此制动速度快，在可逆拖动系统，常常采用这种方法。

3. 回馈制动

（1）正向回馈制动

他励直流电动机拖动负载运行，电机将系统具有的动能反馈回电网，且电机仍为正向转动，称之为正向回馈制动。

（2）反向回馈制动

他励直流电动机拖动位能性恒转矩负载运行，采用电压反接制动，电机将系统具有的动能反馈回电网，电机为反向转动，称之为反向回馈制动，其机械特性曲线如图 2-31 所示。

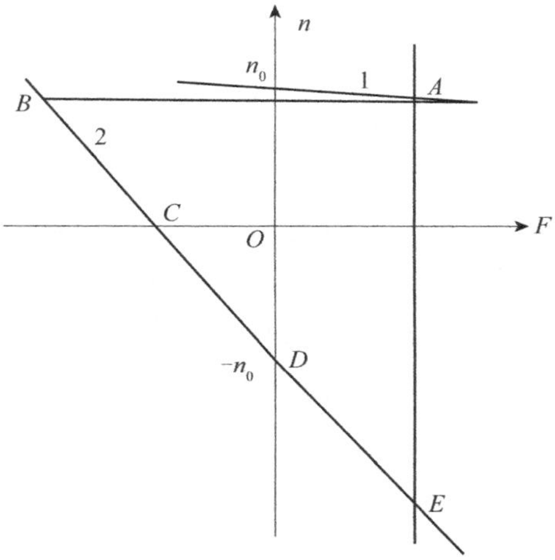

图 2-31　反向回馈制动机械特性曲线

（四）转速负反馈单闭环直流调速系统（转速负反馈有静差直流调速系统）

1. 基本原理

图 2-32 所示为转速负反馈有静差直流调速系统。它在开环调速系统的基础上增加了转速检测环节（测速发电机 TG 和反馈电位器 R_{P_2}）和放大环节。测速发电机 TG 和电动机同轴连接，TG 检测到电动机转速，并变换成与之成正比的电压；再经电位器衰减为反馈电压 u_{fn}，引至放大器的输入端与转速给定电压 u_{sn} 比较，得到偏差电压 Δu，经过放大器放大后得到输出电压 u_k；用 u_k 控制晶闸管触发器的控制角，使晶闸管整流装置变换出不同的直流电压 u_{d0}，用以控制电动机的转速。因为只有转速反馈环，所以称为单闭环转速负反馈调速系统。

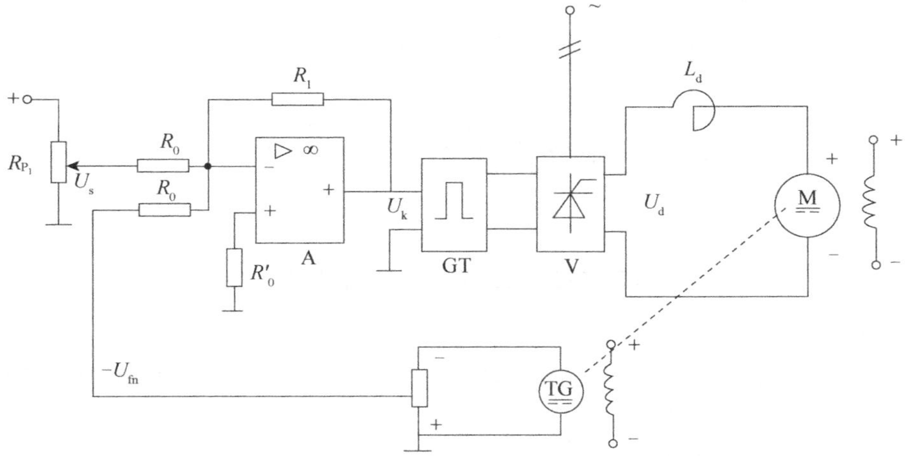

图 2-32　具有转速负反馈的单闭环调速系统

2. 系统的自动调节过程

当电动机的转速 n 由于某种原因（如机械负载转矩 T_L 增加）而下降时，转速负反馈环节将进行自动调节，其调节过程如下：

$$T_L\uparrow\rightarrow n\downarrow\rightarrow U_{fn}\downarrow\rightarrow\Delta U\uparrow=U_{sn}-U_{fn}\rightarrow U_k\uparrow\rightarrow\text{脉冲前移}\rightarrow U_d\uparrow\rightarrow n\uparrow$$

由此可见，转速负反馈环节是通过转速负反馈电压 U_{fn} 的下降，使偏差电压增加 ΔU，经过放大后，提高晶闸管的输出电压 U_d，使转速 n 回升，从而减小稳态速降。

当放大器为比例调节器时，触发器的控制电压 U_k、整流平均电压 U_{d0} 由偏差量 ΔU 决定，如果稳态误差为零，则 $\Delta U=0$，因而 U_k、U_{d0} 均为零，电动机就不可能旋转。所以具有比例放大器的调速系统一定是有误差的。

3. 闭环系统的稳态数学模型

（1）稳态框图

单闭环系统中的各种稳态关系如下。

① 放大器：

$$\Delta U=U_{sn}-U_{fn}$$

$$U_K=K_p\Delta U$$

式中，K_p 为放大器的放大倍数。

② 触发器和晶闸管整流装置：

$$U_{d0}=K_{tr}U_k$$

式中，K_{tr} 为触发器和晶闸管整流装置的放大倍数。

电动机：

$$n=\frac{U_{do}-I_dR_\Sigma}{K_e\Phi}=(U_{do}-I_dR_\Sigma)K_m \tag{2-21}$$

式中，

$$K_m=\frac{1}{K_e\Phi}$$

③ 反馈环节：

$$U_{fn}=\alpha_n\alpha_n$$

式中，α_n 为速度负反馈系数。

根据上述关系式，得到系统的稳态框图，如图 2-33 所示。

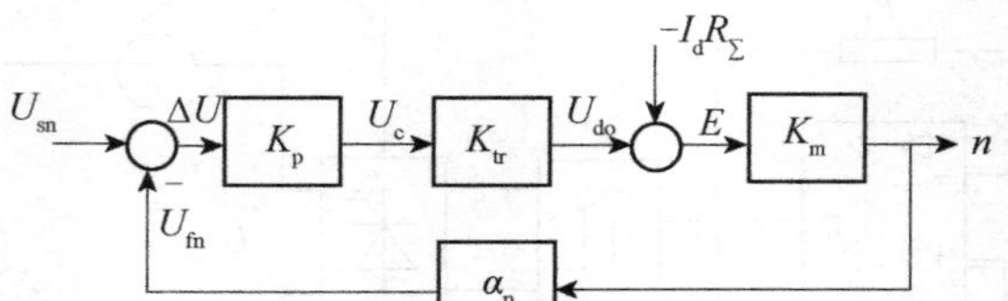

图 2-33　转速负反馈调速系统稳态框图

（2）静特性方程式

根据图 2-33 所示转速负反馈有静差调速系统的稳态框图，可得到系统的静特性方程式为

$$n=\frac{K_pK_{tr}K_m}{1+K_pK_{tr}K_m\alpha_n}U_{sn}-\frac{K_mI_dR_\Sigma}{1+K_pK_{tr}K_m\alpha_n}=n_o-\Delta n_c \tag{2-22}$$

式中，Δn_c 为闭环系统的稳态速降，$K_n=K_pK_{tr}K_m\alpha_n$ 为转速负反馈系统的开环放大倍数。

（3）系统的静特性分析

比较系统的开环和闭环静特性方程式，即式（2-21）和式（2-22）可以得出结论：加转速负反馈后，由 I_dR_Σ 引起的转速降 Δn_c 是开环系统转速降 Δn_0 的 $\dfrac{1}{1+k_n}$ 倍，这是闭环系统的突出优点。适当提高系统的开环放大倍数 k_n，可以把系统的稳态速度降减到最小允许范围内，提高机械特性硬度。

下面分析闭环后使机械特性变硬的物理实质。直流调速系统的稳态速降是由电枢回路中电枢电阻 R_Σ 压降引起的，构成闭环系统后这个压降并没有改变。在开环系统中，当负载电流增大后，电动机的转速将随电枢回路电阻压降的增大而降低。而在闭环系统中，由于引入转速负反馈，转速稍有下降，反馈电压也随之减少，通过放大器的比较和放大，提高晶闸管整流装置的输出电压 U_{d0}，使系统工作在新的机械特性上，因而转速能有所回升，使得闭环系统的稳态速降比开环时小得多。由于这种自动调节作用，每增加一点负载，就相应提高一点整流电压，也就改变一条开环机械特性。闭环系统静特性就是在每条开环机械特性上取得一个相应的工作点，再由这些点集合而成，如图 2-34 所示。

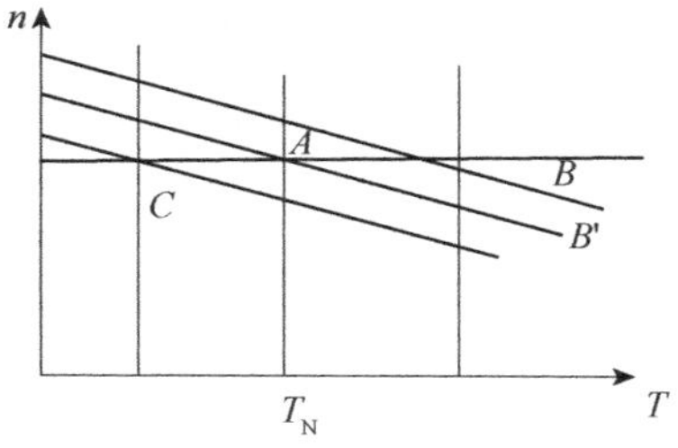

图 2-34　闭环系统静特性和开环机械特性

4. 比例–积分控制规律和无静差调速系统

上面讨论的是有静差直流调速系统，其自动调节作用只能尽量减少系统的静差（稳态误差），而不能完全消除静差。要实现无静差调速，则需要在控制电路中包含有积分环节，在调速系统中，通常采用包含积分环节的比例–积分调节器。

（1）　比例（P）调节器

比例（P）调节器电路如图 2-35（a）所示，输入与输出关系：

$$U_0 = -\frac{R_1}{R_0}U_i = -K_pU_i \tag{2-23}$$

其中，

$$K_p = \frac{R_1}{R_0}$$

比例（P）调节器输入与输出特性曲线如图 2-35（b）所示。

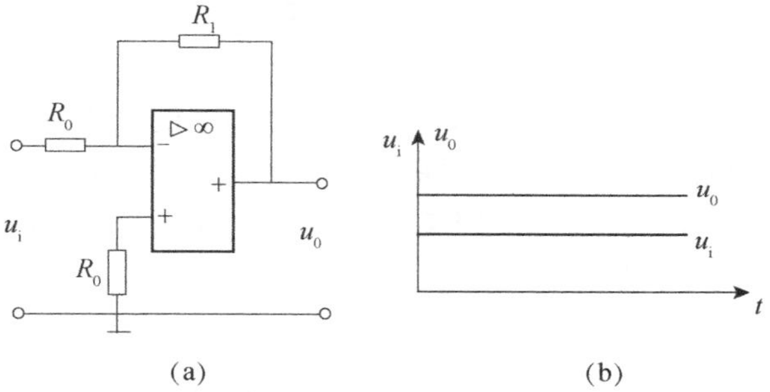

图 2-35　比例调节器

特点：输出电压与输入电压成正比；输出量立即响应输入量的变化。比例系数可调的比例调节器电路如图 2-36 所示。

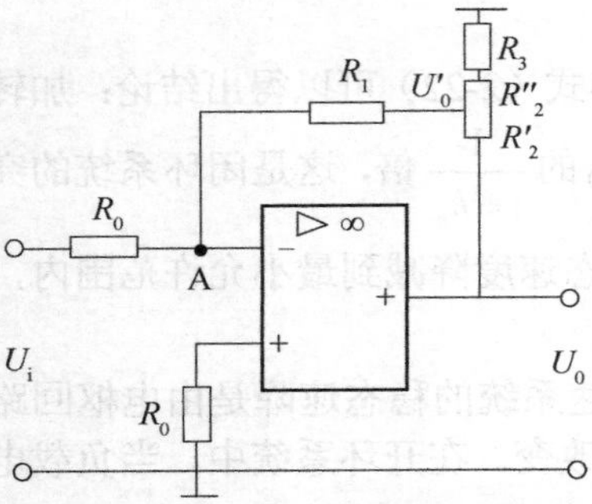

图 2-36 比例系数可调的比例调节器电路

把 A 点看作虚地，根据模拟电子技术知识可知

$$i_f \approx i_0$$

则

$$\frac{U'_0}{R_1} \approx \frac{U_i}{R_0}$$

由分压电路知

$$U'_0 = \frac{R''_2 + R_3}{R'_2 + R''_2 + R_3} U_0 I_d = \frac{u_{si}}{\beta}$$

$$I_d \leqslant \frac{u_{sim}}{\beta}$$

整理上面两式得

$$U_0 = \left(\frac{R'_2 + R''_2 + R_3}{R''_2 + R_3}\right)\left(-\frac{R_1}{R_0}\right)U_i = \left(1 + \frac{R''_2}{R''_2 + R_3}\right)K_1 U_i = (1+\alpha)\ K_1 U \tag{2-24}$$

其中，

$$\alpha = \frac{R'_2}{R''_2 + R_3}$$

通过式（2-24）可见，调节电位器 R_2 可使增益在 $K_1 \sim \left(1 + \frac{R_2}{R_3}\right)K_1$ 之间变化。

（2）积分（I）调节器

积分（I）调节器电路如图 2-37（a）所示，输入与输出关系：

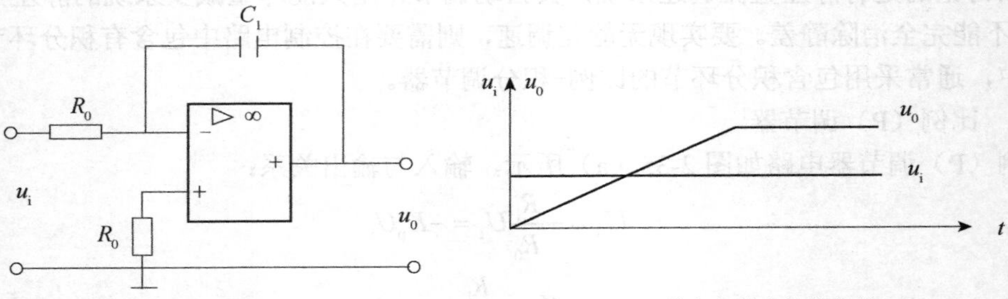

(a) 电路　　(b) 输入与输出特性曲线

图 2-37 积分调节器

$$U_0 = -\frac{1}{R_0 C}\int U_i d_t$$

输入与输出特性曲线如图 2-37（b）所示。积分调节器的电路的特点：

① 输出电压取决于输入量对时间的积累过程，而且还和初始值有关。

② 当输入不等于零时，其输出量将不断增长，直到输入为零、输出恒定为止。

（3）比例积分（PI）调节器

比例积分（PI）调节器电路如图 2-38（a）所示，输入与输出关系：

$$U_0 = -\frac{R_1}{R_0}U_i + \frac{-1}{R_0 C}\int U_d d_t + U_{01} \tag{2-25}$$

其中，U_{01} 为初始值。

输入与输出特性曲线如图 2-38（b）所示。

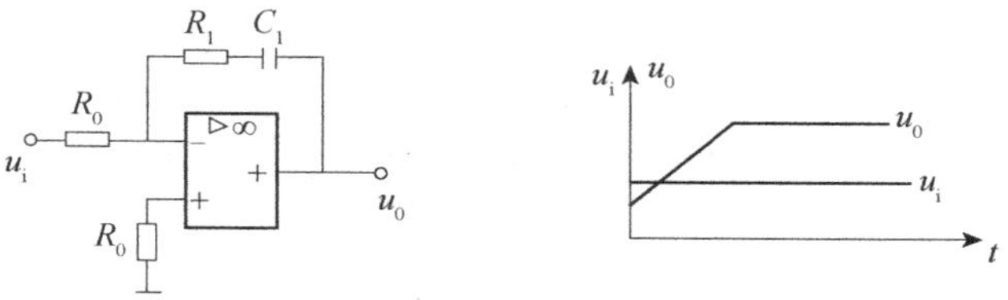

（a）电路　　（b）输入与输出特性曲线

图 2-38　比例积分调节器

（五）双闭环控制的直流调速系统

采用转速负反馈和PI调节器的单闭环直流调速系统可以确保在系统稳定的前提下实现转速无静差。但是，如果对系统的动态性能要求较高，例如，要求快速启动和制动、突加负载动态速降小等，单闭环系统就难以满足需要，是因为在单闭环系统中不能随心所欲地控制电流和转矩的动态过程。在单闭环直流调速系统中，电流截止负反馈环节是专门用来控制电流的，但它只能在超过临界电流值 I_{dcr} 以后，靠强烈的负反馈作用限制电流的冲击，并不能很理想地控制电流的动态波形。

1. 单闭环调速系统存在的问题

（1）用一个调节器综合多种信号，各参数间相互影响。

（2）环内的任何扰动，只有等到转速出现偏差才能进行调节，因而转速动态降落大。

（3）电流截止负反馈环节限制启动电流，不能充分利用电动机的过载能力获得最快的动态响应，启动时间较长。

带电流截止负反馈的单闭环直流调速系统启动过程如图 2-39 所示，启动电流达到最大值 I_{dm} 后，受电流负反馈的作用降低下来，电机的电磁转矩也随之减小，加速过程延长。

理想快速启动过程波形如图 2-40 所示，此时的启动电流呈方形波，转速按线性增长。这是在最大电流（转矩）受限制时调速系统所能获得的最快的启动过程，即在电机最大电流（转矩）受限制条件下，希望充分利用电机的允许过载能力，最好是在过渡过程中始终保持电流（转矩）为允许的最大值。

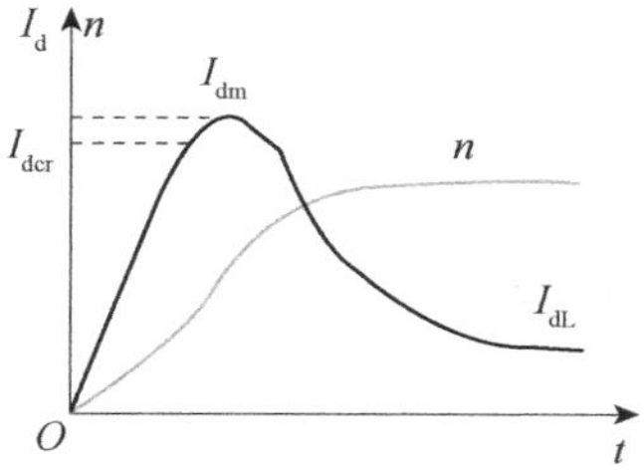

图 2-39　带电流截止负反馈的单闭环调速系统启动过程

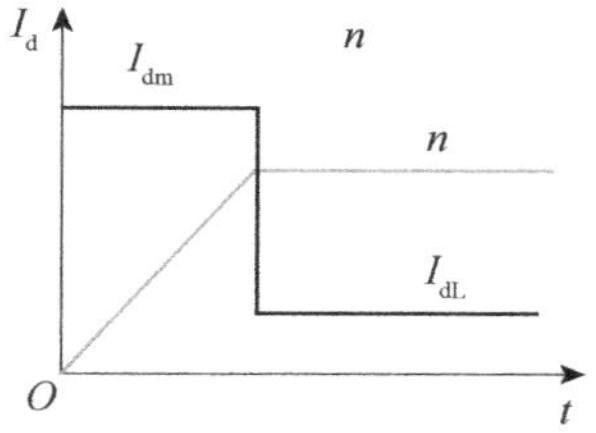

图 2-40　理想的快速启动波形

为了获得近似理想的过渡过程，实现在允许条件下的最快启动，并克服几个信号综合在一个调节器输入端的缺点，关键是要获得一段使电流保持为最大值 I_{dm} 的恒流过程。按照反馈控制规律，采用某个物理量的负反馈就可以保持该量基本不变，那么，采用电流负反馈应该能够得到近似的恒流过程。现在的问题是，我们希望能实现如下控制：启动过程，只有电流负反馈，没有转速负反馈；稳态时，只有转速负反馈，没有电流负反馈。怎样才能做到这种既存在转速和电流两种负反馈，又使它们分别在不同的阶段里起作用呢？

为了实现转速和电流两种负反馈分别起作用，可在系统中设置两个调节器，分别调节转速和电流，即分别引入转速负反馈和电流负反馈。将主要的被调量转速与辅助被调量电流分开加以控制，用两个调节器分别调节转速和电流，构成转速、电流双闭环调速系统。

2. 转速、电流双闭环调速系统的组成

系统的组成结构如图 2-41 所示，二者之间实行嵌套（或称串级）连接。图 2-41 中，把转速调节器的输出当作电流调节器的输入，再用电流调节器的输出去控制电力电子变换器 UPE。从闭环结构上看，电流环在里面，称作内环；转速环在外边，称作外环。这就形成了转速、电流双闭环调速系统。

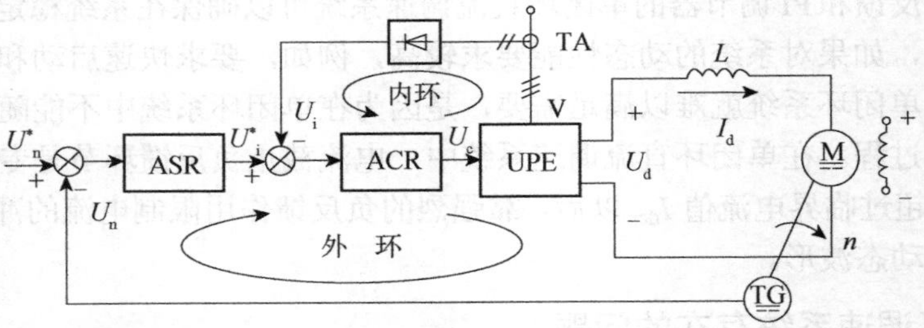

图 2-41 转速、电流双闭环直流调速系统结构

ASR—转速调节器；ACR—电流调节器；TG—测速发电机；TA—电流互感器；UPE—电力电子变换器

3. 双闭环调速系统其原理图

双闭环直流调速系统如图 2-42 所示。

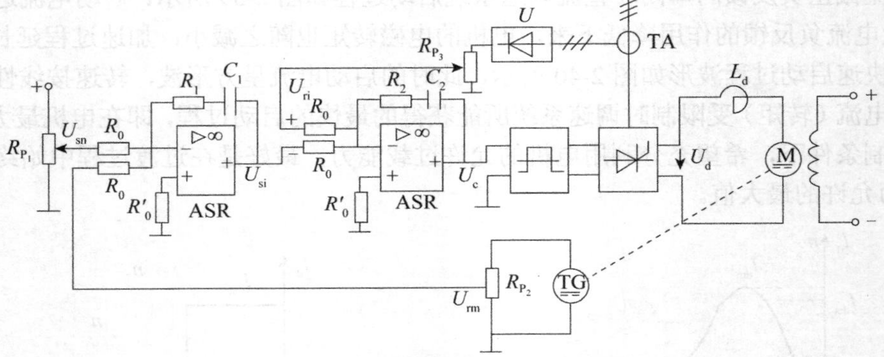

图 2-42 双闭环直流调速系

二极管箝位的外限幅电路如图 2-43 所示。

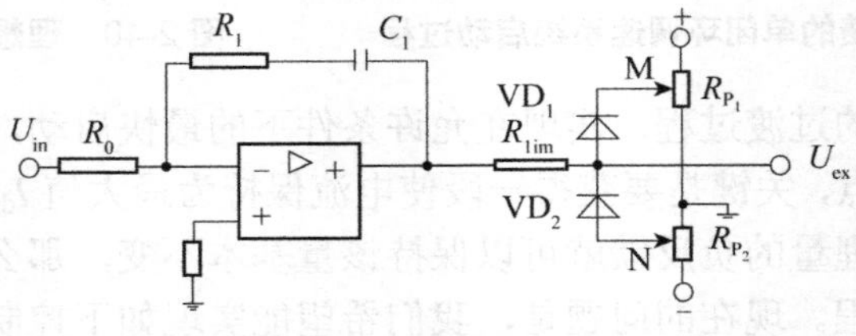

图 2-43 二极管箝位的外限幅电路

限幅作用存在两种情况。

① 饱和——输出达到限幅值。一旦 PI 调节器限幅（即饱和），其输出量为恒值，输入量的变化不再影响输出，除非有反极性的输入信号使调节器退出饱和，即饱和的调节器暂时隔断了输入和输出间的关系，相当于使该调节器处于断开状态，相当于使该调节环开环。

② 不饱和——输出未达到限幅值。当调节器不饱和时，输出未达限幅时，调节器才起调节作用，使输入偏差电压在调节过程中趋于零，而在稳态时为零。

4. 静态结构图

静态结构图如图 2-44 所示。

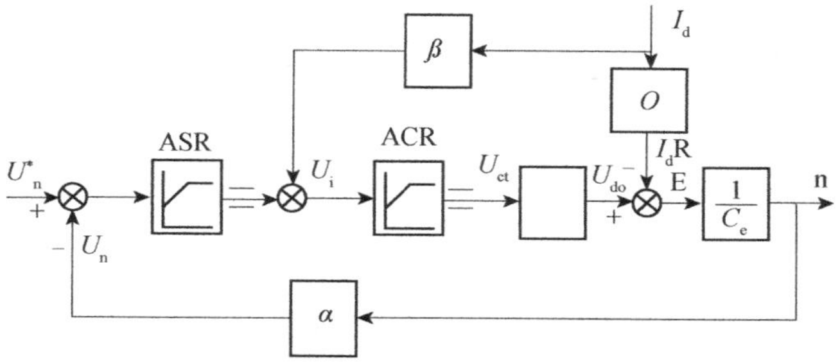

图 2-44 静态结构图

系统特点。

① 两个调节器，一环嵌套一环，速度环是外环，电流环是内环。

② 两个 PI 调节器均设置有限幅。

③ 电流检测采用三相交流电流互感器。

④ 电流、转速均实现无静差。由于转速与电流调节器采用 PI 调节器，所以系统处于稳态时， 转速和电流均为无静差。转速调节器 ASR 输入无偏差，实现转速无静差。

二、任务实施

（一）闭环晶闸管直流调速系统

1. 任务目的

① 熟悉 RXZD-1 型电机控制系统实验装置主控制屏的结构及调试方法。

② 了解单闭环直流调速系统的原理、组成及各主要单元部件。

③ 掌握晶闸管直流调速系统的一般调试过程。

④ 认识闭环反馈控制系统的基本特性。

2. 线路及原理

为了提高直流调速系统的动、静态性能指标，可以采用闭环系统。图 2-45 所示是单闭环直流调速系统。在转速反馈的单闭环直流调速系统中，将反映转速变化情况的测速发电机电压信号经速度变换器后接至速度调节器的输入端，与负给定电压相比较，速度调节器的输出用来控制整流桥的触发装置，从而构成闭环系统。而将电流互感器检测出的电压信号作为反馈信号的系统称为电流反馈的单闭环直流调速系统。

3. 任务内容

① 主控制屏的调试。
② 基本控制单元调试。
③ U_{ct}不变时的直流电动机开环特性的测定。
④ U_d不变时的电流电动机开环特性的测定。
⑤ 转速反馈的单闭环直流调速系统。
⑥ 电流反馈的单闭环直流调速系统。

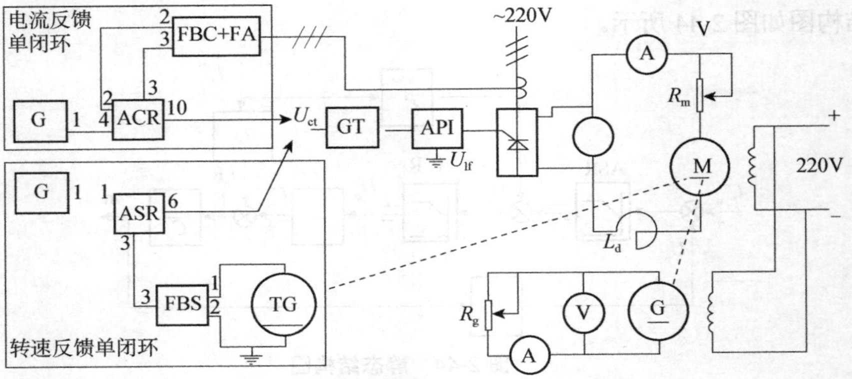

图 2-45 单闭环直流调速系统原理图

G—给定器；ASR—速度调节器；ACR—电流调节器；GT—触发装置；FBS—速度变换器；FA—过电流保护器；FBC—电流变换器；API—I 组脉冲放大器

4. 使用设备

① ZYDL01 主控制屏。
② ZYDL07、ZYDL05、ZYDL15 组件挂箱。
③ 直流电动机、直流发电机、测速发电机。
④ 双踪示波器。
⑤ 万用表。

5. 预习要求

① 复习有关晶闸管直流调速系统、闭环反馈控制系统的内容。
② 掌握调节器的工作原理。
③ 根据图 2-45 能画出实验系统的详细接线图，并理解各控制单元在调速系统中的作用。

6. 思考题

① P 调节器和 PI 调节器在直流调速系统中的作用有什么不同？

② 实验中，如何确定转速反馈的极性并把转速反馈正确地接入系统中？调节什么元件能改变转速反馈的强度？

③ 实验时，如何能使电动机的负载从空载（接近空载）连续地调至额定负载？

7. 实施方法

（1）触发控制电路调试及开关设置

① 打开总电源开关，观察各指示灯与电压表指示是否正常。

② “调速电源选择开关”拨至“低”挡，如不满足这个要求，拨动 ZYDL01 面板上的钮子开关，使之符合上述要求。

③ 触发电路的调试方法：用示波器观察触发电路双脉冲是否正常，观察三相的锯齿波，观察 6 个触发脉冲，应使其间隔均匀，相互间隔 60°。

④ 将给定器输出 U_g 直接接至触发电路移相控制电压 U_{ct} 处，连接偏移电压 U_b 与移相控制电压 U_{ct}，调节偏移电压 U_b，使 U_{ct}=0 时，α=90°。

⑤ 将面板上的 U_{1f} 端接地，将 I 组触发脉冲的六个开关拨至“接通”，观察正桥 SCR_1～SCR_6 晶闸管的触发脉冲是否正常。

（2）U_{ct} 不变时的直流电机开环外特性的测定

① 控制电压 U_{ct} 由给定器的输出 U_g 直接接入，直流发电机接负载电阻 R_g。

② 逐渐增加给定电压 U_g，使电机启动升速；调节 U_g 和 R_g 使电动机电流 $I_d=I_{ed}$，转速 $n_d=n_{ed}$。

③ 改变负载电阻 R_g 即可测出 U_{ct} 不变时的直流电机开环外特性 $n=f(I_d)$，记录于表 2-3 中。

表 2-3　U_{ct} 不变时的直流电机开环外特性的测定记录表

n/（r/min）							
I_d/A							

（3）U_d 不变时的直流电机开环外特性的测定

① 控制电压 U_{ct} 由给定器的输出 U_g 直接接入，直流发电机接负载电阻 R_c。

② 逐渐增加给定电压 U_g，使电机启动，升速；调节 U_g 和 R_c，使电动机电流 $I_e=I_{ed}$，转速 $n=n_{ed}$。

③ 改变负载电阻 R_c，同时保持 U_d 不变（可通过调节 U_{ct} 来实现），测出 U_d 变化时的直流电机开环外特性 $n=f(I_d)$，记录于表 2-4 中。

表 2-4　U_d 不变时的直流电机开环外特性的测定记录表

n/（r/min）							
I_d/A							

（4）基本单元部件调试

① 移相控制电压 U_{ct} 的调节范围确定。

直接将给定电压 U_g 接入移相控制电压 U_{ct} 的输入端，整流桥接电阻负载，用示波器观察 U_d 的波形。当 U_{ct} 由零调大时，U_d 随 U_{ct} 的增大而增大，当 U_{ct} 超过某一数值 U_{ct}' 时，U_d 出现缺少波头的现象，这时 U_d 反而随 U_{ct} 的增大而减少。一般可确定移相控制电压的最大允许值 $U_{ctmax}=0.9U_{ct}'$，即 U_{ct} 的允许调节范围为 0～U_{ctmax}。

② 调节器的调整。

a. 调节器的调零。将调节器输入端接地，将串联反馈网络中的电容短接，使调节器成为比例(P)调节器。调节面板上的调零电位器 W_1，用万用表的 mV 挡测量，使调节器的输出电压为零。

b. 正、负限幅值的调整。将调节器的输入端接地线和反馈电路短接线去掉，使调节器成为比例积分(PI)调节器，然后将给定器输出“1”端接到调节器的输入端。当加正给定时，调整负限幅电位器 W_2，使之输出电压为零(调至最小值即可)；当调节器输入端加负给定时，调整正限幅电位器 W_3，使正限幅值符合实验要求。在本任务中，电流调节器和速度调节器的输

出正限幅均为 U_{ctmax}，负限幅均调至零。

（5）转速反馈的单闭环直流调速系统

按图 2-45 接线，在本任务中，给定电压 U_g 为负给定，转速反馈电压为正电压，速度调节器接成比例(P)调节器。

调节给定电压 U_g 和直流发电机负载 R_g，使电动机运行在额定点，固定 U_g，由轻载至满载调节直流发电机的负载，记录电动机的转速 n 和电枢电流 I_d 于表 2-5 中。

表 2-5　调节给定电压 U_g 和直流发电机负载 R_g 电机特性记录表

n/（r/min）							
I_d/A							

（6）电流反馈的单闭环直流调速系统

在本任务中，给定 U_g 为负给定，电流反馈电压为正电压，电流调节器接成比例(P)调节器。调节给定电压 U_g 和直流发电机负载电阻 R_g，使直流电动机运行在额定点，固定 U_g，由轻载至满载调节直流发电机的负载，记录电动机的转速 n 和电枢电流 I_d 于表 2-6 中。

表 2-6　调节给定电压 U_g 和直流发电机负载电阻 R_g 电机特性记录表

n/（r/min）							
I_d/A							

8. 任务报告

① 根据实验数据，画出 U_{ct} 不变时的直流电动机开环机械特性曲线；

② 根据实验数据，画出 U_d 不变时的直流电动机开环机械特性曲线；

③ 根据实验数据，画出转速反馈的单闭环直流调速系统的机械特性曲线；

④ 根据实验数据，画出电流反馈的单闭环直流调速系统的机械特性曲线；

⑤ 比较以上各种机械特性曲线，并做出解释。

9. 注意事项

① 双踪慢扫描示波器的两个探头的地线通过示波器外壳接地，故在使用时，必须使两探头的地线同电位（只用一根地线即可），以免造成短路事故；

② 系统开环运行时，不能突加给定电压而启动电机，应逐渐增加给定电压，避免电流冲击；

③ 通电实验时，可先用电阻作为整流桥的负载，待电路正常后，再换接电动机负载；

④ 在连接反馈信号时，给定信号的极性必须与反馈信号的极性相反。

（二）双闭环晶闸管不可逆直流调速系统

1. 任务目的

① 了解闭环不可逆直流调速系统的原理、组成及各主要单元部件的功能。

② 掌握双闭环不可逆直流调速系统的调试步骤、方法及参数的设定。

③ 研究调节器参数对系统动态特性的影响。

2. 线路及原理

双闭环晶闸管不可逆直流调速系统由电流和转速两个调节器综合调节。由于调速系统的主要参量为转速，故转速环作为主环放在外面，电流环作为副环放在里面，这样可抑制电网电压扰动对转速的影响。

系统工作时，先给电动机加励磁，改变给定电压 U_g 的大小即可方便地改变电机的转速。ASR、ACR 均设有限幅环节，ASR 的输出作为 ACR 的给定，利用 ASR 的输出限幅可达到限制启动电流的目的；ACR 的输出作为移相触发电路 CT 的控制电压，利用 ACR 的输出限幅可达到限制 α_{min} 的目的。

启动时，当加入给定电压 U_g 后，ASR 即饱和输出，使电动机以限定的最大启动电流加速启动，直到电机转速达到给定转速(即 $U_g=U_{fn}$)，并在出现超调后，ASR 退出饱和，最后稳定运行在略低于给定转速的数值上。

3. 任务内容

① 各控制单元调试。

② 测定电流反馈系数 β、转速反馈系数 α。

③ 测定开环机械特性及高、低速时完整的系统闭环静态特性 $n=f$（I_d）。

④ 闭环控制特性 $n=f$（I_d）的测定，观察、记录系统动态波形。

4. 使用设备

主控制屏 ZYDL01，直流电动机、直流发电机、测速发电机，ZYDL05、ZYDL07、ZYDL15 组件挂箱，双踪示波器，万用表。

5. 预习要求

① 阅读有关双闭环直流调速系统的内容，掌握双闭环直流调速系统的工作原理（如图 2-46 所示）。

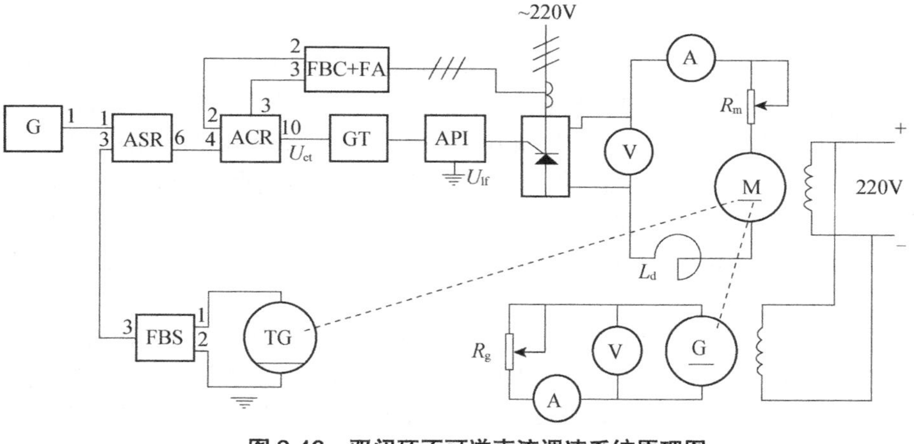

图 2-46　双闭环不可逆直流调速系统原理图

G—给定器；ASR—速度调节器；ACR—电流调节器；GT—触发装置；FBS—速度变换器；FA—过电流保护器；FBC—电流变换器；API—I 组脉冲放大器

② 理解 PI 调节器在双闭环直流调速系统中的作用，掌握调节器参数的选择方法。

③ 了解调节器参数、反馈系数、滤波环节参数的变化对系统动、静态特性的影响趋势。

6. 思考题

① 为什么双闭环直流调速系统中使用的调节器均为 PI 调节器？

② 转速负反馈线的极性如果接反会产生什么现象？

③ 双闭环直流调速系统中哪些参数的变化会引起电动机转速的改变？哪些参数的变化会引起电动机最大电流的变化？

7. 实施方法

（1）主控制屏调试及开关设置

① 将 ZYDL07 和 ZYDL05 挂箱的地线使用导线连接，即保证“共地”；

② 开关设置：调速电源选择开关置于“低”。

（2）双闭环调速系统调试原则

① 先单元、后系统，即先将单元的特性调好，然后才能组成系统。

② 先开环、后闭环，即先使系统能正常开环运行，然后在确定电流和转速均为负反馈时组成闭环系统；

③ 先内环，后外环，即先调试电流内环，然后调转速外环；

④ 先调整稳态精度，后调整动态指标。

（3）开环外特性的测定

① 控制电压 U_{ct} 由给定器输出 U_g，直流发电机接负载电阻 R_g；

② 逐渐增加给定电压 U_g 使电机启动，升速，调节 U_g 和 R_g，使电动机电流 I_d=I_{ed}，转速 n=n_{ed}；

③ 改变负载电阻 R_g，即可测出系统的开环外特性 n=f（I_d），记录于表 2-7 中。

表 2-7 开环外特性的测定记录表

n/（r/min）							
I_d/A							

（4）单元部件调试

① 调节器的调零。将调节器输入端接地，将串联反馈网络中的电容短接，使调节器成为比例（P）调节器。调节面板上的调零电位器 W_1，用万用表的 mV 挡测量，使调节器的输出电压为零。

② 调节器正、负限幅值的调整。将调节器的输入端接地线和反馈电路短接线去掉，使调节器成为比例积分（PI）调节器，然后将给定器输出“1”端接到调节器的输入端。当加正给定时，调整负限幅电位器 W_2，使之输出电压为零（调至最小值即可）；当调节器输入端加负给定时，调整正限幅电位器 W_3，使正限幅值符合实验要求。确定移相控制电压 U_{ct} 的允许调节范围为 0～U_{ctmax}。

③ 电流调节器和速度调节器的调整。在本任务中，电流调节器的负限幅为 0，正限幅为 U_{ctmax}，速度调节器的负限幅为 6V，正限幅为 0。电流反馈系数的整定直接将给定电压 U_g 接入移相控制电压 U_{ct} 的输入端。整流桥接电阻负载，测量负载电流值和电流反馈电压，调节电流变换器 FBC 上的电流反馈电位器 R_P，使得负载电流 I_d=1A 时的电流反馈电压 U_{fi}=6V，这时的电流反馈系数 β=U_{fn}/n=0.004V（r/min）。

④ 转速反馈系数的整定。直接将给定电压 U_g 接入移相控制电压 U_{ct} 的输入端，整流电路接直流电动机负载，测量直流电动机的转速值和转速反馈电压值；调节速度变换器 FBS 上转速反馈电位器 R_P，使得 n=1500r/min 时的转速反馈电压 U_{fn}=6V，这时的转速反馈系数

$\alpha=U_{fn}/n=0.004$V（r/min）。

（5）系统特性测试

将ASR、ACR均接成P调节器后接入系统，形成双闭环不可逆系统，使得系统能基本运行，确认整个系统的接线正确无误后，将ASR、ACR均恢复成PI调节器，构成实验系统。

① 机械特性 $n=f$（I_d）的测定

a. 发电机先空载，调节转速给定电压 U_g 使电动机转速接近额定值，n=1400r/min，然后接入发电机负载电阻 R_g，逐渐改变负载电阻，直至 $I_d>I_{ed}$，即可测出系统静态线 $n=f(I_d)$，完成表2-8。

表 2-8 机械特性 $n=f$（I_d）的测定记录表 1

n/（r/min）	1400						
I_d/A							

b. 降低 U_g，使 $I_d=I_{ed}$，再测试 n=800r/min 时的静态特性曲线并记录于表 2-9 中。

表 2-9 机械特性 $n=f$（I_d）的测定记录表 2

n/（r/min）	800						
I_d/A							

② 闭环控制系统 $n=f$（U_g）的测定

调节 U_g 及 R_g，使 $I_d=I_{ed}$，$n=n_{ed}$，逐渐降低 U_g，记录 U_g 和 n，即可测出闭环控制特性 $n=f(U_g)$，完成表2-10。

表 2-10 闭环控制系统 $n=f$（U_g）的测定记录表

n/（r/min）							
U_g/V							

（6）系统动态特性的观察

用双踪慢扫描示波器观察动态波形，在不同的系统参数下（速度调节器的增益、速度调节器的积分电容/电流调节器的增益、电流调节器的积分电容、速度反馈的滤波电容、电流反馈的滤波电容），用记忆示波器观察、记录下列动态波形：

① 突加给定 U_g 启动时电动机的电枢电流 I_d（电流变换器“2”端）波形和转速 n（速度变换器“3”端）波形。

② 突加额定负载（20%I_{ed}～100%I_{ed}）时的电动机电枢电流波形和转速波形。

③ 突降负载（100%I_{ed}～20%I_{ed}）时电动机的电枢电流波形和转速波形。

8. 任务报告

① 根据实验数据，画出闭环控制特性曲线 $n=f$（U_g）。

② 根据实验数据，画出两种转速时的闭环机械特性 $n=f$（I_d）曲线。

③ 根据实验数据，画出系统开环机械特性 $n=f$（I_d）曲线，计算静差率，并与闭环机械特性进行比较。

④ 分析系统动态波形，讨论系统参数的变化对系统动、静态性能的影响趋势。

9. 注意事项

① 系统开环运行时，不能突加给定电压而启动电机，应逐渐增加给定电压，避免电流冲击。

② 在记录动态波形时，可先用双踪慢扫描示波器观察波形，以便找出系统动态特性较为理想的调节器参数，再用光线示波器或记忆示波器记录动态波形。

三、知识拓展

下面介绍直流电动机的脉宽调速系统。

在当今的社会生活中，电子科学技术的运用越来越深入到了各行各业之中，并得到了长足的发展和进步，自动化控制系统更是得到了广泛的应用，其中一项重要的应用——自动调速系统。相较于交流电动机，直流电动机结构复杂、价格昂贵、制造困难且不容易维护，但由于直流电动机具有良好的调速性能、较大的启动转矩和过载能力强，适宜在广泛的范围内平滑调速，所以直流调速系统至今仍是自调速系统中的重要形式。

许多工业传动系统都是由公共直流电源或蓄电池供电的。在大多数情况下，都要求把固定的直流电源电压变换为不同的电压等级，例如地铁列车、无轨电车或由蓄电池供电的机动车辆等，它们都有调速要求，因此，要把固定电压的直流电源变换成为直流电动机电枢用的可变电压的直流电源。脉宽调制（Pulse Width Modulation）变换器向直流电动机供电的系统称为脉冲宽度调制调速控制系统，简称 PWM 调速系统。

利用电力电子器件的完全可控性，采用脉宽调制技术，直接将恒定的直流电压调制成可变大小和极性的直流电压作为电动机的电枢端电压，实现系统的平滑调速，这种调速系统就称为直流脉宽调速系统。

脉宽调制的基本原理是，利用电力电子开关器件的导通与关断，将直流电压变成连续的直流脉冲序列，并通过控制脉冲的宽度或周期达到变压的目的。所采用的电力电子器件都为全控型器件，如电力晶体管（GTR）、功率晶体管器件（MOSFET、IGBT）等。通常 PWM 变换器是用定频调宽来达到调压的目的。PWM 变换器调压与晶闸管相控调压相比有许多优点，如需要的滤波装置很小甚至只利用电枢电感已经足够，不需要外加滤波装置；电动机的损耗和发热较小、动态响应快、开关频率高、控制线路简单等。

图 2-47 为 PWM 降压斩波器的原理电路及输出电压波形。在图 2-47（a）中，假定晶体管 VT_1 先导通 T_1 秒（忽略 VT_1 的管压降，这期间电源电压 U_d 全部加到电枢上），然后关断 T_2 秒（这期间电枢端电压为零）。如此反复，则电枢端电压波形如图 2-47（b）所示。电动机电枢端电压 U_a 为其平均值。

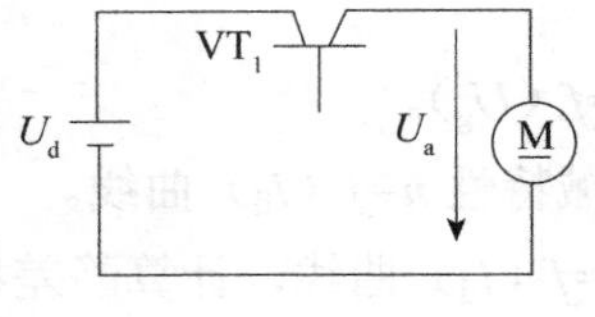

(a)原理图

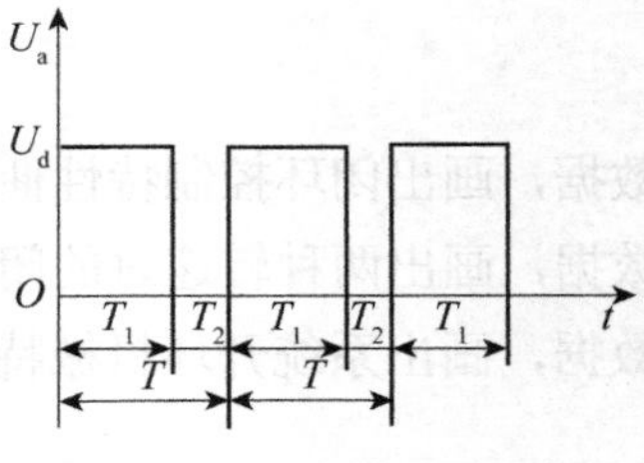

(b) 输出电压形

图 2-47　PWM 降压斩波器的原理电路及输出电压波形

$$U_a = \frac{T_1}{T_1+T_2}U_d = \frac{T_1}{T}U_d = \alpha U_d$$

上式中，

$$\alpha = \frac{T_1}{T_1+T_2} = \frac{T_1}{T}$$

α 为一个周期 T 中，晶体管 VT_1 导通时间的比率，称为负载率或占空比。使用下面三种方法中的任何一种，都可以改变 α 的值，从而达到调压的目的。

① 定宽调频法：T_1 保持一定，使 T_2 在 0～∞范围内变化。

② 调宽调频法：T_2 保持一定，使 T_1 在 0～∞范围内变化。

③ 定频调宽法：$T_1+T_2=T$ 保持一定，使 T 在 0～∞范围内变化。

不管哪种方法，α 的变化范围均为 $0\leqslant\alpha\leqslant1$，因而电枢电压平均值 U_a 的调节范围为 0～U_d，均为正值，即电动机只能在某一方向调速，称为不可逆调速。当需要电动机在正、反向两个方向调速运转，即可逆调速时，就要使用图 2-48（a）所示的桥式（或称 H 型）降压斩波电路。

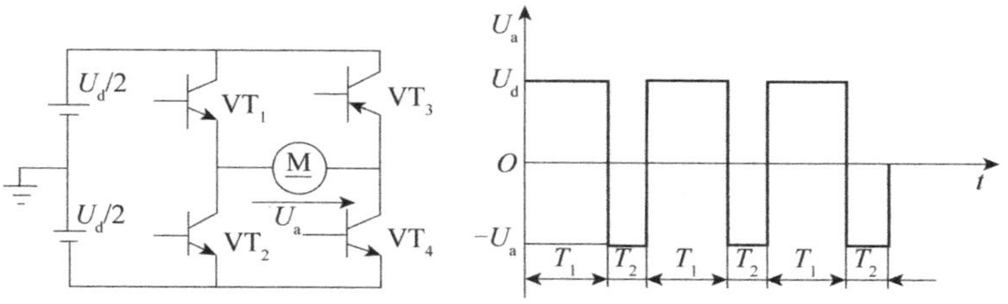

(a) 原理图　　(b) 输出电压形

图 2-48　桥式 PWM 降压斩波器原理电路及输出电压波形

在图 2-48（a）中，晶体管 VT_1、VT_4 是同时导通同时关断的，VT_2、VT_3 也是同时导通同时关断的，但 VT_1 与 VT_2、VT_3 与 VT_4 都不允许同时导通，否则电源 U_d 直通短路。设 VT_1、VT_4 先同时导通 T_1 秒后同时关断，间隔一定时间（为避免电源直通短路，该间隔时间称为死区时间）之后，再使 VT_2、VT_3 同时导通 T_2 秒后同时关断，如此反复，则电动机电枢端电压波形如图 2-48（b）所示。

电动机电枢端电压的平均值为

$$U_a = \frac{T_1-T_2}{T_1+T_2}U_d = \left(2\frac{T_1}{T}-1\right)U_d = (2\alpha-1)U_d$$

由于 $0\leqslant\alpha\leqslant1$，$U_a$ 值的范围是 $-U_d$～$+U_d$，因而电动机可以在正、反两个方向调速运转。

图 2-49 给出了两种 PWM 斩波电路的电枢电压平均值的特性曲线。

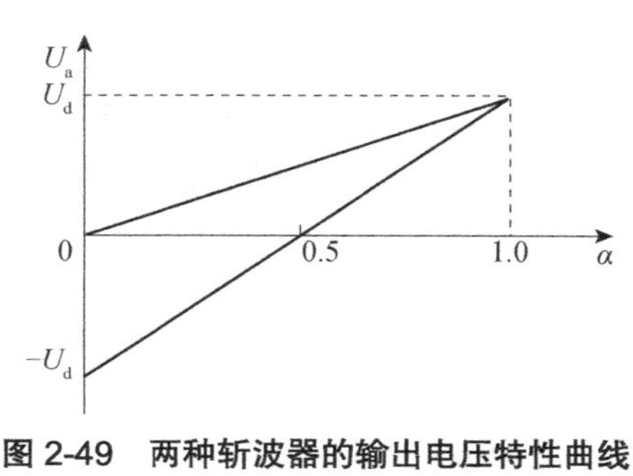

图 2-49　两种斩波器的输出电压特性曲线

PWM 的占空比决定输出到直流电机的平均电压。PWM 不是调节电流的，PWM 的意思是脉宽调节，也就是调节方波高电平和低电平的时间比。一个 20%占空比波形，会有 20%的高电平时间和 80%的低电平时间；而一个 60%占空比的波形则具有 60%的高电平时间和 40%的低电平时间，占空比越大，高电平时间越长，则输出的脉冲幅度越高，即电压越高。如果占空比为 0%，那么高电平时间为 0，则没有电压输出。如果占空比为 100%，那么输出全部电压。所以通过调节占空比，可以实现调节输出电压的目的，而且输出电压可以无级连续调节。PWM 信号是一个矩形的方波，其脉冲宽度可以任意改变，改变其脉冲宽度控制回路输出电压高低或者做功时间的长短，实现无级调速。

图 2-50 是直流 PWM 系统原理框图。这是一个双闭环系统，有电流环和速度环。在此系统中有两个调节器，分别调节转速和电流，二者之间实行串级连接，即以转速调节器的输出作为电流调节器的输入，再用电流调节器的输出作为 PWM 的控制电压。核心部分是脉冲功率放大器和脉宽调制器。控制部分采用 SG1525（脉宽调制芯片 SG1525，具有欠压锁定、故障关闭和软启动等功能，因而在中小功率电源和电机调速等方面应用较广泛。SG1525 是电压型控制芯片，利用电压反馈的方法控制 PWM 信号的占空比，整个电路成为双极点系统的控制问题，简化了补偿网络的设计）。集成控制器产生两路互补的 PWM 脉冲波形，通过调节这两路波形的宽度来控制 H 电路中的 GTR 通断时间，便能够实现对电机速度的控制。为了获得良好的动、静态品质，调节器采用 PI 调节器并对系统进行了校正。检测部分中，采用了霍尔片式电流检测装置对电流环进行检测，转速还是采用了测速电机进行检测，能达到比较理想的检测效果。

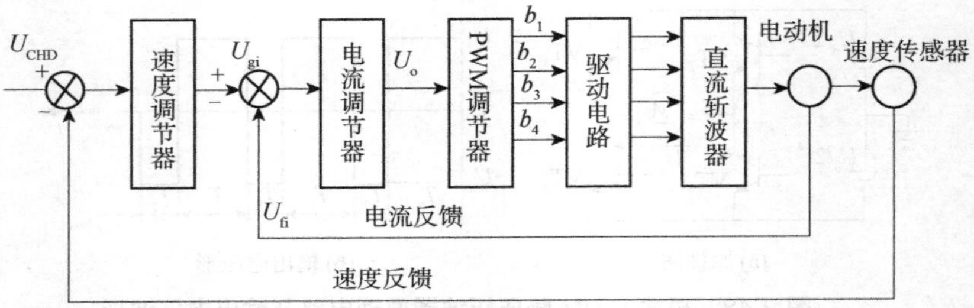

图 2-50　直流 PWM 系统原理框图

项目小结

自动控制系统通常指闭环控制系统（或反馈控制系统），它最主要的特征是具有反馈环节。反馈环节的作用是检测并减小输出量（被调量）的偏差。

反馈控制系统是以给定量 U_s 作为基准量，然后把反映被调量的反馈量 U_f 与给定量进行比较，以其偏差信号 ΔU 经过放大去进行控制的。偏差信号的变化直接反映了被调量的变化。

在有静差系统中，就是靠偏差信号的变化进行自动调节补偿的。所以在稳态时，其偏差电压 ΔU 不能为零。而在无静差系统中，由于含有积分环节，则主要靠偏差电压 ΔU 对时间的积累去进行自动调节补偿，并依靠积分环节，最后消除静差，所以在稳态时，其偏差电压 ΔU 为零。

常用的反馈和顺馈的方式通常有：

① 某物理量的负反馈。它的作用是使该物理量（如转速 n、电流 i、电压 U、温度 T、水位 H 等）保持恒定。

② 某物理量的微分负反馈。它的特点是在稳态时不起作用，只在动态时起作用。它的作用是限制该物理量对时间的变化率（如 $\frac{dn}{dt},\frac{di}{dt},\frac{dU}{dt},\frac{dT}{dt},\frac{dH}{dt}$ 等）。

③ 某物理量的截止负反馈。它的特点是在某限定值以下不起作用，而当超过某限定值时才起作用。它的作用是“上限保护”（如过大电流、过高温度、过高水位等的保护）。

④ 某物理量的扰动顺馈补偿（如电流正反馈）或给定量顺馈补偿，但补偿量不宜过大，过大易引起振荡。

为保证系统安全可靠运行，实际系统都需要各种保护环节，常用的保护环节有：

① 过电压保护。如阻容吸收、硒堆放电、压敏电阻放电、续流二极管放电回路，接地保护等。

② 过电流保护。如熔丝和快熔（短路保护）、过电流继电器、限流电抗器、电流（截止）负反馈等。

③其他保护环节。如直流电动机失磁保护，正、反组可逆供电电路的互锁保护，限位保护，超速保护，过载保护，通风顺序保护，过热保护等。

自动控制系统通常包括控制对象、检测环节、执行元件、供电线路、放大环节、反馈环节、控制环节和其他辅助环节等基本单元。

搞清各单元的次序：

由被控对象（及被控量）→执行（驱动）部件→功率放大环节→检测环节→控制环节（包括给定元件、反馈环节、给定信号与反馈信号的比较综合、放大，P、T、PI、PID 等的调节控制）→保护环节（包括短路、过载、过电压、过电流保护等）→辅助环节（包括供电电源、指示、警报等）。

首先，在搞清上述各单元作用的基础上，建立各单元的功能框图；然后，根据各单元间的联系，抓住各单元的头与尾（输入与输出），建立系统框图，并标出各部件名称、给定量、被控量、反馈量和各单元的输入和输出量（亦即中间参变量）；接着，分析给定量变化及扰动量变化时系统的自动调节过程，并作出自动调节过程流程图；在此基础上，再分析系统的结构与参数（主要是调节器的结构与参数）对系统性能的影响。

调速系统的主要矛盾是负载扰动对转速的影响，因此最直接的办法是采用转速负反馈环节。有时为了改善系统的动态性能，需要限制转速的变化率（即限制加速度），还增设转速微分负反馈。而在要求不太高的场合，为了省去安装测速发电机的麻烦，可采用能反映负载变化的电流正反馈和电压负反馈环节来代替转速负反馈。

速度和电流双闭环调速系统是由速度调节器 ASR 和电流调节器 ACR 串接后分成两级去进行控制的，即由 ASR 去“驱动”ACR，再由 ACR 去“控制”触发器。电流环为内环，速度环为外环。ASR 和 ACR 在调节过程中起着各自不同的作用。

（1）电流调节器 ACR 的作用

稳定电流，使电流保持 $I_{\mathrm{d}}=\dfrac{U_{\mathrm{si}}}{\beta}$ 的数值。从而：

① 依靠 ACR 的调节作用，可限制最大电流，使 $I_{\mathrm{d}}\leqslant\dfrac{U_{\mathrm{sim}}}{\beta}$。

② 当电网波动时，ACR 维持电流不变的特性，使电网电压的波动，几乎不对转速产生影响。

（2）速度调节器 ASR 的作用

稳定转速，使转速保持在 $n=\dfrac{U_{\mathrm{sn}}}{\alpha}$ 的数值上。因此在负载变化（或参数变化或各环节产生扰动）而使转速出现偏差时，则靠 ASR 的调节作用来消除速度偏差，保持转速恒定。

思考与练习二

1. 直流电动机的电磁转矩和电枢电流由什么决定?

2. 一台他励直流电动机，如果励磁电流和被拖动的负载转矩都不变，而仅仅提高电枢端电压，试问电枢电流、转速怎样变化?

3. 已知一台直流电动机，其电枢额定电压 U_a=110V，额定运行时的电枢电流 I_a=0.4V，转速 n=3600r/min，它的电枢电阻 R_a=50Ω，空载阻转矩 T_0=15mN·m，试问该电动机额定负载转矩是多少?

4. 一台直流电动机，额定转速为 3000r/min。如果电枢电压和励磁电压均为额定值，试问该电机是否允许在转速 n=2500r/min 下长期运转？为什么?

5. 直流电动机在转轴卡死的情况下能否施加电枢电压？如果施加额定电压将会有什么后果?

6. 并励电动机能否用改变电源电压极性的方法来改变电动机的转向?

7. 某调速系统调速范围 2000～100r/min，要求静差率 S=2%，那么系统的静态速降 Δn_{cl} 是多少？如果开环系统的静态速降 Δn_{op}=100r/min，那么闭环系统的放大倍数应有多大?

8. 双闭环调速系统，最大给定电压 U^*_{nm}、转速调节器输出限幅值 U^*_{im}、电流调节器的输出限幅值 U_{ctm} 均为 20V。电动机额定电压 U_N=220V，额定电流 I_N=20A，额定转速 n_N=1000r/min，电枢回路总电阻 R=0.5Ω，电枢回路最大电流 I_{dm}=40A，整流装置的等效放大系数 K_S=20，两个调节器均为 PI 调节器。

求：（1）转速反馈系数 α；（2）电流反馈系数 β；（3）当电动机发生堵转时，求整流装置输出电压 U_{do}，转速调节器的输出 U^*_i，电流调节器的输出 U_{ct}，转速反馈电压 U_n。

9. H 型 PWM 功率放大器电路如图 2-51（a）所示，采用单极式控制，U_{b1} 波形如图 2-51（b）、（c）所示，U_{b3} 加正电压，U_{b4} 加负电压。

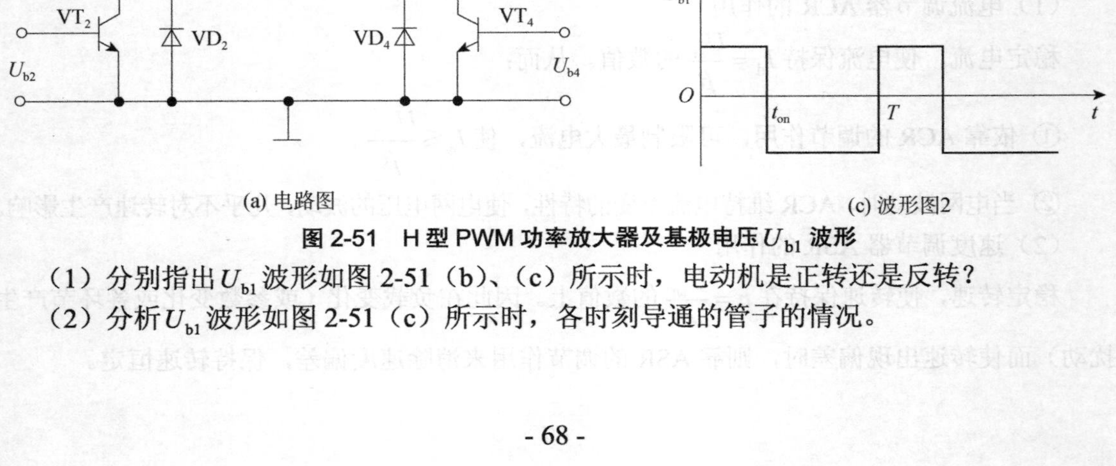

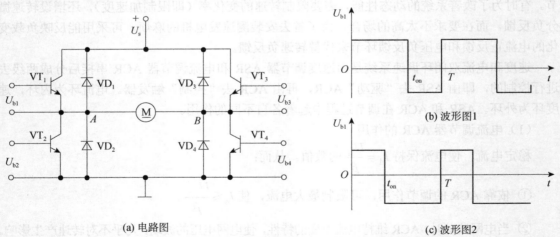

图 2-51　H 型 PWM 功率放大器及基极电压 U_{b1} 波形

（1）分别指出 U_{b1} 波形如图 2-51（b）、（c）所示时，电动机是正转还是反转?

（2）分析 U_{b1} 波形如图 2-51（c）所示时，各时刻导通的管子的情况。

项目三　电梯曳引电机的维护与调速

项目剖析

电梯曳引电机是电梯的动力设备，又称电梯主机。曳引电机的功能是输送与传递使电梯运行的动力。一般采用三相异步电动机作为电梯曳引电机。三相异步电动机和其他电机相比，具有结构简单、制造方便、运行可靠及价格低廉等优点，因此被广泛应用，是目前使用最多的电机。异步电机主要用作电动机，拖动各种生产机械，其缺点是调速比较困难。近几年来，随着电力电子技术的发展，三相异步电动机采用变频技术进行调速有了实质性的进展，并日益成熟，使得异步电动机得到了更加广泛的应用。三相异步电动机结构如图 3-1 所示，被广泛应用于电力拖动系统中，在工业电气自动化领域中成为主流。变频器如图 3-2 所示。

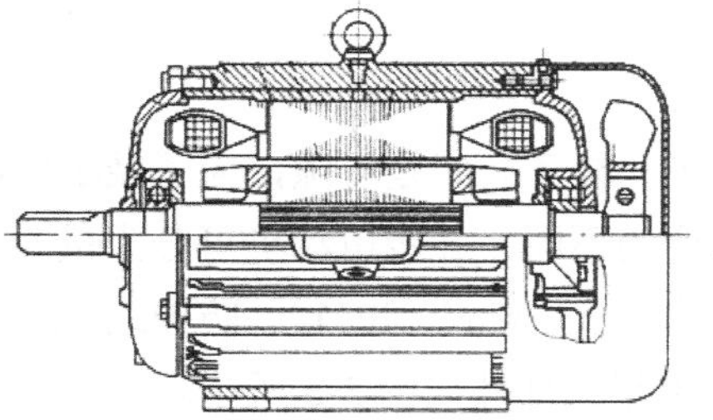

图 3-1　三相异步电动机的结构

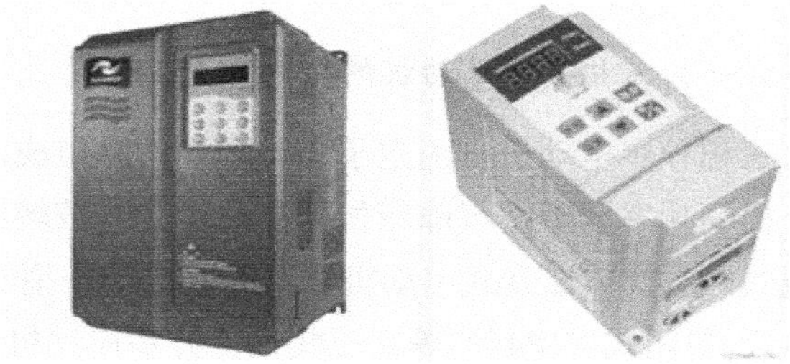

图 3-2　变频器

本项目有以下两个任务组成。

任务一——电梯曳引电机的维护。

任务二——电梯曳引电机的变频驱动。

项目目标

1. 了解三相异步电动机的基本结构，掌握三相异步电动机的工作原理。
2. 理解三相异步电动机的机械特性，掌握三相异步电动机的启动、制动和调速的方法和特点。

3. 会进行三相异步电动机的拆装和接线。
4. 掌握变频器原理、选用、安装与维护。
5. 掌握变频器控制三相异步电动机的方法。

任务一　电梯曳引电机的维护

本任务目标

1. 了解三相异步电动机的基本结构和型号，掌握三相异步电动机的额定值。
2. 熟练掌握三相异步电动机的基本工作原理和转差率的概念。
3. 理解三相异步电动机的定子电路和转子电路，能用等效电路导出异步电动机功率平衡关系，画出功率流程图。
4. 掌握三相异步电动机固有机械特性及人为机械特性。
5. 了解三相鼠笼型异步电动机直接启动适用范围。
6. 熟练掌握星形-三角形降压启动和自耦变压器启动的方法及特点。
7. 掌握绕线式异步电动机转子串电阻启动和频敏变阻器启动方法和特点。
8. 掌握三相异步电动机不同调速方式的原理及特点。
9. 了解三相异步电动机不同的制动方法，了解其相关机械特性。

一、相关知识

（一）三相异步电动机的结构

三相异步电动机是由定子和转子两部分组成，定子和转子之间是气隙，为了减少励磁电流，提高功率因数，气隙应做得尽可能小。按转子结构的不同，异步电动机可分为鼠笼式和绕线式两大类。鼠笼式电动机按其外壳的防护型式不同可分开启式（IP11）、防护式（IP22及IP23）、封闭式（IP44）等。三相鼠笼异步电动机的基本组成部件如图3-3所示。

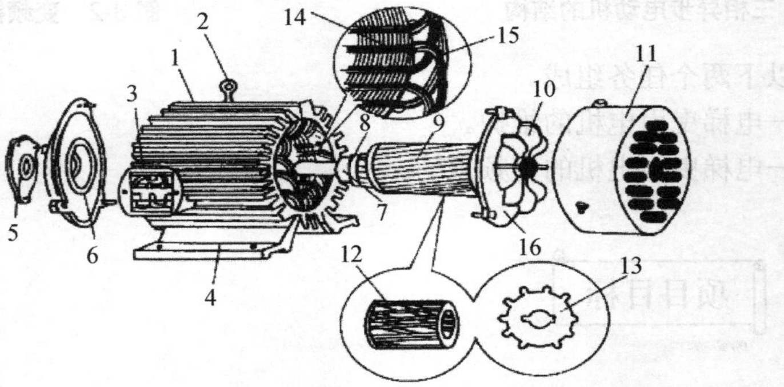

图3-3　三相鼠笼异步电动机的基本组成部分

1—散热筋；2—吊环；3—接线盒；4—机座；5—前轴承外盖；6—前端盖；7—前轴承；8—前轴承内盖；9—转子；10—风叶；11—风罩；12—笼型转子绕组；13—转子铁芯；14—定子铁芯；15—定子绕组；16—后端盖

1. 定子

电动机静止不动的部分称为定子，主要包括定子铁芯、定子绕组和机座三个主要组成部件。

（1）定子铁芯

定子铁芯的作用是作为电机磁路的一部分和放置定子绕组。为了减少交变磁场在铁芯中引起的损耗，由涂有 0.35～0.5mm 绝缘漆厚的导磁性能较好的硅钢片叠压而成，在铁芯的内圆冲有均匀分布的槽，用以嵌放定子绕组。定子铁芯冲片和定子铁芯如图 3-4 所示。

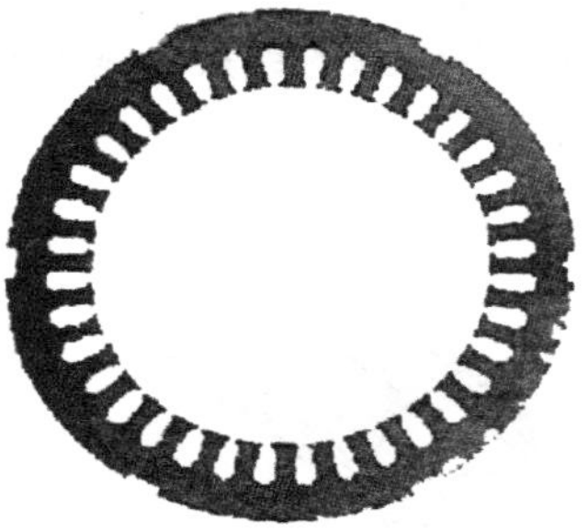

（a）定子铁芯冲片

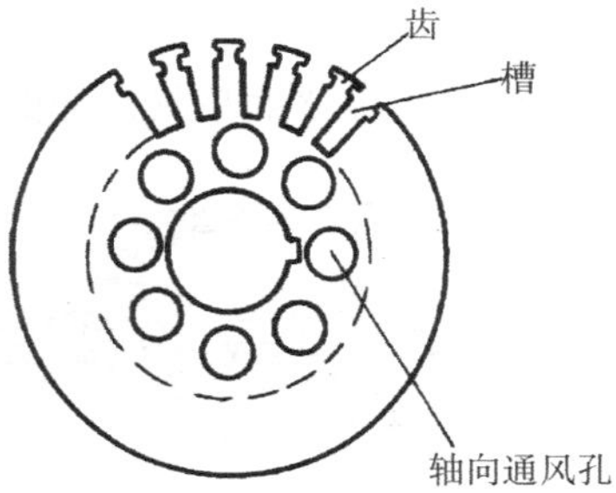

（b）定子铁芯

图 3-4　定子铁芯

（2）定子绕组

定子绕组是电动机的电路部分，它嵌放在定子铁芯的内圆槽内。为定子三相对称绕组，通入三相对称交流电时，产生旋转磁场。定子绕组在槽内部分与铁芯间必须可靠绝缘，槽绝缘的材料、厚度由电机耐热等级和工作电压来决定。小型异步电动机定子绕组通常用高强度漆包线绕制成线圈后再嵌放在定子铁芯槽内；大中型电机则用经过绝缘处理后的铜条嵌放在定子铁芯槽内。

（3）机座

机座的作用是固定和支撑定子铁芯及端盖，保护电动机的电磁部分，散发电动机运行中产生的热量。如果是端盖轴承电机，还起支撑电机转子的作用。所以机座应具有足够的机械强度和刚度。对中小型异步电动机，常用铸铁机座；大型电机一般采用钢板焊接的机座，整个机座和座式轴承都固定在同一底板上。

2. 转子

转子是电动机的旋转部分，包括转子铁芯、转子绕组和转轴等部件。

（1）转子铁芯

转子铁芯也是作为电机磁路的一部分，一般用 0.5mm 厚相互绝缘的硅钢片冲制叠压而成，转子铁芯、气隙和定子铁芯构成电动机的完整磁路。硅钢片外圆冲有均匀分布的槽，放置转子绕组。铁芯必须固定在转轴或转子支架上，以便传递机械功率，整个转子铁芯的外表面呈圆柱形，转子铁芯冲片如图 3-5 所示。

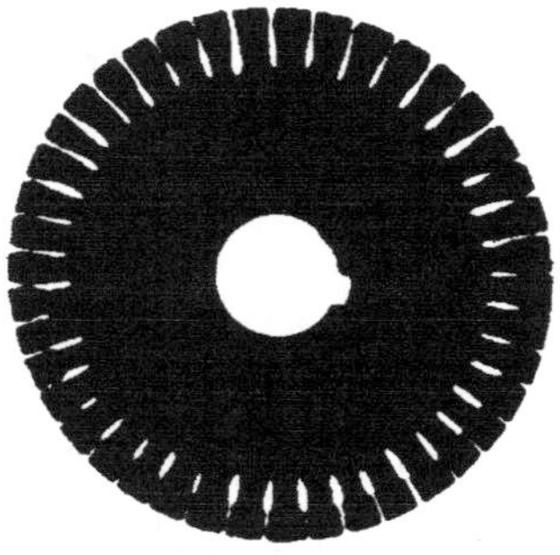

图 3-5　转子铁芯冲片

（2）转子绕组

转子绕组的作用是切割定子旋转磁场，产生感应电动势和电流，并在旋转磁场的作用下产生电磁力矩而使转子转动。

根据构造的不同可分鼠笼式和绕线式两种结构，异步电动机转子绕组多采用鼠笼式转子。

① 鼠笼式转子。转子绕组由槽内的导条和端环构成多相对称闭合绕组，通常有两种结构型式，中小型异步电动机的鼠笼转子一般为铸铝式转子。即采用离心铸铝法，将融化了的铝浇铸在转子铁芯槽内成为一个完整体，连两端的短路环和风扇叶片一起铸成，如图 3-6（a）所示；另一种结构为铜条转子，即在转子铁芯槽内放置没有绝缘的铜条，铜条的两端用短路环焊接起来，形成一个鼠笼的形状，如图 3-6（b）所示。

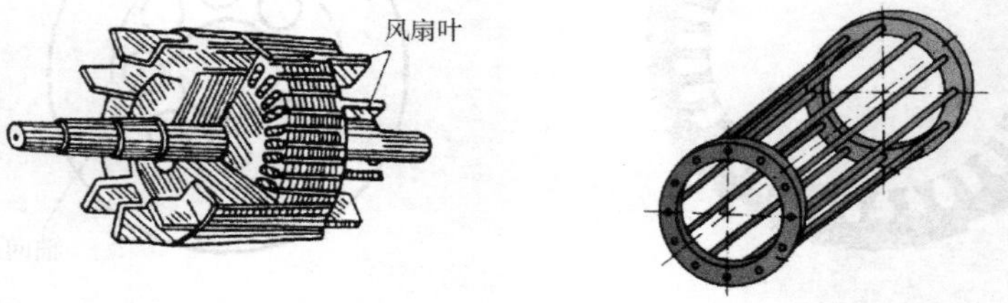

（a）铸铝转子　　（b）铜条转子

图 3-6　鼠笼型转子铁芯

② 绕线式转子。转子绕组和定子绕组一样，由线圈组成绕组放入转子铁芯槽内，构成三相对称绕组，它的磁极对数和定子绕组也相同，绕线转子通过轴上的三个滑环及压在其上的三个电刷在转子电路中串入外接电阻，用以改善启动性能与调节转速，如图 3-7 所示。

鼠笼式和绕线式两种电动机的转子构造虽然不同，但工作原理是一致的。

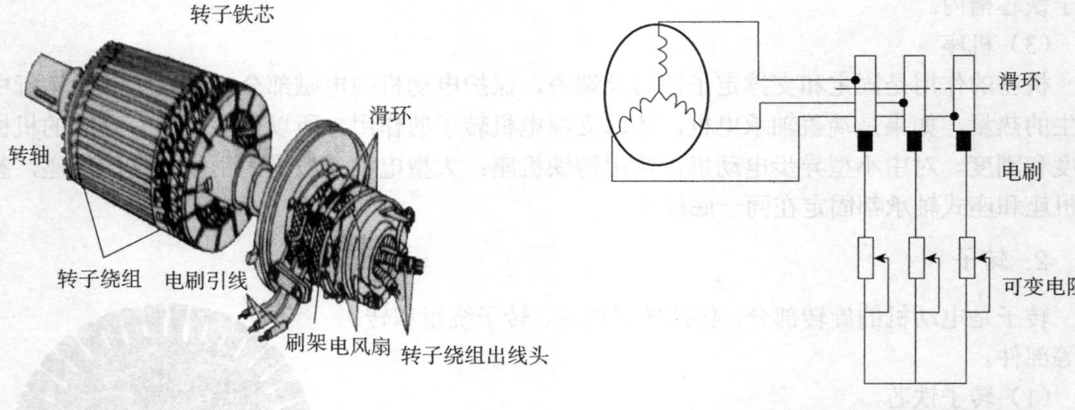

（a）绕线转子　　（b）绕线转子回路接线示意图

图 3-7　绕线式转子结构

（3）气隙

三相异步电动机的气隙是均匀的。气隙大小会对三相异步电动机的运行性能和参数产生较大影响，由于励磁电流由电网供给，且气隙越大，励磁电流也就越大，而励磁电流又属于无功性质，它会影响电网的功率因数。因此三相异步电动机的气隙大小往往为机械条件所能允许达到的最小数值，中小型电机一般为 0.2~1.5mm。

（二）三相异步电动机的原理

1. 定子旋转磁场的产生

在三相交流电动机定子铁芯上，布置有结构完全相同的三相对称绕组 U1-U2、V1-V2、W1-W2，即在空间位置各相差 120° 电角度的三相绕组，可以根据需要连接成星形和三角形。当通入三相交流电时，各相绕组中的电流都将产生自己的磁场。由于电流随时间变化，它们产生的磁场也将随时间变化，而三相电流产生的总磁场（合成磁场）不仅随时间变化，而且是在空间旋转，所以称旋转磁场。为了分析方便，设三相对称电流按正弦规律变化，各相电流的瞬时表达式为

$$i_U=I_m\cos\omega t$$
$$i_V=I_m\cos(\omega t-120°)$$
$$i_W=I_m\cos(\omega t-240°)$$

各相电流随时间而变化的曲线如图 3-8 所示。

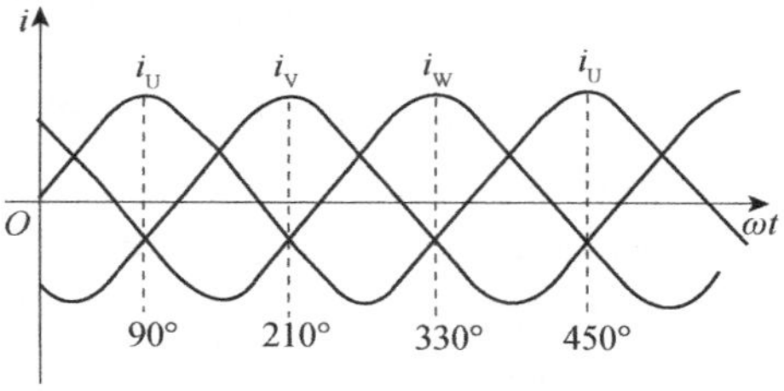

图 3-8 三相对称交流电流的波形

假定电流从绕组首端流入为正，末端流入为负。电流的流入端用符号⊗表示，流出端用⊙表示。当 $\omega t=90°$，U 相电流为正，电流从首端 U1 流入，用⊗表示，从末端 U2 流出，用⊙表示；V 相和 W 相电流为负，所以电流都是从绕组的末端流入，首端流出，V2 和 W2 记为⊗，V1 和 W1 记为⊙。由右手螺旋定则确定三相电流产生的合成磁场，如图 3-9（a）箭头所示。同理可以画出 $\omega t=120°$、$\omega t=240°$ 和 $\omega t=360°$ 时电流及三相合成磁场的方向，如图 3-9（b）、（c）、（d）所示。

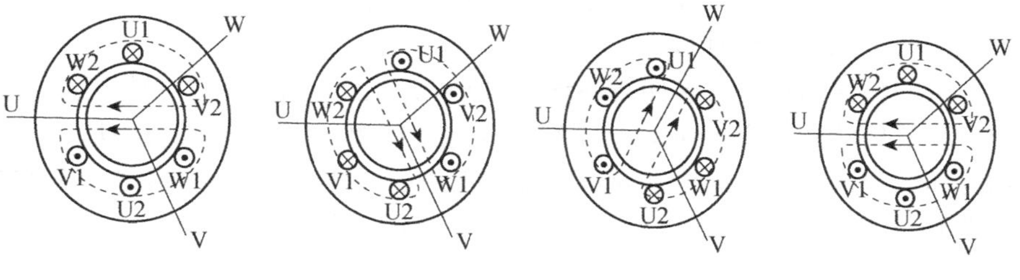

(a) $\omega t=90°$　(b) $\omega t=120°$　(c) $\omega t=240°$　(d) $\omega t=360°$

图 3-9 图解法分析旋转磁场

按照以上分析可以证明，当三相电流随时间不断变化时，合成磁场的方向在空间也不断旋转，这样就产生了旋转磁场。

旋转磁场的旋转方向也是有规律的，它与三相电源接入定子绕组的相序有关。可以看出

图 3-9 所示的合成磁场是顺时针方向旋转的，其方向与电流的相序 U→V→W 是一致的。如果要使旋转磁场按逆时针方向旋转（即反转），只要改变通入三相绕组中电流的相序，即把接到三相电源的定子绕组的三根引出线任意调换两根就可实现。

定子对称三相绕组被施以对称的三相电压，就有对称的三相电流流过，并且会在电机的气隙中形成一个旋转的磁场。这个磁场的转速 n_1 称为同步转速，它与电网的频率 f_1 和电机的磁极对数 p 的关系为

$$n_1 = \frac{60 f_1}{p} \tag{3-1}$$

式中，n_1——旋转磁场转速（又称同步转速），r/min；

f_1——三相交流电源的频率，Hz；

p——磁极对数。

所以，旋转磁场的旋转速度（即同步速度）与电流的频率成正比，而与磁极对数成反比。因此，在工频为 50Hz 的情况下，对应于不同磁极对数 p=1、2、3、4 时，同步转速分别为 3000r/min、1500r/min、1000r/min 和 750r/min。

2. 三相异步电动机的工作原理

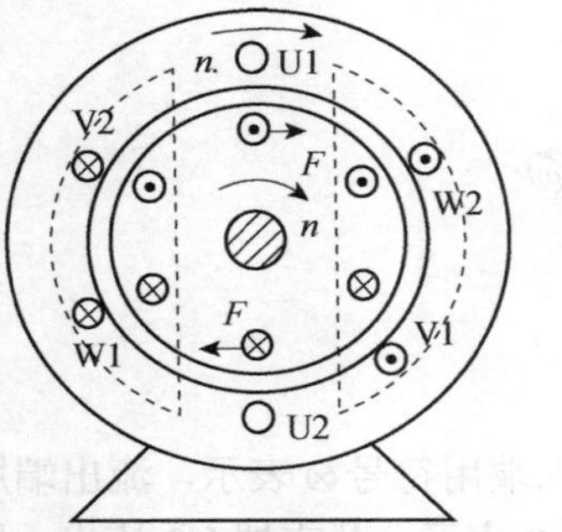

图 3-10　三相异步电动机的工作原理图

图 3-10 为三相异步电动机的工作原理图，当定子绕组通入三相对称交流电后，在空间产生了一个转速为 n_1 的旋转磁场，设旋转磁场以顺时针方向旋转，则相当于转子导体向逆时针方向旋转切割磁场，在转子导体中就会产生感应电动势，方向由右手定则判定。

因为转子导体已构成闭合回路，转子绕组中有电流通过。根据电磁力定律，转子载流导体在磁场中受到电磁力的作用，产生电磁转矩，使电动机转子跟着旋转方向顺时针旋转，方向由左手定则判定，其转速为 n。如转子与机械负载连接，则转子上受到的电磁转矩将克服负载转矩而做功，从而实现能量的变换。

转子绕组中的感应电流也产生旋转磁场，但如果定子绕组中没有电流，转子绕组也就产生不了感应电流。所以转子磁场是不可能独立存在的，也无法进行外部控制，并且转子磁场和定子磁场在空间上也不互相垂直。

异步电动机的转速恒小于旋转磁场转速，即 $n<n_1$，因为只有这样，转子绕组才能产生电磁转矩，使电动机旋转。如果 $n=n_1$，转子绕组与定子绕组之间便无相对运动，则转子绕组中无感应电动势和感应电流产生。这是异步电动机工作的必要条件，也是称为“异步”的原因。$\Delta n=n_1-n$ 称为转速差，而 Δn 与 n_1 之比称为转差率，用 s 表示：

$$s = \frac{n_1 - n}{n_1} \tag{3-2}$$

一般异步电动机的额定转差率在 0.01~0.06 之间，它能反映异步电动机的各种运行情况。对异步电动机而言，当转子尚未转动（如起动瞬间）时，n=0，此时转差率 s=1；当转子转速接近同步转速（空载运行）时，$n\approx n_1$，此时转差率 $s\approx 0$。由此可见，异步电动机的转速在 0～n_1 范围内变化，其转差率 s 在 0～1 范围内变化。

（三）三相异步电动机的铭牌、定子和转子电路、工作特性和机械特性

1. 铭牌数据

每台电动机的铭牌上都标注了型号、额定值和额定运行情况下的有关技术数据，电机按铭牌上所规定的额定值和工作条件运行，称为额定运行。铭牌上的额定值及有关技术数据是正确选择、使用和检修电机的依据。表 3-1 是三相异步电动机铭牌的详细信息。

表 3-1　三相异步电动机的铭牌

Y80L-4	标准编号××××××	
0.55kW	1.5A	
380V	1390r/min	质量 16kg
接法 Y	防护等级 IP44	Hz
工作制 S1	B 级绝缘	
××××电机厂		

异步电动机的型号一般采用大写印刷体的汉语拼音字母和阿拉伯数字表示，详见有关电机手册。表 3-2 为系列产品的规格代号。

表 3-2　系列产品的规格代号

序号	系列产品	规格代号
1	中小型异步电动机	中心高（mm）、机座长度（字母代号）、铁芯长度（数字代号）–极数
2	大型异步电动机	功率（kW）–极数/定子铁芯外径（mm）

注：① 机座长度的字母代号采用国际通用符号表示，即 S 表示短机座、M 表示中机座、L 表示长机座；
②铁芯长度的数字代号用数字 1、2、3…依次表示。

Y80L-4 系列为小型异步电动机，型号中各字母及数字所代表的含义如下所示：

Y　80L　–4

规格代号：表示中心高80mm、长机座、4极

产品代号：表示异步电动机

（1）额定电压 U_N

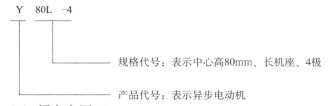

指电动机额定运行时定子绕组所加的线电压，单位为 V 或 kV。

（2）额定电流 I_N

指定子加额定电压，轴端输出额定功率时定子线电流，单位为 A。

（3）额定功率 P_N

指电动机额定运行时轴端输出的机械功率，单位为 W 或 kW。

对于三相异步电动机，其额定功率为

$$P_N = \sqrt{3} U_N I_N \eta_N \cos\varphi_N \times 10^{-3} \tag{3-3}$$

式中，η_N——电动机的额定效率；

$\cos\varphi_N$——电动机的额定功率因数。

（4）额定频率 f_N

在额定状态下运行时，电动机定子侧电压的频率称为额定频率。我国电网的额定频率为50Hz。

（5）额定转速 n_N

指在额定电压、额定电流下，电动机运行于额定功率时所对应的转子的转速，单位为r/min。额定转速一般是略小于对应的同步转速。

（6）额定功率因数 $\cos\varphi_N$

由于三相异步电动机是感性负载，定子相电流比相电压滞后一个角，$\cos\varphi_N$ 为电动机的功率因数。输出额定功率时的额定功率因数 $\cos\varphi_N$ 可以从电动机产品目录上查得。

三相异步电动机空载时功率因数很低，其值为0.2~0.3。当电动机输出的机械功率增大时，电动机从电源处吸取的有功功率相应增大。这时，随着电动机轴上负载的增大，定子功率因数提高。在接近满载时，定子电路的功率因数最高。因此，在选用电动机时，应使电动机在接近满载情况下工作，这对节约电能具有很大的意义。

（7）额定效率 η_N

指额定工作时输出功率与输入功率之比，根据式（3-3）得

$$\eta_N = \frac{P_N}{\sqrt{3}U_N I_N \cos\varphi_N \times 10^{-3}} \times 100\%$$

（8）额定负载转矩 T_N

指输出的机械功率额定值除以转子机械角速度的额定值，即

$$T_N = \frac{P_N}{\Omega_N} = 9.55\frac{P_N}{n_N} \tag{3-4}$$

（9）接线

接线是指在额定电压下运行时，三相异步电动机定子绕组有星形和三角形连接两种方式，如图3-11所示。具体采用哪种接线方式取决于相绕组能承受的电压设计值。例如380/220V，Y/△是指，线电压为380V时采用Y接法；当线电压为220V时，采用△接法。在这两种情况下，每相绕组实际上都只能承受220V。

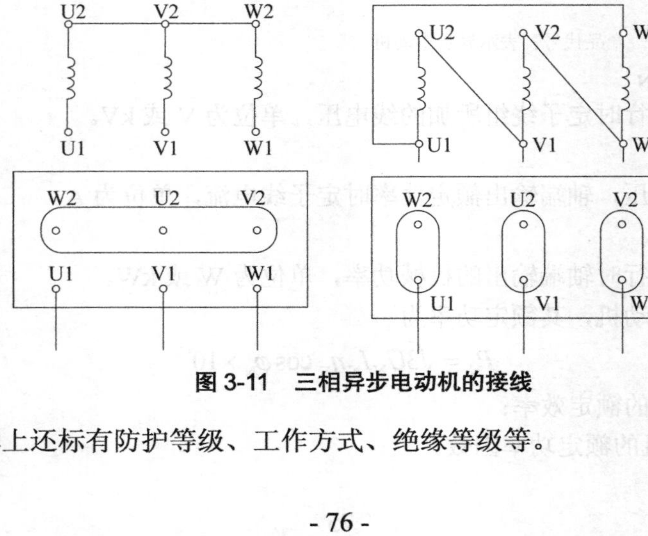

图3-11　三相异步电动机的接线

另外，在铭牌上还标有防护等级、工作方式、绝缘等级等。

例 3-1 一台三相异步电动机，额定功率 P_N=5.5kW，电网频率为 50Hz，额定电压 U_N=380V，额定效率 η_N=0.79，额定功率因数 $\cos\varphi_N$=0.89，额定转速 n_N=570r/min。试求：（1）同步转速 n_1；（2）极对数 p；（3）额定电流 I_N；（4）额定负载时的转差率 s_N。

解：（1）因电动机额定运行时转速接近同步转速，所以同步转速为 600r/min。

（2）电动机极对数，

$$p=\frac{60f_1}{n_1}=\frac{60\times50}{600}=5$$

即为 10 极电动机。

（3）额定电流，

$$I_N=\frac{P_N\times10^3}{\sqrt{3}U_N\cos\varphi_N\eta_N}=\frac{55\times10^3}{\sqrt{3}\times380\times0.89\times0.79}=119(\text{A})$$

（4）转差率，

$$s_N=\frac{n_1-n_N}{n_1}=\frac{600-570}{600}=0.05$$

2. 三相异步电动机的定子电路和转子电路

（1）三相异步电动机的定子电路

当三相异步电动机定子绕组通入三相对称交流电时，将产生旋转磁场，其磁力线通过定子和转子铁芯而闭合。旋转磁场不仅在转子绕组中产生感应电动势 e_2，而且在定子绕组中也要感应出电动势 e_1（实际上三相异步电动机中的旋转磁场是由定子电流和转子电流共同产生的）。旋转磁场的磁感应强度沿定子与转子间空气隙的分布是近似于正弦规律分布的，因此其旋转时，通过定子每相绕组的磁通也是随时间按正弦规律变化，即 $\Phi=\Phi_m\sin\omega t$，所以主磁通在定子绕组中感应的电动势 e_1 为

$$\begin{aligned}e_1&=-N_1k_{w1}\frac{\mathrm{d}\Phi}{\mathrm{d}t}=-N_1k_{w1}\frac{\mathrm{d}(\Phi_m\sin\omega t)}{\mathrm{d}t}=-N_1k_{w1}\omega\Phi_m\cos\omega t\\&=N_1k_{w1}\omega\Phi_m\sin(\omega t-90^\circ)\end{aligned}\tag{3-5}$$

由式（3-5）可知，e_1 的有效值为

$$E_1=\frac{1}{\sqrt{2}}e_{1m}=\frac{1}{\sqrt{2}}N_1k_{w1}\omega\Phi_m=\frac{2\pi}{\sqrt{2}}N_1k_{w1}f_1\Phi_m=4.44N_1k_{w1}f_1\Phi_m\tag{3-6}$$

式中，E_1——定子绕组电动势的有效值；

f_1——定子电压的频率；

N_1——每相定子绕组的匝数；

k_{w1}——定子绕组的基波绕组系数；

Φ_m——每极下的磁通（最大值）。

所以，E_1 的相量表达式为

$$\dot{E}_1=-\mathrm{j}4.44N_1k_{w1}f_1\dot{\Phi}_m\tag{3-7}$$

定子电流除产生主磁通外，还产生漏磁通 $\Phi_{1\delta}$，在定子绕组中感应漏磁电动势 $\dot{E}$，用漏抗压降的形式表示，即

$$\dot{E}_{1\delta} = -\mathrm{j}\chi_1\dot{I}_1 \tag{3-8}$$

式中，$\dot{E}_{1\delta}$——定子绕组的漏磁电动势；

χ_1——定子漏电抗，它是对应于定子漏磁通的电抗；

$\dot{I}_1$——定子电流。

（2）定子电压平衡方程与等效电路

设定子绕组上外加电压为$\dot{U}_1$，电流为$\dot{I}_1$，主磁通$\dot{\Phi}$在定子绕组中感应的电动势为$\dot{E}_1$，定子漏磁通在定子每相绕组中感应的电动势为$\dot{E}_{1\delta}$，定子每相电阻为r_1，根据基尔霍夫第二定律，可列出电动机空载时每相的定子电压方程式。

$$\begin{aligned}\dot{U}_1 &= -\dot{E}_1 - \dot{E}_{1\delta} + r_1\dot{I}_1 = -\dot{E}_1 + \mathrm{j}\chi_1\dot{I}_1 + r_1\dot{I}_1 \\ &= -\dot{E}_1 + (r_1 + \mathrm{j}\chi_1)\dot{I}_1 = -\dot{E}_1 + z_1\dot{I}_1\end{aligned} \tag{3-9}$$

式中，z_1为定子绕组的漏阻抗，$z_1=r_1+\mathrm{j}\chi_1$。

定子电流$\dot{I}_1$产生主磁通$\dot{\Phi}$，在定子绕组感应出主电动式$\dot{E}_1$，它也可引入某一参数的压降来表示，但考虑到交变主磁通在铁芯中还产生铁损耗，它就不能单纯地引入一个电抗参数，而还需引入一个电阻参数r_{m}，用$I_1^2r_{\mathrm{m}}$来反映铁损耗，因此可引入一个阻抗参数z_{m}，把$\dot{E}_1$与$\dot{I}_1$联系起来，此时，$-\dot{E}_1$可看作定子电流$\dot{I}_1$在z_{m}上的阻抗压降，即

$$-\dot{E}_1 = z_{\mathrm{m}}\dot{I}_1 = (r_{\mathrm{m}} + \mathrm{j}\chi_{\mathrm{m}})\dot{I}_1 \tag{3-10}$$

式中，z_{m}为励磁阻抗，$z_{\mathrm{m}}=r_{\mathrm{m}}+\mathrm{j}\chi_{\mathrm{m}}$；$r_{\mathrm{m}}$为励磁电阻，是反映铁损耗的等效电阻；$x_{\mathrm{m}}$为励磁电抗，与主磁通相对应。

由式（3-9）和式（3-10），即可作出异步电动机定子的等效电路，如图3-12所示。

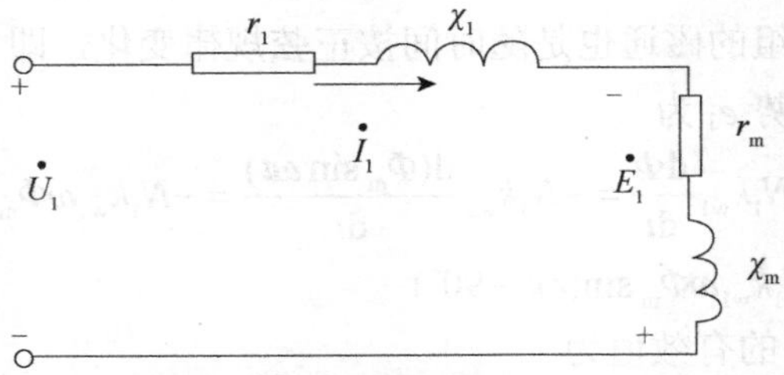

图3-12 异步电动机定子的等效电路

（3）三相异步电动机的转子电路

① 静止状态下的转子绕组。

a. 转子绕组感应电动势。

在静止状态下，其产生过程和定子绕组完全相同，所以感应电动势E_2为

$$E_2 = 4.44 f_1 N_2 k_{\mathrm{w2}} \Phi_{\mathrm{m}} \tag{3-11}$$

式中，E_2——静止时的转子绕组电动势的有效值；

N_2——每相转子绕组的匝数；

k_{w2}——转子绕组的基波绕组系数。

当转子不转时，转差率s=1，其感应电动势频率f_1=f_2，主磁通切割转子的相对速度最快，此时转子电动势最大。

b. 转子绕组的漏电抗。

漏电抗的大小和频率有关，在静止状态下，有

$$\chi_2 = 2\pi f_1 L_2 \tag{3-12}$$

式中，χ_2——转子不转时的漏电抗；

L_2——转子绕组的漏电感。

② 旋转状态下的转子绕组。

a. 转子电动势的频率。

感应电动势的频率和导体与磁场的相对切割速度成正比，故转子电动势的频率为

$$f_2 = \frac{p(n_1 - n)}{60} = \frac{n_1 - n}{n_1} \bullet \frac{pn_1}{60} = sf_1 \tag{3-13}$$

式中，f_1为电网频率，为一定值，故转子绕组感应电动势的频率f_2与转差率s成正比。

当转子不转（如起动瞬间）时，n=0，s=1，则f_2=f_1；当转子接近同步转速（如空载运行）时，$n \approx n_1$，$s \approx 0$，则$f_2 \approx 0$。异步电动机在额定情况运行时，转差率很小，通常在0.01～0.06，若电网频率为50Hz，则转子感应电动势频率仅在0.5～3Hz。所以异步电动机在正常运行时，转子绕组感应电动势的频率很低。

b. 转子电动势的有效值。

转子旋转时的转子绕组感应电动势E_{2s}为

$$E_{2s} = 4.44 f_2 N_2 k_{w2} \Phi_m = sE_2 \tag{3-14}$$

式中，E_{2s}为旋转时的转子绕组电动势的有效值。

当电源电压U_1一定时，Φ_m就一定，故E_2为常数，则$E_{2s} \propto s$，即转子绕组感应电动势也与转差率成正比。

当转子转速增加时，转差率将随之减小。因正常运行时转差率很小，故转子绕组感应电动势也就很小。

c. 漏磁通感应的电动势。

和定子电流一样，转子电流也要产生漏磁通$\Phi_{2\delta}$，从而在转子绕组中产生漏磁电动势$E_{2\delta}$，用漏抗压降的形式表示，即

$$E_{2\delta} = -\mathrm{j}\chi_{2s}\dot{I}_2 \tag{3-15}$$

式中，χ_{2s}是转子旋转时的转子绕组漏电抗，χ_{2s}=2πf_2L_2=2πsf_1L_2=$s\chi_{2s}$（χ_2是个常数，故转子旋转时的转子绕组漏电抗也正比于转差率s）。

同样，在转子不转动（如启动瞬间）时，s=1，χ_{2s}最大；当转子转动时，χ_{2s}随转子转速的升高而减小。

d. 转子电动势平衡方程。

异步电动机的转子绕组正常运行时处于短接状态，其端电压U_2=0，其电路如图3-13所示。所以，转子绕组电动势平衡方程为

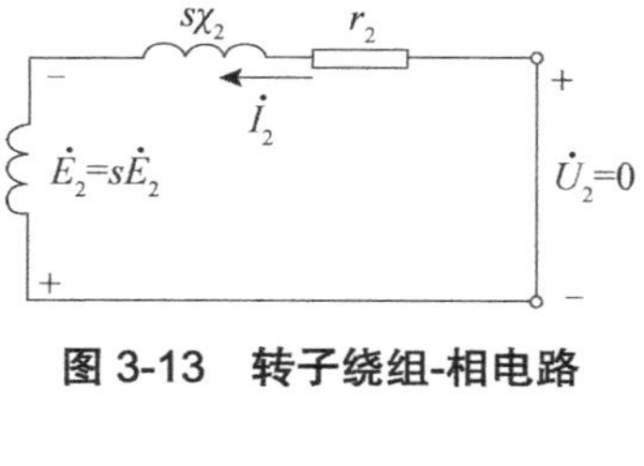

图3-13　转子绕组-相电路

$$\dot{E}_{2s} - z_{2s}\dot{I}_2 = 0 \text{ 或 } \dot{E}_{2s} = (r_2 + \mathrm{j}x_{2s})\dot{I}_2 \tag{3-16}$$

e. 转子绕组的电流。

由式（3-15）可知转子每相电流$\dot{I}_2$为

$$\dot{I}_2=\frac{\dot{E}_{2s}}{z_{2s}}=\frac{\dot{E}_{2s}}{r_2+\mathrm{j}\chi_{2s}}=\frac{s\dot{E}_2}{r_2+\mathrm{j}s\chi_2} \tag{3-17}$$

式（3-17）说明转子绕组电流 $\dot{I}_2$ 也与转差率 s 有关，当 s=0 时，$I_2=0$；当转子转速降低时，转差率 s 增大，转子电流也随之增大。

f. 转子绕组功率因数。

$$\cos\varphi_2=\frac{r_2}{\sqrt{r_2^2+(s\chi_2)^2}} \tag{3-18}$$

式（3-18）说明，转子回路功率因数也与转差率 s 有关。当 s=0 时，$\cos\varphi_2$=1；当 s 增加时，$\cos\varphi_2$ 则减小。

由上文可知，转子电路的各个物理量，如电动势、电流、频率、感抗及功率因数等都与转差率有关，亦即与转速有关。

（4）三相异步电动机的等效电路

如果分析异步电动机的性能，须将其基本方程式联立求解，即可定量地计算异步电动机定、转子电路的各物理量。但异步电动机的定、转子绕组之间只有磁的耦合，并无电的直接联系，并且频率不同，给分析和计算带来不便。为使计算简化，可将定、转子之间用电的联系代替磁的耦合，这就是等效电路。

由于异步电动机的定、转子电路的频率不同，无法在同一电路中进行相量计算。因此，在推导异步电动机的等效电路时，应先将旋转的转子等效地折算成静止的转子，然后再将异步电动机的转子绕组折算到定子绕组，即可求得异步电动机的等效电路。

① 频率折算。

频率折算的目的就是将定、转子两个电路化为同一频率的电路。只有当转子不转时，转子电路才与定子电路有相同的频率。

在等效过程中，要保持电机的电磁效应不变，折算的原则有两条：一是保持转子电路对定子电路的影响不变，而这一影响是通过转子磁动势 F_2 来实现的。所以进行频率折算时，应保持转子磁动势 F_2 不变，要达到这一点，只要使被等效的静止的转子电流大小和相位与原转子旋转时的电流大小和相位一样即可；二是被等效的转子电路功率和损耗与原转子旋转时电路一样。

由式（3-17）可知，转子旋转时的转子电流为

$$\dot{I}_2=\frac{\dot{E}_{2s}}{r_2+\mathrm{j}\chi_{2s}}=\frac{s\dot{E}_2}{r_2+\mathrm{j}s\chi_2}=\frac{\dot{E}_2}{\dfrac{r_2}{s}+\mathrm{j}\chi_2}\quad（频率为\ f_2） \tag{3-19}$$

转子静止时的转子电流为

$$\dot{I}_2=\frac{\dot{E}_2}{r_2+\mathrm{j}\chi_2}\quad（频率为\ f_1） \tag{3-20}$$

比较式（3-19）和式（3-20）可见，只要把 r_2 变换为 $\frac{r_2}{s}$ 即可，这就需要串入一个附加电阻 $\frac{1-s}{s}r_2$ 即可，如图 3-14 所示。由此可知，经过频率折算后，静止的转子电路中，除了 r_2 以外，

还多了一个附加电阻$\frac{1-s}{s}r_2$。这样，当转子电流 I_2 流过静止的转子电路时，将分别产生损耗 $m_2I_2^2r_2$ 和 $m_2I_2^2\frac{1-s}{s}r_2$。前者表示转子电路的铜损耗，后者是一种虚拟损耗。这一虚拟损耗反映了电动机所产生的总机械功率，即通过气隙旋转磁场传递给转子的电磁功率扣除转子绕组铜损耗部分。所以说频率折算不仅保持了转子磁势的性质不变，就功率的变换而言，也是等效的。因此，用转子电路中串入附加电阻$\frac{1-s}{s}r_2$的静止转子代替实际转动的转子，从定子方面看是无差别的。

由图 3-14 可知，转子回路电动势平衡方程就可写成

$$\dot{U} = \dot{E}_2 - (r_2 + \mathrm{j}\chi_2)\dot{I}_2 \tag{3-21}$$

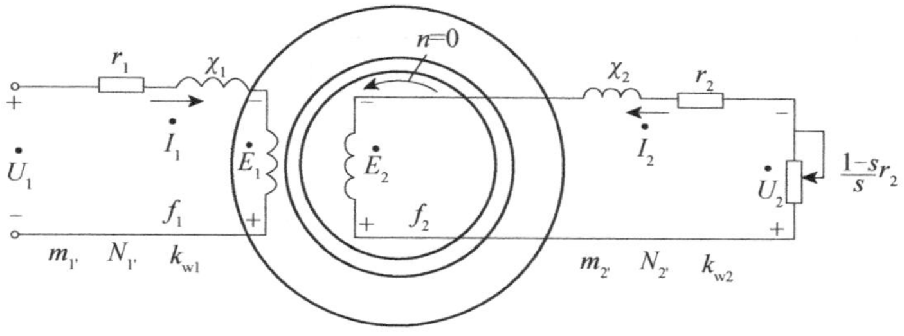

图 3-14　频率折算后异步电动机的定、转子等效电路

② 转子绕组的折算。

转子绕组的折算就是用一个和定子绕组具有相同相数 m_1、匝数 N_1 及绕组系数 k_{w1} 的等效转子绕组来等效代替原来的相数 m_2、匝数 N_2 及绕组系数 k_{w2} 的实际转子绕组。转子电路的各个参量的数值要作相应的改变，改变后的值称为折算值，并在折算值的右上方加“′”来表示。包括电流的折算、电动势的折算和阻抗的折算。

a．电流的折算。

根据折算前、后转子磁动势不变的原则，可得

$$\frac{m_1}{2}0.9\frac{N_1k_{w1}}{p}I_2' = \frac{m_2}{2}\times 0.9\times\frac{N_2k_{w2}}{p}I_2$$

折算后的转子电流为

$$I_2' = \frac{m_2N_2k_{w2}}{m_1N_1k_{w1}}I_2 = \frac{I_2}{k_i} \tag{3-22}$$

式中，$k_i = \frac{m_1N_1k_{w1}}{m_2N_2k_{w2}}$ 为电流变比。

b．电动势的折算。

根据折算前、后传递到转子侧的视在功率不变的原则，可得折算后的转子电动势为

$$E_2' = \frac{N_1k_{w1}}{N_2k_{w2}}E_2 = k_eE_2 \tag{3-23}$$

式中，$k_e = \frac{N_1k_{w1}}{N_2k_{w2}}$ 称为电动势变比。

c．阻抗的折算。

根据折算前、后转子铜损耗不变的原则，可得

$$m_1 I_2'^2 r_2' = m_2 I_2^2 r_2$$

折算后的转子电阻为

$$r_2' = \frac{m_2}{m_1} r_2 = r_2 \left(\frac{I_2}{I_2'}\right)^2 = \frac{m_2}{m_1}\left(\frac{N_1 k_{w1}}{N_2 k_{w2}}\right)^2 r_2 = k_e k_i r_2 \tag{3-24}$$

同理，根据漏磁场储能不变，可得折算后的转子电抗为

$$\chi_2' = k_e k_i \chi_2 \tag{3-25}$$

上述两式中，$k_e k_i$ 为阻抗变比。

③ 等效电路。

a. 折算后的基本方程组。

经过频率和绕组折算后，异步电动机的基本方程组为

$$\left.\begin{aligned}
\dot{U}_1 &= -\dot{E}_1 + (r_1 + \mathrm{j}\chi_1)\dot{I}_1 \\
\dot{U}_2 &= \dot{E}_2' - (r_2' + \mathrm{j}\chi_2')\dot{I}_2' \\
\dot{I}_1 &+ \dot{I}_2' = \dot{I}_0 \\
\dot{E}_1 &= -(r_{\mathrm{m}} + j\chi_{\mathrm{m}})\dot{I}_0 \\
\dot{E}_2' &= \dot{E}_1 \\
\dot{U}_2' &= \frac{1-s}{s} r_2' \dot{I}_2'
\end{aligned}\right\} \tag{3-26}$$

b. T 型等效电路。

异步电动机是通过磁场从定子向转子传输能量，根据基本方程式，可画出异步电动机的 T 型等效电路，如图 3-15 所示。

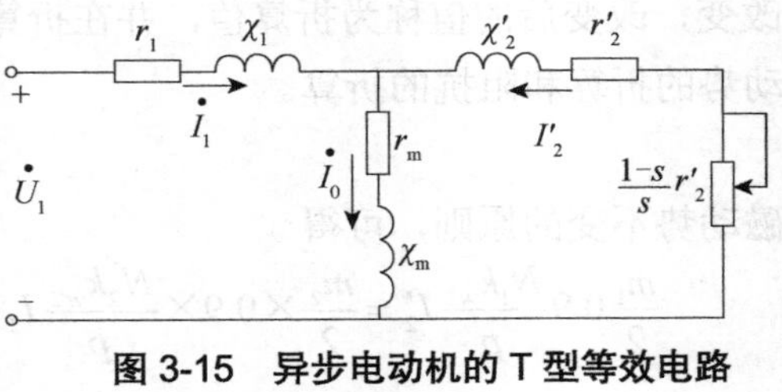

图 3-15 异步电动机的 T 型等效电路

由等效电路分析可知：

① 当转子不转（如堵转）时，n=0，s=1，则附加电阻 $\frac{1-s}{s}r_2' = 0$，总机械功率为零，此时异步电动机处于短路运行状态，定、转子电流均很大。

② 当转子趋于同步转速旋转时，$n \to n_1$，$s \to 0$，则附加电阻 $\frac{1-s}{s}r_2' \to \infty$，等效电路近乎开路，转子电流很小，总机械功率也很小，相当于异步电动机空载运行。

c. 简化等效电路。

T 型等效电路为串并联混联电路，计算比较麻烦，因此实际应用时常把励磁电路移至输入端，如图 3-16 所示，使电路简化为单纯的并联电路，使计算更为简化。

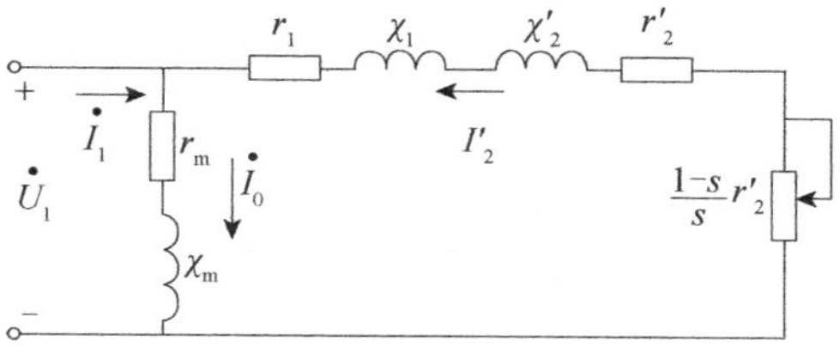

图 3-16　简化等效电路

（5）三相异步电动机的功率平衡

异步电动机的功率流程如图 3-17 所示。

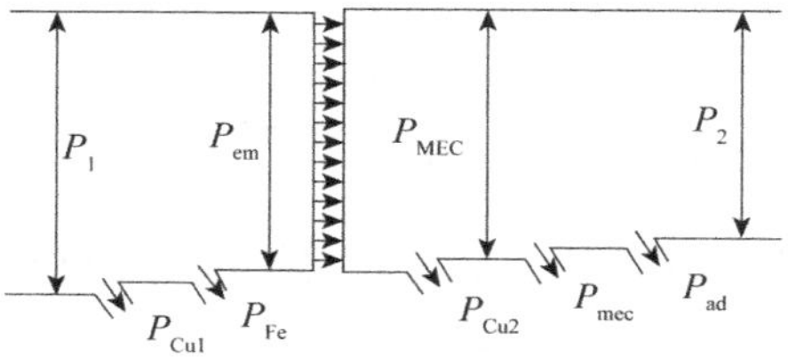

图 3-17　异步电动机功率流程图

① 定子功率平衡方程如下。

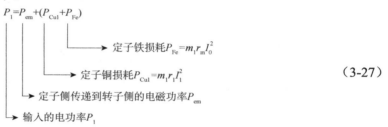

$$P_1=P_{em}+(P_{Cu1}+P_{Fe}) \tag{3-27}$$

- P_{Fe} → 定子铁损耗$P_{Fe}=m_1 r_m I_0^2$
- P_{Cu1} → 定子铜损耗$P_{Cu1}=m_1 r_1 I_1^2$
- P_{em} → 定子侧传递到转子侧的电磁功率P_{em}
- P_1 → 输入的电功率P_1

② 转子功率平衡方程如下。

$$P_{em}=P_{Cu2}+P_{MEC} \tag{3-28}$$

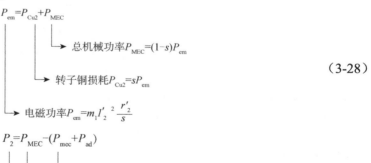

- P_{MEC} → 总机械功率$P_{MEC}=(1-s)P_{em}$
- P_{Cu2} → 转子铜损耗$P_{Cu2}=sP_{em}$
- P_{em} → 电磁功率$P_{em}=m_1 I'^2_2 \frac{r'_2}{s}$

$$P_2=P_{MEC}-(P_{mec}+P_{ad}) \tag{3-29}$$

- $(P_{mec}+P_{ad})$ → 空载损耗$P_0=P_{mec}+P_{ad}$
- P_{MEC} → 总机械功率P_{MEC}
- P_2 → 轴上输出的机械功率P_2

（6）三相异步电动机的转矩平衡

由动力学可知，旋成体的机械功率等于作用在旋成体上的转矩与其机械角速度 Ω 的乘积，

即 $P=T\Omega$，而 $\Omega=\dfrac{2\pi}{60}n(\text{ rad/s})$。将式（3-29）的两边同除以转子机械角速度 Ω 便得到稳态时异步电动机的转矩平衡方程式

$$\frac{P_2}{\Omega}=\frac{P_{\text{MEC}}}{\Omega}-\frac{P_{\text{mec}}+P_{\text{ad}}}{\Omega}$$

即
$$T_2=T_{\text{em}}-T_0\text{ 或 }T_{\text{em}}=T_2+T_0 \tag{3-30}$$

式（3-30）说明电磁转矩 T_{em} 与输出机械转矩 T_2 和空载转矩 T_0 之和相平衡。

从前面公式可推得

$$T_{\text{em}}=\frac{P_{\text{MEC}}}{\Omega}=\frac{(1-s)P_{\text{em}}}{\dfrac{2\pi n}{60}}=\frac{P_{\text{em}}}{\dfrac{2\pi n_1}{60}}=\frac{P_{\text{em}}}{\Omega_1} \tag{3-31}$$

式中，Ω_1 为同步机械角速度，$\Omega_1=\dfrac{2\pi}{60}n_1(\text{ rad/s})$。

由此可知，电磁转矩从转子方面看，它等于总机械功率除以转子机械角速度；从定子方面看，它又等于电磁功率除以同步机械角速度。

3. 工作特性

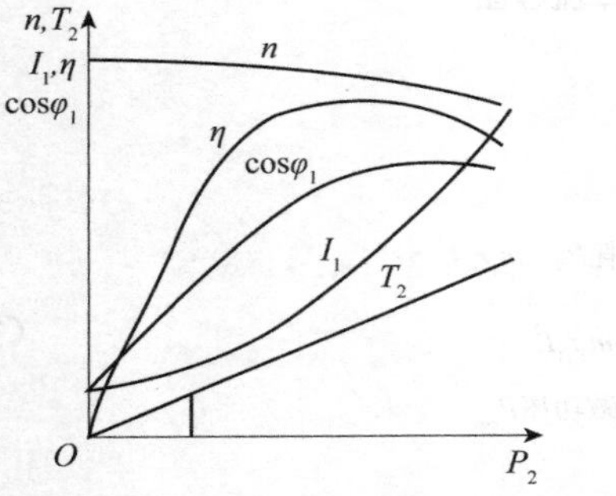

图 3-18　三相异步电动机的工作特性曲线

异步电动机的工作特性是指在额定电压和额定频率运行时，电动机的转速 n、转轴上输出转矩 T_2、定子电流 I_1、功率因数 $\cos\varphi_1$、效率 η 与输出功率 P_2 之间的关系曲线。工作特性可以通过电动机直接加负载试验得到，也可以利用等效电路计算得出。

图 3-18 为三相异步电动机的工作特性曲线。下面分别加以说明。

（1）转速特性 $n=f(P_2)$

由 $P_{\text{Cu2}}=sP_{\text{em}}$ 可得

$$s=\frac{P_{\text{Cu2}}}{P_{\text{em}}}=\frac{m_1R_2'I_2'^2}{m_1E_2'I_2'\cos\varphi_2} \tag{3-32}$$

空载时，$P_2=0$，转子电流很小，$I_2'\approx0$，所以 $P_{\text{Cu2}}\approx0$，$s\approx0$，$n\approx n_1$；负载时，随着 P_2 的增加，转子电流也增大，因为 P_{Cu2} 与 I_2' 的平方成正比，而 P_{em} 则近似地与 I_2' 成正比，因此，随着负载的增大，s 也增大，转速 n 则降低。额定运行时，转差率很小，一般 $s_{\text{N}}=0.01\sim0.06$，相应的转速 $n_{\text{s}}=(1-s_{\text{N}})\,n_1=(0.99\sim0.94)\,n_1$，与同步转速 n_1 接近，故转速特性 $n=f(P_2)$ 是一条稍向下倾斜的曲线。

（2）转矩特性 $T_2=f(P_2)$

异步电动机的输出转矩

$$T_2=\frac{P_2}{\Omega}=\frac{P_2}{2\pi\dfrac{n}{60}} \tag{3-33}$$

空载时，$P_2=0$，$I_2'=0$，$T_2=0$；负载时，随着输出功率 P_2 的增加，转速略有下降。故由式（3-33）可知，T_2 上升速度略快于 P_2 的上升速度，故 $T_2=f(P_2)$ 为一条过零点稍向上翘的曲线。由于从空载到满载，n 变化很小，故 $T_2=f(P_2)$ 可近似看成为一条直线。

（3）定子电流特性 $I_2=f$（P_2）

由磁动势平衡方程式 $\dot{I}_2=\dot{I}_0+(-\dot{I}_2')$ 可知，当空载时，$I_2'\approx 0$，故 $\dot{I}_2\approx\dot{I}_0$。负载时，随着输出功率 P_2 的增加，转子电流增大，于是定子电流的负载分量也随之增大，所以 I_1 随 P_2 的增大而增大。

（4）定子功率因数特性 $\cos\varphi_1=f$（P_2）

三相异步电动机运行时需要从电网吸收感性无功功率来建立磁场，所以异步电动机的功率因数总是滞后的。

空载时，定子电流主要是无功励磁电流，因此功率因数很低，通常不超过 0.2；负载运行时，随着负载的增加，功率因数逐渐上升，在额定负载附近，功率因数很高。当超过额定负载后，由于转差率 s 迅速增大，转子漏抗迅速增大，则 $\varphi_2=\arctan\dfrac{s\chi_2'}{R_2'}$ 增大较快，故转子功率因数 $\cos\varphi_2$ 下降，于是转子电流无功分量增大，相应的定子无功分量电流也增大，因此定子功率因数 $\cos\varphi_1$ 反而下降，如图 3-18 所示。

（5）效率特性 $\eta=f$（P_2）

根据公式

$$\eta=\frac{P_2}{P_1}\times 100\%=1-\frac{\sum P}{P_2+\sum P}\times 100\%$$

可知，电动机空载时，$P_2=0$，$\eta=0$；带负载运行时，随着输出功率 P_2 的增加，效率 η 也在增加。在正常运行范围内因主磁通和转速变化很小，故铁损耗 P_{Fe} 和机械损耗 P_{mec} 可认为是不变损耗。而定、转子铜损耗 P_{Cu1} 和 P_{Cu2}、附加损耗 P_{ad} 随负载而变，称为可变损耗。当负载增大到使可变损耗等于不变损耗时，效率达到最高。若负载继续增大，则与电流平方成正比的定、转子铜损耗增加很快，效率反而下降，如图 3-18 所示。一般在（0.7~1.0）P_N 范围内效率最高。异步电动机的额定效率通常在 74%~94%之间，电动机容量越大，其额定效率越高。

由于额定负载附近的功率因数及效率均较高，因此电动机应运行在额定负载附近。若电动机长期欠载运行，效率及功率因数均低，很不经济。所以在选用电动机时，应注意其容量与负载相匹配。

4. 机械特性

（1）三相异步电动机的机械特性

三相异步电动机的机械特性就是指电动机的转速与电磁转矩之间的函数关系 $n=f$（T_{em}）。由于转差率与转速之间存在一定的关系，因此也可以用 $s=f$（T_{em}）表示三相异步电动机的机械特性。但是在用曲线表示三相异步电动机的机械特性时，却常以 T_{em} 为横坐标，以 s 和 n 为纵坐标。

① 机械特性的物理表达式。

由电磁转矩 $T_{em}=\dfrac{P_{em}}{\Omega_1}$ 和电磁功率 $P_{em}=m_1E_2'I_2'\cos\varphi_2$ 以及转子电动势 $E_1=E_2'=4.44f_1N_1k_{w1}\Phi_m$，可推导

$$T_{em}=C_T\Phi_m I_2'\cos\varphi_2 \tag{3-34}$$

式中，C_T 为异步电动机的转矩常数，对于已制成的电动机，C_T 为一常数。

式（3-34）表明，异步电动机的电磁转矩是由主磁通 Φ_m 与转子电流的有功分量 $I_2'\cos\varphi_2$ 相互作用产生的，它是电磁力定律在异步电动机中的具体表现。

物理表达式虽然反映了异步电动机电磁转矩产生的物理本质，但并没有直接反映出电磁转矩与电动机参数之间的关系，更没有明显地表示电磁转矩与转速之间的关系。因此，分析和计算异步电动机的机械特性时，一般不采用物理表达式，而是采用下面介绍的参数表达式。

② 机械特性的参数表达式。

电磁转矩为

$$T_{em}=\frac{P_{em}}{\Omega}=\frac{m_1 I_2'^2 r_2'/s}{2\pi f_1/p} \tag{3-35}$$

根据简化的等效电路得到

$$I_2'=\frac{U_1}{\sqrt{\left(r_1+\frac{r_2'}{s}\right)^2+(\chi_1+\chi_2')^2}} \tag{3-36}$$

将式（3-36）代入式（3-35），得到

$$T_{em}=\frac{m_1 p U_1^2 \frac{r_2'}{s}}{2\pi f_1\left[\left(r_1+\frac{r_2'}{s}\right)^2+(\chi_1+\chi_2')^2\right]} \tag{3-37}$$

式（3-37）即为用电动机的电压、频率及结构参数表示的三相异步电动机机械特性公式，称为机械特性的参数表达式。

最大转矩 T_m 和对应的转差率 s_m 可以通过对式（3-37）求导，并令 $\frac{dT_{em}}{ds}=0$，求得临界转差率

$$s_m=\pm\frac{r_2'}{\sqrt{r_1^2+(\chi_1+\chi_2')^2}} \tag{3-38}$$

最大转矩

$$T_m=\pm\frac{m_1 p U_1^2}{4\pi f_1[\pm r_1+\sqrt{r_1^2+(\chi_1+\chi_2')^2}]} \tag{3-39}$$

以上两式中“+”为电动状态，“−”为发电状态。通常 $r_1 \ll (\chi_1+\chi_2')$，忽略 r_1，则

$$s_m\approx\pm\frac{r_2'}{\chi_1+\chi'} \tag{3-40}$$

$$T_m=\pm\frac{m_1 p}{4\pi f_1}\frac{U_1^2}{(\chi_1+\chi_2')} \tag{3-41}$$

最大转矩 T_m 对电动机来说具有重要意义。如果负载转矩大于最大转矩，则电动机带不动负载而停转。为保证电动机不会因短时过载而停转，一般电动机都具有一定的过载能力。显然，最大转矩越大，电动机短时过载能力越强。因此把最大转矩与额定转矩之比称为异步电动机的过载能力，用 λ_m 表示，即 $\lambda_m=\frac{T_m}{T_N}$。$\lambda_m$ 是表征电动机运行性能的重要参数，它反映了电动机短时过载能力的大小。一般电动机的过载能力 λ=1.6～2.2。

（2）三相异步电动机的固有机械特性和人为机械特性

① 固有机械特性。

三相异步电动机的固有机械特性是指在额定电压和额定频率下，按规定的接线方式接线，定子和转子电路不外接电阻或电抗时的机械特性。当电机处于电动机运行状态时，其固有机械特性如图 3-19 所示。在曲线上有四个特殊点，即图中的 *A*、*B*、*C*、*D* 四点。这四个点确定了，机械特性的形状也就基本确定了。

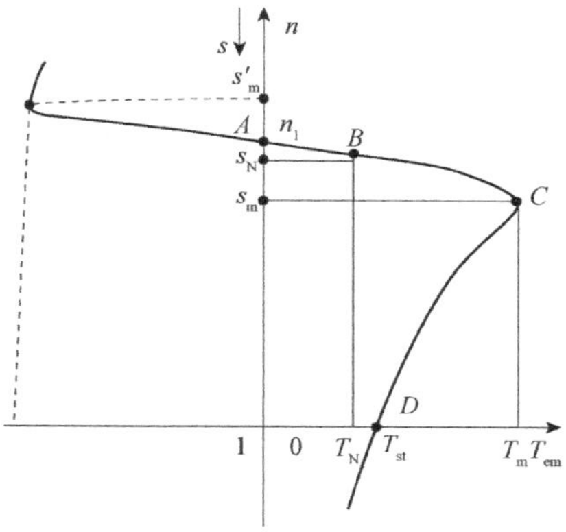

图 3-19　三相异步电动机的固有机械特性曲线

a．同步运行点 *A*：该点 $T_{em}=C$，$s=0$。此时电动机不进行机电能量转换。

b．额定工作点 *B*：额定工作点的转速、转矩、电流及功率等都是额定值。与额定转速对应的转差率 s_N 称为额定转差率，其值为 0.01~0.05。机械特性曲线上的额定转矩是指额定电磁转矩，在工程计算中通常忽略 T_0，则额定电磁转矩等于额定负载转矩，即 $T_N=9.55\dfrac{P_N}{n_N}$。

c．最大转矩点 *C*：该点电磁转矩为最大值 T_m，相应的转差率为 s_m，称为临界转差率。

d．启动点 *D*：该点 $s=1$，$n=0$，电磁转矩为初始启动转矩 T_{st}，即

$$T_{st}=\frac{m_1 p U_1^2 r_2'}{2\pi f[(r_1+r_2')^2+(\chi_1+\chi_2')^2]} \tag{3-42}$$

则相应的电流为启动电流。通常启动电流为额定电流的 4~7 倍。

② 人为机械特性。

人为机械特性就是改变机械特性的某一参数后所得到的机械特性。下面简要介绍三相异步电动机中几种常用的人为机械特性。

a.降低定子电压的人为机械特性。

降低定子电压的人为机械特性是指仅降低定子电压，其他参数都与固有机械特性相同。如图 3-20 所示，图中曲线 1 为固有机械特性曲线，定子电压为 U_N；曲线 2 为定子电压降至 $0.8U_N$ 时的人为机械特性曲线。不难看出，降低定子电压的人为特性具有如下特点：

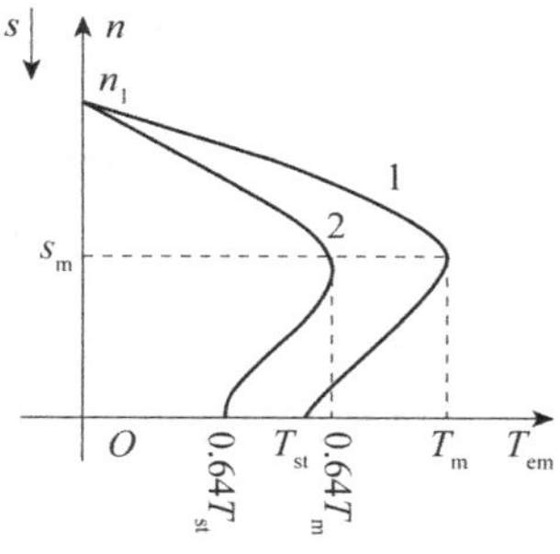

图 3-20　降低定子电压时的人为机械特性

• 同步转速 n_1 不变；

• 临界转差率 s_m 与定子电压无关；

• 最大转矩 T_m，初始启动转矩 T_{st} 均与定子电压的平方成正比地降低。

b.转子回路串三相对称电阻时的人为机械特性。

绕线转子异步电动机转子回路中串入三相对称电阻时，相当于增加了转子绕组每相电阻值。图 3-21（a）是绕线转子异步电动机回路中串接三相对称电阻 R_s 时的线路图，其人为机械特性如图 3-21（b）所示。

由图 3-21（b）可见，在一定范围内增加转子电阻，可以增大电动机的启动转矩。当所串

接的电阻使其 s_m=1 时，对应的启动转矩将达到最大转矩，如果再增大转子电阻，启动转矩反而减小。另外，转子串接对称电阻后，其机械特性曲线线性段斜率增大，特性变软。

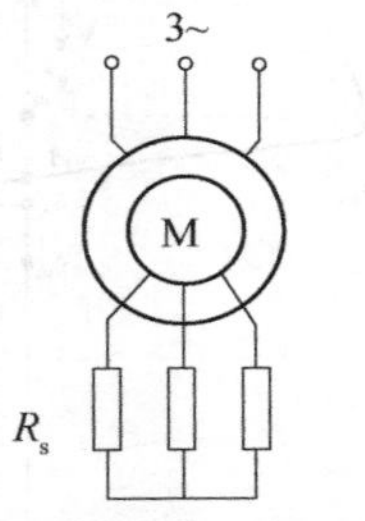

(a) 绕线转子异步电动机回路中串接三相对称电阻

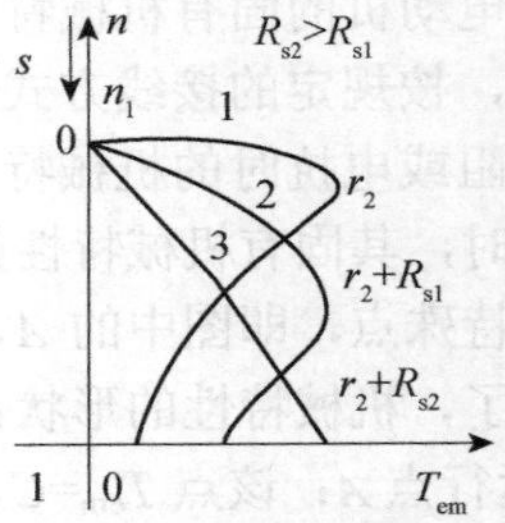

(b) 人为机械特性

图 3-21　绕线转子异步电动机转子电路串接对称电阻

二、任务分析

曳引电动机是电梯的动力源，是电梯的重要组成部分，因此需定期进行检修及维护。

（一）三相异步电动机的日常巡检与维护

电动机在运行中应进行监视和维护，这样才能及时了解电动机的工作状态，及时发现异常现象，将事故消除在萌芽之中。在对电动机的巡检中，应采用看、听、摸、闻、问的方法来了解电动机的运行状态是否正常，通常应巡检如下几点。

（1）看：检查电动机的接地保护是否可靠，检查电动机外壳有无裂纹，检查电动机的地脚螺钉、端盖螺栓有否松动；检查电动机通风环境的情况，应保持电动机及端罩的干净卫生，保证冷却风扇的正常运行，保证通风口通畅，保证外部环境不影响电机的正常运行，外部环境温度不宜超过 40℃；检查电动机的工作电流是否超过额定电流（现场如有电流表）。

（2）听：监听电动机的噪声有无异常情况；监听电动机轴承有无异常的声响。

（3）摸：检查电动机有无过热情况；检查电动机有无异常振动情况。

（4）闻：检查电动机是否发出异常气味；检查电动机轴承部位是否挥发油脂气味。

（5）问：向操作者了解电动机运行时有无异常征兆。

（二）三相异步电动机运行正常的标准

三相异步电动机运行正常的基本标准如下：

① 在三相电源平衡时，三相电流中任一相与三相平均值的偏差不应超过 10%。

② 在环境温度不超过 40℃时，运行中的电动机应符合表 3-3 规定。

表 3-3　电动机运行中最高允许温升

电动机部位	A 级绝缘/℃	E 级绝缘/℃	B 级绝缘/℃	F 级绝缘/℃	H 级绝缘/℃
定子绕组	50	65	70	85	105
定子铁芯	60	70	80	100	125
滚动轴承	55	55	55	55	55

如果环境温度为40~60℃时，表3-3中规定的温升限度应减去环境温度超过40℃的数值。

③ 电动机在运行时的振动值（双振幅）应不大于表3-4的规定。

表3-4　电动机运行时允许的振动值

同步转速/（r/min）	3000	1500	1000	750以下
双振幅/mm	0.05	0.085	0.1	0.12

④ 电动机轴伸的径向偏摆最大允许值应不大于表3-5的规定。

表3-5　电动机轴伸的径向偏摆允许值　　mm

轴伸公称直径	最大允许偏摆	轴伸公称直径	最大允许偏摆	轴伸公称直径	最大允许偏摆
10~18	0.03	18~30	0.04	30~50	0.05
50~80	0.06	80~120	0.08	—	—

⑤ 三相异步电动机在额定电压变化±5%以内时，可按额定功率连续运行，如果电压变化超过5%时，应减少电动机允许的负载。

由变频器拖动的三相异步电动机，当运行频率低于额定频率时，变频器的输出电压也会低于额定电压，此时的输出功率也会低于额定功率。因此，我们应当特别注意，在开启或切换泵时，首先应当进行盘车，只有在能均匀、平稳、灵活地盘动泵时，才能启动变频器，且应使给定频率不能太小（不低于20%）。否则有可能造成变频器在运行，而电动机没有运转的情况，这样很容易造成烧毁电动机或变频器的事故。

（三）三相异步电动机的检修

1. 三相异步电动机的故障检修

在对三相异步电动机的运用和日常巡检中，如发现任何异常现象，除做相应的处理外，还应及时记录，并及时向有关领导报告。相关技术人员应及时对存在异常现象的电动机进行检测，根据电动机运行正常的有关标准和自己的相关经验，正确判断引起电动机异常的原因并做相应的处理。三相异步电动机常见故障与处理方法见表3-6。

表3-6　三相异步电动机常见故障与处理方法

序号	故障现象	故障原因	处理方法
1	电动机不能启动	1. 电源未接通 2. 熔断器熔丝烧断 3. 控制线路接线错误 4. 定子或转子绕组断路 5. 定子绕组相间短路或接地 6. 负载过重或机械部分被卡住 7. 热继电器规格不符或调得太小，或过电流继电器调得太小 8. 电动机△连接误接成Y连接，使电动机重载下不能启动 9. 定子绕组接线错误	1. 检查电源电压、开关、线路、触头、电动机引出线头，查出后修复 2. 先检查熔丝烧断原因并排除故障，再按电动机容量重新安装熔丝 3. 根据原理图、接线图检查线路是否符合图纸要求，查出错误并纠正 4. 用万用表、兆欧表或串灯法检查绕组，如断路，应找出断开点，重新连接 5. 检查电动机三相电流是否平衡，用兆欧表检查绕组有无接地，找出故障点修复 6. 重新计算负载，选择容量合适的电动机或减轻负载，检查机械传动机构有无卡住现象，并排除故障 7. 选择整定电流范围适当的热继电器，并根据电动机的额定电流，重新调整 8. 根据电动机上铭牌重新接线 9. 重新判断绕组头尾端，正确接线

（续表）

序号	故障现象	故障原因	处理方法
2	电动机启动时熔丝被熔断	1. 单相启动 2. 熔丝截面积过小 3. 一相绕组对地短路 4. 负载过大或机械卡住 5. 电源到电动机之间连接线短路 6. 绕线转子电动机所接的启动电阻太小或被短路	1. 检查电源线、电动机引出线、熔断器、开关、触头，找出断线或假接故障并排除 2. 重新计算，更换熔丝 3. 拆修电动机绕组 4. 将负载调至额定值，并排除机械故障 5. 检查短路点后进行修复 6. 消除短路故障或增大启动电阻
3	通电后电动机嗡嗡响不能启动	1. 电源电压过低 2. 电源缺相 3. 电动机引出线头尾接错或绕组内部接反 4. △连接绕组误接成Y连接 5. 定子、转子绕组短路 6. 负载过大或机械被卡住 7. 装配太紧或润滑脂硬 8. 改极重绕时，槽配合选择不当	1. 检查电源电压质量，与供电部门联系解决 2. 检查电源电压，熔断器、接触器、开关故障或某相断线或假接，进行修复 3. 在定子绕组中通入直流电，检查绕组极性，判断绕组头尾是否正确，重新接线 4. 将Y连接改回△连接 5. 找出断路点进行修复，检查绕线转子电刷与集电环接触状态，检查启动电阻有无断路或电阻过大 6. 减轻负载，排除机械故障或更换电动机 7. 重新装配，更换油脂 8. 选择合理绕组形式和节距，适当车削减小转子直径，重新计算绕组参数
4	电动机外壳带电	1. 电源线与地线接错，且电动机接地不好 2. 绕组受潮，绝缘老化 3. 引出线与接线盒相碰接地 4. 线圈端部顶端接地	1. 纠正接线错误，机壳应可靠地与保护地线连接 2. 对绕组进行干燥处理，绝缘老化的绕组应更换 3. 包扎或更换引出线 4. 找出接地点，进行包扎绝缘和涂漆，并在端盖内壁垫绝缘纸
5	电动机空载或负载时电流表指针来回摆动	1. 笼型转子断条或开焊 2. 笼型转子电动机有一相电刷接触不良 3. 笼型转子电动机集电环短路装置接触不良 4. 绕线式转子一相断路	1. 检查断条或开焊处并进行修理 2. 调整电刷压力，改善电刷与集电环接触面 3. 检修或更换短路装置 4. 找出断路处，排除故障
6	电动机启动困难，加额定负载时转速低于额定值	1. 电源电压过低 2. △连接绕组误接成Y连接 3. 绕组头尾接错 4. 笼型转子断条或开焊 5. 负载过重或机械部分转动不灵活 6. 笼型转子电动机动变阻器接触不良 7. 定、转子绕组部分绕组接错或接反 8. 电刷与集电环接触不良 9. 绕线式转子一相断路 10. 重绕时匝数过多	1. 用电压表或万用表检查电源电压，且调整电压 2. 将Y连接改回△连接 3. 重新判断绕组头尾并正确接线 4. 找出断条或开焊处，进行修理 5. 减轻负载或更换电动机，改进机械传动机构 6. 检修启动变阻器的接触电阻 7. 改善电刷与集电环的接触面积，调整电刷压力 8. 纠正接线错误 9. 找出断路处，排除故障 10. 按正确绕组匝数重绕
7	电动机运行时振动过大	1. 基础强度不够或地脚螺钉松动 2. 传动带轮、靠轮、齿轮安装不合适，配合键磨损 3. 轴承磨损，间隙过大 4. 气隙不均匀 5. 转子不平衡 6. 铁芯变形或松动 7. 转轴弯曲 8. 扇叶变形，不平衡 9. 笼型转子断条，开焊 10. 绕线转子绕组短路 11. 定子绕组短路、断路、接地连接错误等	1. 将基础加固或加弹簧垫，紧固螺钉 2. 重新安装，找正、更换配合键 3. 检查轴承间隙，更换轴承 4. 重新调整气隙 5. 清扫转子紧固螺钉，校正动平衡 6. 校铁芯，重新装配 7. 校正转轴找直 8. 校正扇叶，找正并使其动平衡 9. 进行补焊或更换笼条 10. 找出短路处，排除故障 11. 找出故障处，排除故障

（续表）

序号	故障现象	故障原因	处理方法
8	电动机运行时有杂音	1. 电源电压过高或不平衡 2. 定、转子铁芯松动 3. 轴承间隙过大 4. 轴承缺少润滑脂 5. 定、转子相擦 6. 风扇叶碰风扇罩或风道堵塞 7. 转子擦绝缘纸或槽楔 8. 各相绕组电阻不平衡，局部有短路 9. 定子绕组接错 10. 改极重绕时，槽楔配合不当 11. 重绕时每相匝数不等 12. 电动机单相运行	1. 调整电压或与供电部门联系解决 2. 检查振动原因，重新压铁芯，进行处理 3. 检查或更换轴承 4. 清洗轴承，增加润滑脂 5. 正确装配，调整气隙 6. 修理风扇罩，清理通风道 7. 剪修绝缘纸或检修槽 8. 找出短路处，进行局部修理或更换线圈 9. 重新判断头尾，正确接线 10. 校验定、转子槽楔配合 11. 重新绕线，改正匝数 12. 检查电源电压、熔断器、接触器、电动机接线
9	电动机轴承发热	1. 润滑脂过多或过少 2. 油质不好，含有杂质 3. 轴承磨损，有杂质 4. 油封过紧 5. 轴承与轴的配合过紧或过松 6. 电动机与传动机构连接偏心或传动带过紧 7. 轴承内盖偏心，与轴相擦 8. 电动机两端盖与轴承盖安装不平 9. 轴承与端盖配合过紧或过松 10. 主轴弯曲	1. 清洗后，增加润滑脂，充满轴承室容积的 1/2～2/3 2. 检查油内有无杂质，更换符合要求的润滑脂 3. 更换轴承，对含有杂质的轴承要清洗，换油 4. 修理或更换油封 5.检查轴的尺寸公差，过松时用树脂粘合，过紧时进行车加工 6. 校正转动机构中心线，并调整传动带的张力 7. 修理轴承内盖，使与轴的间隙适合 8. 安装时，使端盖和轴承盖止口平整装入，然后再旋紧螺钉 9. 过松时要镶套，过紧时要进行车加工 10. 矫直弯轴
10	电动机过热或冒烟	1. 电源电压过高或过低 2. 电动机过载运行 3. 电动机单相运行 4. 频繁启动和制动及正反转 5. 风扇损坏，风道阻塞 6. 环境温度过高 7. 定子绕组匝间或相间短路，绕组接地 8. 绕组接线错误 9. 大修时曾烧铁芯，铁耗增加 10. 定、转子铁芯相擦 11. 笼型转子断条或绕线转子绕组接地松开 12. 进风温度过高 13. 重绕后绕组浸渍不良	1. 检查电源电压，与供电部门联系解决 2. 检查负载情况，减轻负载或增加电动机容量 3. 检查电源、熔丝、接触器，排除故障 4. 正确操作，减少启动次数和正反向转换次数，或更换合适的电动机 5. 修理或更换风扇，清除风道异物 6. 采取降温措施 7. 找出故障点，进行修复处理 8. △连接电动机误接成 Y 或 Y 连接电动机误接成△，纠正接线错误 9. 做铁芯检查试验，检修铁芯，排除故障 10. 正确装配，调整间隙 11. 找出断条或松脱处，重新补焊或扭紧固定螺钉 12. 检查冷却水装置及环境温度是否正常 13. 要采用二次浸漆工艺或真空浸漆措施
11	绝缘电阻低	1. 绕组绝缘受潮 2. 绕组粘满灰尘、油垢 3. 绕组绝缘老化 4. 电动机接线板损坏，引出线绝缘老化破裂	1. 进行加热烘干处理 2. 清理灰尘、油垢，并进行干燥、浸渍处理 3. 可清理干燥、涂漆处理或更换绝缘 4. 重包引线绝缘，修理或更换接线板
12	电动机空载电流不平衡，并相差很大	1. 绕组头尾接错 2. 电源电压不平衡 3. 绕组有匝间短路，某线圈组接反 4. 重绕时，三相线圈匝数不一样	1. 重新判断绕组头尾，改正接线 2. 检查电源电压，找出原因并排除 3. 检查绕组极性，找出短路点，改正接线和排除故障 4. 重新绕制线圈
13	电动机三相空载电流增大	1. 电源电压过高 2.Y 连接电动机误接成△连接 3. 气隙不均匀或增大 4. 电动机装配不当 5. 大修时，铁芯过热灼损 6. 重绕时，线圈匝数不够	1. 检查电源电压，与供电部门联系解决 2. 将绕组改为 Y 连接 3. 调整气隙 4. 检查装配情况，重新装配 5. 检修铁芯或重新设计和绕制绕组进行补偿 6. 增加绕组匝数

2. 三相异步电动机的维护检修

根据工厂大修的实际情况，在大修期间，应对所有的生产用电机进行适当的维护检修，其维护检修内容如下。

（1）解体清扫，检查电动机的绕组、转子、通风沟和接线板。

要求：电动机内部无明显积灰和油污，线圈、铁芯、槽楔无老化、松动、变色等现象，笼型转子条无脱焊或断条现象。

方法：用干净、清洁的压缩空气（不超过200kPa）或用“皮老虎”吹净，但不得碰坏绕组。

（2）测量绕组的绝缘电阻，必要时应进行干燥。

要求：电动机定子绕组相间电阻及对地绝缘电阻，要求每伏工作电压不低于1kΩ。

方法：把电动机的Y连接或△连接的连接片拆去，用500V兆欧表，分别接触出线头与机座以及两个不同相的出线头进行测量。

通常测量结果有如下几种。

① 绕组正常。其测量结果符合上述要求。

② 绕组绝缘不良。上述方法测得三相绕组对地或相间绝缘电阻都小于0.38MΩ，但不为零，说明绕组绝缘不良。须清洗干燥绕组，可先吹风清扫，再用灯泡、电炉、烘箱等加热烘干，使绝缘电阻恢复正常。

③ 绕组接地。上述方法测得三相对地电阻中有两相绝缘电阻较高，而另一相绝缘电阻为零，说明绕组接地。有时指针摇摆不定，表明此相绝缘已被击穿，但导线与地还未接牢。若此相绝缘电阻很低但不为零，表明此相绝缘已受损伤，有击穿接地的可能。

④ 绕组短路。上述方法测得三相绕组中有两相绝缘电阻为零或接近于零，即可说明该相间短路。

⑤ 绕组断路。用兆欧表测量同一绕组的两头，若指针达到无限大，即说明这一绕组有断线。

（3）测量绕组的直流电阻。

要求：三相交流电动机的定子绕组的三相直流电阻值偏差应小于其最小值的2%。

方法：用万用表测量。

（4）检查轴承状况。

要求：对于没有在线备台且需连续运转的电动机，一般情况下，在大修期间都必须更换其轴承。对于有在线备台、能进行切换运行的电动机，可根据其轴承状况的好坏来决定是否更换。

方法：用手转动轴承外圈，使轴承转动起来，通过声音和转动状况来判断轴承的状况。若转动灵活、平稳、均匀、无杂音、正常停止转动、用手摇晃轴承时无明显撞击声的，说明状况正常。对于状况很好的，可对其进行清洗、加油，并可继续使用；对于状况一般或不良的，应进行更换。电动机轴承的润滑脂填满量应不超过轴承盒容积的70%，也不得少于容积的50%。更换润滑脂时，可用汽油、煤油或其他清洗剂，将轴承和轴承盖清洗干净，待汽油挥发干净后再加入润滑脂。

（5）检修接地装置。

三、任务实施

三相异步电动机的拆装过程。

1. 拆卸前的准备工作

① 备好拆卸场地及拆卸电动机的专用工具，如图3-22所示。

② 做好记录或标记。用笔在线头、端盖、刷握等处做好标记，记录好联轴器与端盖之间的距离及电刷装置把手的行程（绕线异步电动机）。

2. 电动机的拆卸步骤

① 切断电源，拆卸电动机的引线和接地线，并对线头做好绝缘处理。
② 卸下带轮和地脚的螺栓。
③ 卸下带轮或联轴器。

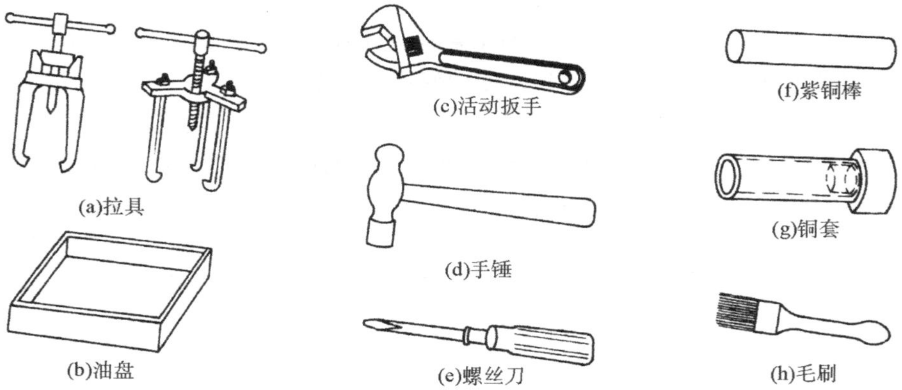

图 3-22　电动机拆卸的常用工具

④ 卸下前轴承外盖和端盖（绕线转子电动机要先提起和拆除电刷、电刷架及引出线）。
⑤ 卸下风罩和风扇。
⑥ 卸下后轴承外盖和后端盖。
⑦ 抽出或吊出转子（绕线转子电动机注意不要损伤滑环面和刷架）。
对于配合较紧的新的小型异步电动机，可按如图 3-23 所示的顺序进行拆卸。

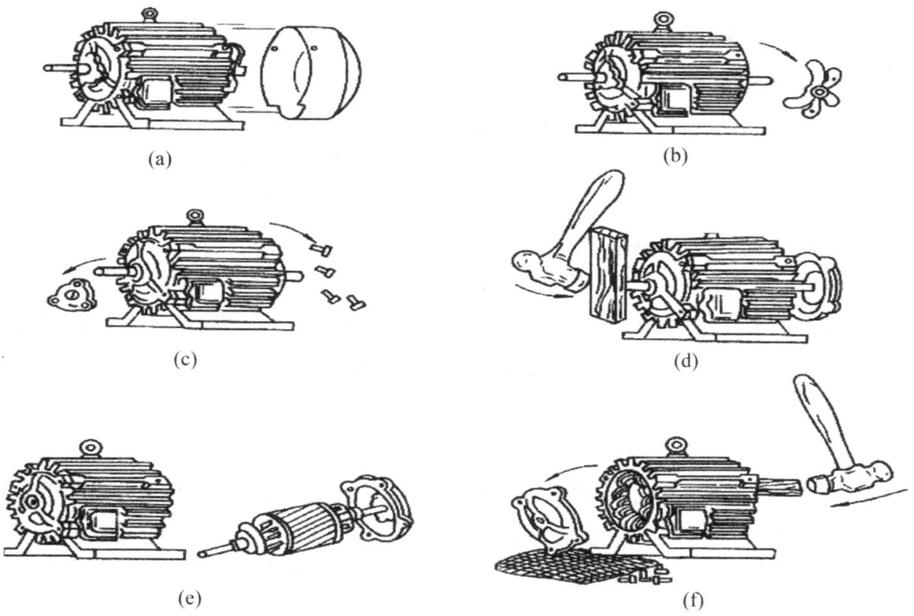

图 3-23　配合较紧的电动机拆卸步骤

3. 电动机主要零部件的拆卸方法

（1）带轮或联轴器的拆卸

① 记住带轮的正反面，以免安装时装反。

② 在带轮（或联轴器）的轴伸端做好标记；拆下带轮或联轴器上的压紧螺钉或销子；并在螺钉孔内注入煤油；掌握好转动丝杆的力度，使拉具螺杆的中心线对准电动机轴的中心线，把带轮或联轴器慢慢拉出，切忌硬拆。

③ 对带轮或联轴器较紧的电动机，如按此法拆卸仍有困难时，可用加热法在带轮外侧轴套四周加热（掌握好温度，以防变形），使其膨胀就可拉出。在拆卸过程中，严禁用手锤直接敲出带轮，避免造成带轮或联轴器碎裂，使轴变形、端盖受损。

（2）轴承盖和端盖的拆卸

① 标好端盖与机座体之间的安装标记（前后端盖的标记应有区别），便于装配时复位。

② 松开端盖上的紧固螺栓。其方法是：用一个大小适宜的旋凿插入螺钉孔的根部旋出螺栓，后将端盖按对角线一先一后向外扳撬；也可用紫铜棒均匀敲打端盖上有脐的部位，把端盖取下，如图 3-23 所示。较大的电动机端盖较重，应先把端盖用起重机吊住，以免拆卸时端盖跌碎或碰伤绕组。

（3）刷架、风罩和风扇叶的拆卸

① 绕线转子异步电动机电刷拆卸前应先做好标记，便于复位。然后松开刷架弹簧，抬起刷握、卸下电刷，取下电刷架。

② 封闭式电动机的带轮或联轴器拆除后，就可以把风罩的螺栓松脱，取下风罩，再将转子轴尾端风扇上的定位销或螺栓拆下或松开。用手锤在风扇四周轻轻敲打，慢慢将风叶拉下，小型电动机的风扇在后轴承不需要加油，更换时可随转子一起抽出。

（4）轴承拆卸与检查

① 轴承拆卸前的检查。

- 了解其型号、结构特点、类型及内外尺寸，便于重新装配。
- 检查轴承磨损是否超过极限。
- 检查轴承的配件有无裂纹、变形、缺损、剥离、严重麻点或拉伤。
- 检查轴承配件上是否因潮湿和酸类物质的侵入而有严重锈蚀现象。
- 检查内、外环配合是否有松动，外环和端盖镗孔配合是否太松。
- 检查轴承硬度是否因受热而变色，已降到不能使用。

② 轴承拆卸常用方法。

- 使用拉具法。根据轴承的大小，选择适当的拉具，将拉锯的脚爪紧紧扣住轴承的内钢圈，拉锯的丝杆顶点要对准转子轴的中心，缓缓匀速地扳动丝杆。
- 敲打轴承内圈法。用铜棒紧靠轴承内钢圈，用手锤沿着内钢圈周围均匀用力地敲打铜棒，把轴承卸下，如图 3-24 所示。
- 搁在圆筒上拆卸法。把轴承搁在一只内径略大于转子的圆筒上面，圆桶内放一些软物，以防轴承脱下时转子摔坏，轴的内圆下面用两块铁板夹住，在轴的端面上垫上铜块，用手锤轻轻敲打，着力点对准轴的中心，当轴承逐渐松动时，用力要减弱，使轴承脱离，如图 3-25 所示。

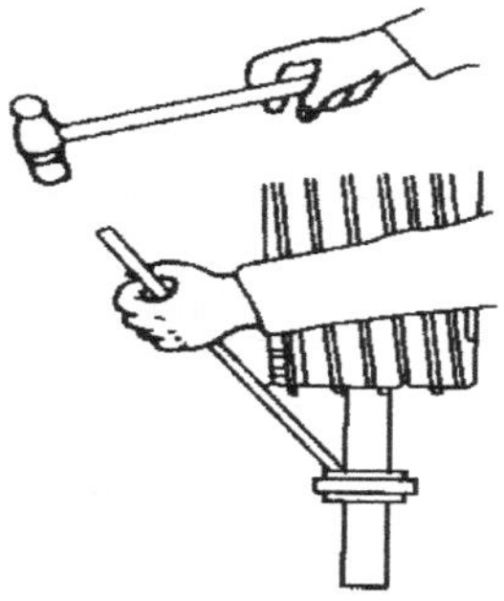

图 3-24 用手锤和铜棒敲打轴承的方法

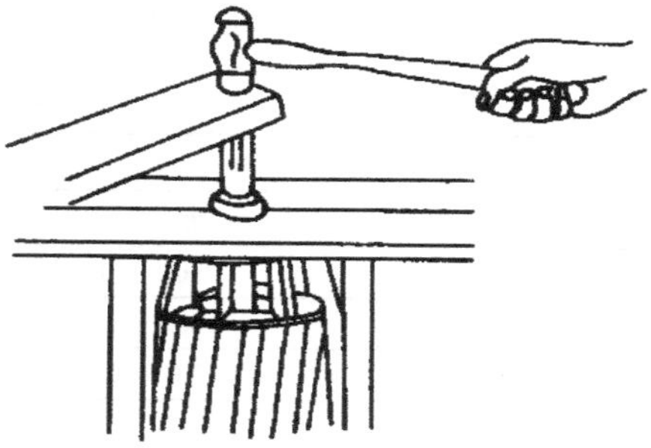

图 3-25 轴承搁在圆桶上拆卸

• 加热拆卸法。因轴承装配过紧或轴承氧化锈蚀不易拆卸时，可将 100℃的机油淋浇在轴承内圈上，趁热用上述方法拆卸。为了防止热量过快扩散，可先将轴承用布包好再拆卸。

③ 轴承的清洗与检查。

• 将轴承放入煤油桶内浸泡 5~10min。待轴承上油膏落入煤油中，再将轴承放入另一桶比较洁净的煤油中，用细软毛刷将轴承清洗，最后在汽油中清洗，拿出用布擦干即可。

• 检查轴承有无裂纹、滚道内有无生锈等。在用手转动轴承外圈，观察其转动是否灵活、均匀，是否有卡位或过松的现象。如轴承良好，外钢圈应转动平稳；如轴承有缺陷，转动时会有杂音和振动。小型轴承可用左手的拇指和食指捏住轴承内圈并摆平，用另一只手轻轻地用力推动外钢圈旋转，如图 3-26 所示。

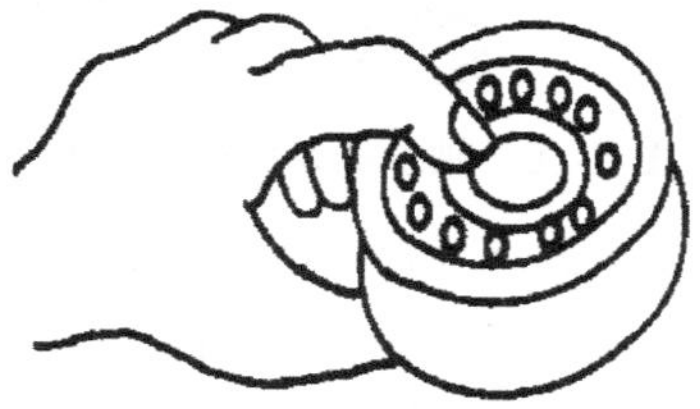

图 3-26 轴承的检查方法

• 用塞尺或熔丝检查轴承间隙。将塞尺插入轴承内圈滚珠与滚道间隙内并超过滚珠球心，此时塞尺的厚度即为轴承的径向间隙。也可用一根直径为 1～2mm 的熔丝将其压扁（压扁的厚度应大于轴承间隙），将这根熔丝塞入滚珠与滚道的间隙内，转动轴承外圈，将熔丝进一步压扁，然后抽出，用千分尺测量熔丝弧形方向的平均厚度，即为该轴承的径向间隙，如图 3-27 所示。

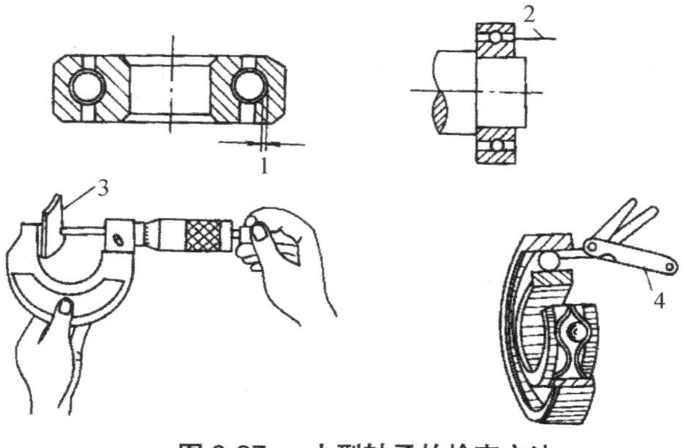

图 3-27 小型轴承的检查方法

1—径向间隙；2—熔丝；3—压扁后的熔丝；4—塞尺

• 滚动轴承磨损间隙如超过表 3-7 所列的许可值，就可更换轴承。

表 3-7　滚动轴承的磨损许可值　　mm

轴承内径	径向间隙		
	新滚珠轴承	新滚柱轴承	磨损最大允许值
20～30	0.01～ 0.02	0.03～0.05	0.10
35～50	0.01～0.02	0.05～0.07	0.10
55 ～ 80	0.01～0.02	0.06 ～0.08	0.25
85 ～120	0.02 ～0.04	0.08 ～ 0.10	0.30
130～150	0.02～ 0.05	0.10～0.12	0.36

4. 电动机的装配方法

（1）轴承的装配

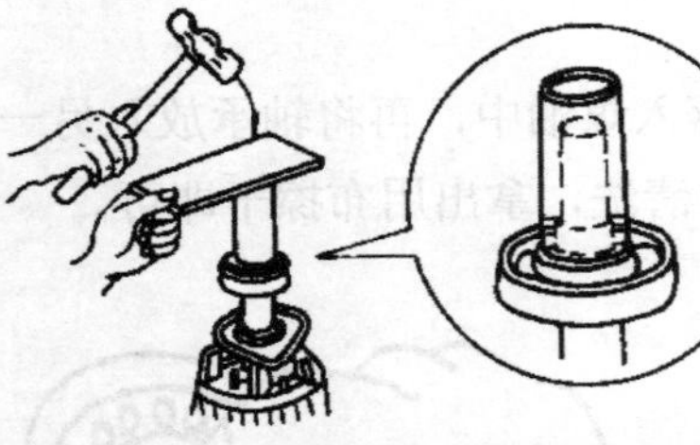

图 3-28　轴承的装配用铁管敲打轴承

① 敲打法。在干净的轴颈上抹一层薄薄的机油，把轴承套上。用一根内径略大于轴颈直径、外径略大于轴承内圈外径的铁管，将铁管的一端顶在轴承的内圈上，用手锤敲打铁管的另一端，将轴承敲进去，如图 3-28 所示。

② 热装法。紧固配合的轴承安装时，为了避免把轴承内环胀裂或损伤配合面，可采用此法。将轴承浸没在油中均匀加热，但不能与锅底接触。油的温度保持在 100℃左右，待 30～40min 后，取出轴承，趁热迅速将其推到轴颈。

在轴承内外圈里和轴承盖里装的润滑脂应洁净，塞装要均匀，一般二级电动机装至 1/3～1/2 的空间容积；四级及其以上的电动机装至轴承的 2/3 空间容积。轴承内外盖的润滑脂一般为盖内的容积的 1/3～1/2，润滑脂的选用见表 3-8。

表 3-8　电动机滚动轴承润滑脂的选择

名称	颜色	适用场合
钠基润滑脂	深黄色到暗褐色均匀油膏	在较高的工作温度、清洁无水分的条件下，用于开启式电动机
钙钠基润滑脂	由黄色到深棕色的均匀软膏	在较高工作温度，允许有蒸汽的条件下，用于开启式、封闭式电动机
钙基润滑脂	从淡黄色到暗褐色，在玻璃上涂抹 1～2mm 厚的润滑脂层，在透光检查时均匀无块状物	用于一般工作温度、与水接触的封闭式电动机
石墨钙基润滑脂	黑色均匀的非纤维状油膏	—
复合钙基润滑脂	淡黄色到暗褐色的光滑透明油膏	用于高温、湿度高环境下的封闭式电动机
铝基润滑脂	淡黄色到暗褐色的光滑透明油膏	用于高温、湿度高环境下，特别适用于湿热带的电动机

（2）转子的安装

安装时转子要对准定子的中心，小心往里送放，端盖要对准机座的标记，旋上后盖的螺栓，但不要拧紧。

（3）端盖的安装

① 将端盖洗净干净，风干后再安装。

② 将前端盖对准机座标记，用木锤轻轻敲击端盖四周。套上螺栓，按对角线一前一后把螺栓拧紧，且不可有松有紧，以免损坏端盖。

③ 装前轴承外盖。可先在轴承外盖孔内用手插入一根螺栓，另一只手缓缓转动转轴，使轴承内盖孔与外盖孔对齐，随后可将螺栓拧入轴承盖的螺孔内，再装另外两根螺栓。也可先用两根硬导线通过轴承外盖孔插入轴承内盖孔中，旋上一根螺栓，挂住内盖螺钉扣，然后依次抽出导线，旋上螺栓。螺栓每次拧紧的程度要一致，不要一次拧到底。

（4）刷架、风扇叶、风罩的安装

绕线转子异步电动机的刷架要按所做的标记装上，安装前要做好滑环、电刷表面和刷握内壁的清洁工作；安装时，滑环与电刷的吻合要密切，弹簧压力要均匀；风扇的定位螺钉要拧到位，且不松动。

上述零部件装完后，要用手转动转子，检查其转动是否灵活、均匀，无停滞或偏重现象。

（5）带轮或联轴器的安装

① 将抛光布卷在圆木上，把带轮或联轴器的轴孔打磨光滑。

② 用抛光布把转轴的表面打磨光滑。

③ 对准键槽把带轮或联轴器套在转轴上。

④ 调整好带轮或联轴器与键槽的位置后，将木板垫在键的一端，轻轻敲打，使键慢慢进入槽内。安装大型电动机的带轮时，可先用固定支持物顶住电动机的非负荷端和千斤顶的底部，再用千斤顶将带轮顶入。

（6）装配后的检查

① 检查电动机的转子转动是否轻便、灵活，如转子转动比较沉重，可用紫铜棒轻敲端盖，同时调整端盖紧固螺栓的松紧程度，使之转动灵活。检查绕线转子电动机的刷握位置是否正确、电刷与滑环接触是否良好、电刷在刷握内有无卡住、弹簧压力是否均匀等。

② 检查电动机的绝缘电阻值，摇测电动机定子绕组相与相之间、各相对地之间的绝缘电阻，绕线转子异步电动机还应检查转子绕组及绕组对地间的绝缘电阻。通常对 500V 以下电动机用 500V 兆欧表测量，对 500~3000V 电动机用 1000V 兆欧表测量，对 3000V 以上电动机用 2500V 兆欧表测量。一般三相 380V 电动机，绝缘电阻应大于 0.5MΩ 时方可使用。

③ 检查电动机的铭牌所示电压、频率、接法与电路电压等是否相符，与电源接线是否正确，检查电动机外壳上的接地线是否装好，并用钳形电流表分别检测三相电流是否平衡。

④ 用转速表测量电动机的转速。对绕线式电动机还应检查滑环上的电刷表面是否全部贴紧滑环，导线是否相碰，电刷提升机构是否灵活，电刷的压力是否正常。

⑤ 对不可逆转的电动机，须检查运转方向是否与该电动机运转指示箭头方向相同。

⑥ 对新安装的电动机，应检查地脚是否拧紧，以及机械方面是否牢固，检查电动机机座与电源线钢管接地情况。

⑦ 检查后，需让电动机空转运一段时间后，在这段时间内应注意检测机壳和轴承处的温升，还应注意是否有不正常的噪声、振动、局部发热的现象。绕线转子电动机在空载时，还应注意检查电刷有无火花及过热现象，如有不正常现象需消除后才能投入正常运行。

四、知识拓展

(一) 三相异步电动机的启动方法

三相异步电动机的启动是指电动机接通电源后，从静止状态到稳定运行状态的过程。一般中小型异步电动机启动时间很短，通常是几秒到几十秒钟。通常启动电流与启动转矩是衡量电动机启动性能好坏的主要依据。因此，一般情况下，对异步电动机的启动有三点要求：

① 启动电流尽可能小；

② 启动转矩尽可能大些；

③ 启动设备简单、经济，操作方便。

然而，电动机开始转动时转子绕组中感应很大的转子电势和转子电流，从而引起很大的定子电流，一般启动电流可达额定电流时的4～7倍。启动时虽然转子电流较大，但因启动时s=1，转子功率因数$\cos\varphi_2$很小，因而启动转矩$T_{st}=C_T\Phi_m I_{2st}\cos\varphi_2$却不大，一般$T_{st}$=（0.8～1.5）$T_N$。所以既要限制过大的启动电流，又要确保适当的启动转矩，可采用不同的启动方法。

1. 三相鼠笼式异步电动机的启动

（1）全压启动

把电动机直接接到电压与电动机额定电压相等的电网上启动即称为全压启动。这种方法的优点是操作简单，成本低；但其启动电流可达额定电流的4～7倍。过大的启动电流导致电网线路产生较大的压降，特别是电源容量较小时，电压下降太多，会影响接在同一电源上的其他用电设备；对电动机本身而言，很大的启动电流将在绕组中产生较大的损耗，引起发热，加速电动机绕组绝缘老化。且在大电流冲击下，电动机绕组端部受电动力的作用，有发生位移和变形的可能，容易造成短路事故。

容量较小、启动次数不频繁的笼型电动机常采用直接启动方法。容量较大的笼型电动机，只有能满足下列经验公式的要求时才允许全压启动：

$$\frac{I_{st}}{I_N}\leqslant\frac{1}{4}\left(3+\frac{S}{P_N}\right) \tag{3-43}$$

式中，I_{st}——电动机启动电流；

S——电源总容量；

P_N——电动机额定容量。

（2）降压启动

降压启动时用降低加在电动机定子绕组上电压的办法来减小启动电流。当启动结束后，再加全压运行。降压启动有以下三种方法。

① Y-△降压启动。

这种启动方法适用于工作时定子绕组为三角形接法的电动机。如图3-29所示为Y-△降压启动控制原理图，其工作原理如下：启动时，先将启动开关Q_2投向“启动”侧，将定子绕组形成Y形连接，启动开关Q_1闭合，此时，定子每相绕组电压为额定电压的$\frac{1}{\sqrt{3}}$，电动机电子绕组接成Y形降压启动；待转速上升到接近额定转速时，将 Q_2 投向“运行”侧，恢复定子绕组为△形连接，使电动机在全压下运行。

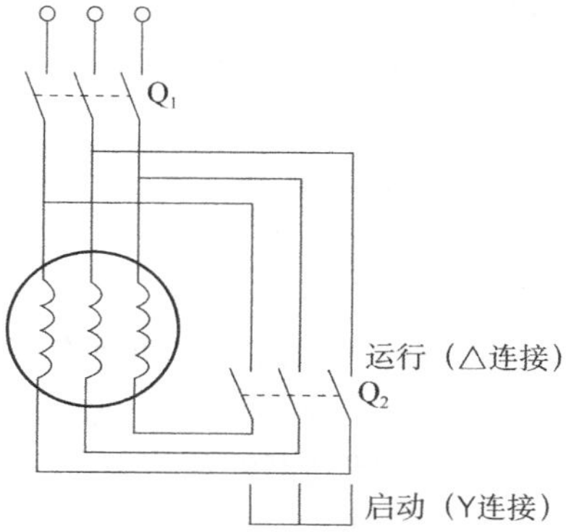

图 3-29　Y-△降压启动电路

设 U_N 为电动机的额定电压，Z 为电动机在启动时每相绕组的等效阻抗。则Y、△连接时的启动电流分别为 $I_{stY}=\dfrac{U_N}{\sqrt{3}Z}$ 和 $I_{st\triangle}=\dfrac{U_N}{Z}$，所以

$$\frac{I_{stY}}{I_{st\triangle}}=\frac{1}{3} \tag{3-44}$$

即接成Y形的启动电流等于接成△形时启动电流的1/3。

Y、△连接时的启动转矩 T_{stY}、$T_{st\triangle}$ 分别为 $T_{stY}\propto\left(\dfrac{U_N}{\sqrt{3}}\right)^2$ 和 $T_{st\triangle}\propto U_N$，所以

$$\frac{T_{stY}}{T_{st\triangle}}=\frac{1}{3} \tag{3-45}$$

即接成Y形的启动转矩等于接成△形时启动转矩的1/3。

Y-△启动的优点是启动电流小、启动设备简单、价格便宜、操作方便，缺点是启动转矩小，它仅适合于空载或轻载启动。

② 自耦变压器降压启动。

自耦变压器降压启动原理接线图如图3-30所示。工作过程如下：接通电源开关 Q_1，将双制开关 Q_2 投向“启动”侧，这时自耦变压器一次绕组加全电压，而电动机定子电压为自耦变压器二次侧抽头部分的电压，电动机在低压下启动。待转速上升至一定数值时，再把开关 Q_2 切换到“运行”侧，断开自耦变压器电路，电动机全压运转。

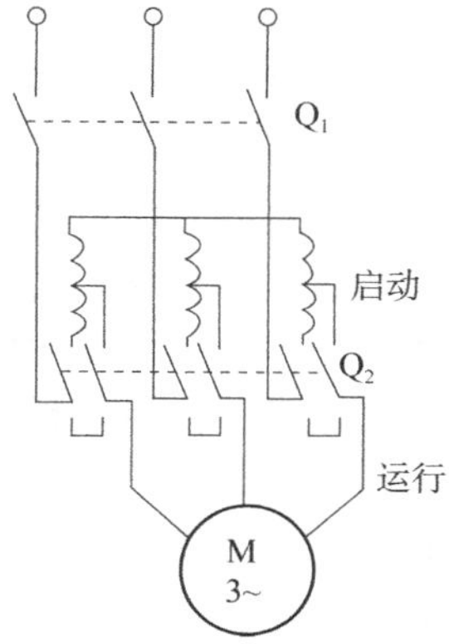

图 3-30　自耦变压器降压启动原理接线图

由变压器的工作原理可知，副边电压与原边电压之比为 $K=\dfrac{U_2}{U_1}=\dfrac{N_2}{N_1}<1$，$U_2=KU_1$，启动时加在电动机定子每相绕组的电压是全压启动时的 K 倍，因而电流也是全压启动时的 K 倍，即 $I_2=KI_{st}$（I_2 为变压器副边电流，I_{st} 为全压启动时的启动电流）；

而变压器原边电流 $I_1=KI_2=K^2I_{st}$，即此时从电网吸取的电流 I_1 是直接启动电流 I_{st} 的 K^2 倍。自耦变压器启动时的 K 是可调节的，这就是此种启动方法优于 Y-△降压启动之处。当然它的启动转矩也是全压启动的 K^2 倍。

所以，启动电流较小、启动转矩较大是自耦变压器减压启动的优点，它的缺点是启动设备体积大、价格贵、维修不方便。

为满足不同负载的要求，自耦变压器的输出端有三个抽头，其电压分别为电源电压的 40%、60%和 80%。

③ 三相异步电动机的晶闸管软启动。

软启动是使用调压装置在规定的启动时间内，自动地将启动电压连续、平滑地上升，直到达到额定电压，同时将启动电流限制在一定范围内。软启动的优势在于无冲击电流，减小了启动过程中引起的电网压降，不影响与其共网的其他电气设备的正常运行；减小启动电流，改善电动机局部过热的情况，延长电动机寿命；减小硬启动带来的机械冲力，减小对减速机构的磨损。

晶闸管软启动器的主回路一般都采用晶闸管调压电路。调压电路由六个晶闸管两两反并联组成，串接于电动机的三相供电线路。通过控制晶闸管导通角，按预先设定的模式调节输出电压，以控制电动机的启动过程。当启动过程结束后，旁路接触器吸合，短路掉所有的晶闸管，使电动机直接投入电网运行，以避免不必要的电能损耗，软启动器的控制框图如图 3-31 所示。

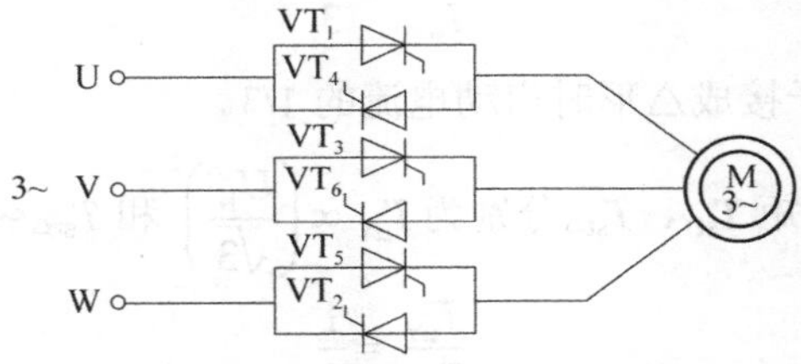

图 3-31　软启动器的控制框图

2. 三相绕线型异步电动机的启动

三相绕线型异步电动机的启动方法通常有两种，一种是转子绕组串电阻启动，另一种是转子绕组串频敏电阻器启动。

（1）转子绕组串电阻启动

转子绕组串电阻启动，即启动时在电动机转子电路中串入多级电阻，待电动机转速基本稳定时再将其从转子电路中一一切除。

三相绕线异步电动机转子串电阻启动过程：首先启动时转子回路串全部的启动电阻，随着启动过程的推移，切除部分电阻，剩余电阻继续进行启动，当启动过程结束时，转子回路中串入的电阻全部被切除，电动机进入正常运行状态。

（2）转子绕组串频敏变阻器启动

转子绕组串电阻启动的绕线型异步电动机，当功率较大时，转子电流很大。若想在启动过程中有较大的启动转矩且保持启动平稳，则必须串联较多的电阻，这导致设备的结构复杂而且造价昂贵。如果采用频敏变阻器代替启动电阻，则可克服上述缺点。

频敏变阻器 R_{BP} 是一个铁损耗很大的三相电抗器，其铁芯由钢板或铁板叠成，铁芯结构像一个没有二次绕组的三相心式变压器铁芯，3 个绕组分别绕在 3 个铁芯柱上并做△连接。频敏变阻器是一种无触头的电磁元件，因其等效电阻与频率成正比变化，故称为频敏变阻器。

转子绕组串频敏变阻器启动接线图如图 3-32 所示。启动时转子接入频敏变阻器，电动机接通电源时开始启动。启动瞬间，转子频率较高，频敏变阻器内部的涡流损耗与频率平方成正比，反映铁损耗大小的等效电阻也较大，相当于转子回路串入一个较大的电阻，起到了限制启动电流及增大启动转矩的作用。随着转速的上升，转子频率不断下降，铁损耗逐渐减小，等效电阻也随之减小，使启动过程平稳。当启动结束后，利用接触器触点将频敏变阻器短接，从转子回路中摘除。

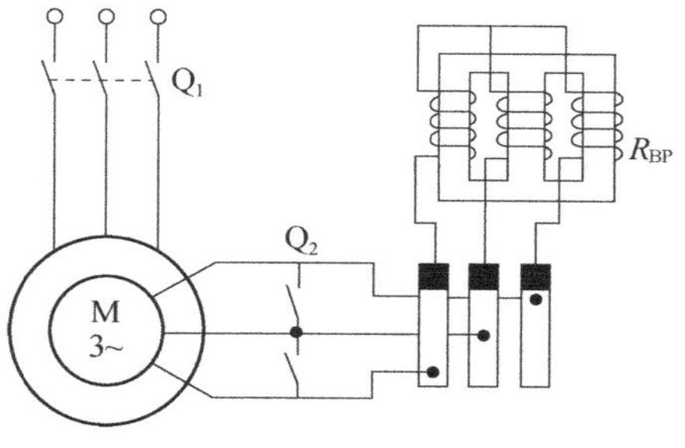

图 3-32　转子绕组串频敏变阻器

（二）三相异步电动机的调速

三相异步电动机运行时转速为

$$n = n_1(1-s) = \frac{60f_1}{p}(1-s) \tag{3-46}$$

由式（3-46）可见，三相异步电动机的调速方法有：改变极对数 p、改变转差率 s 和改变电源频率 f_1。

1. 变极对数调速

改变定子的磁极对数，通常用改变定子绕组接线的方法。这种电机一般采用笼型转子，其转子的极对数能自动地与定子极对数相对应。下面用图 3-33 为例加以说明。

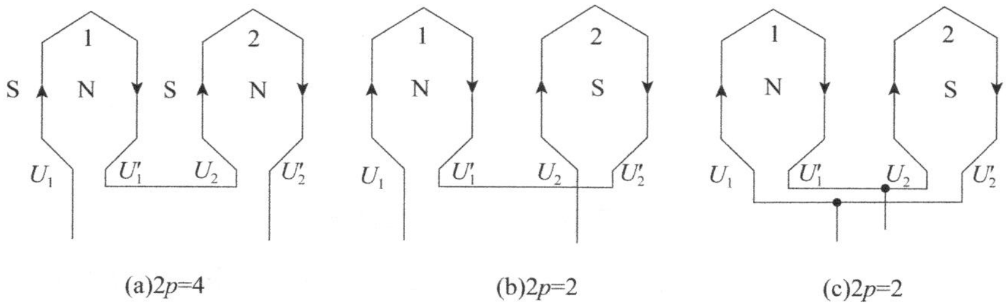

图 3-33　变极原理图

（1）变极原理

图 3-33（a）是一个四极电机的一相绕组示意图，由两个半绕组 1 和 2 组成，在电流方向 $U_1 \to U_1' \to U_2 \to U_2'$ 下，顺接串联，它产生 4 极磁场，即极数 $2p=4$。

如果将半绕组 2 的始、末端改接，使其中每一瞬间电流的方向与顺接串联时相反。此时如果 U_1U_1' 与 U_2U_2' 反接串联，如图 3-33（b）所示；或如图 3-33（c）所示，U_1U_1' 与 U_2U_2' 反向并联。则这两种接线方式产生 2 极磁场，即极数 $2p=2$，即为二极异步电动机。由此可见，改变接法，得到的极对数成倍地变化，同步转速也成倍地变化，所以这种调速属于有级调速。

（2）变极绕组的连接方法

下面介绍两种典型的变极绕组连接方法，△/YY 和 Y/YY。

① △/YY。

△连接时，端子 1U、1V、1W 接电源，2U、2V、2W 空着，每相的两个半相绕组正向串联，电流方向一致，极对数为 p，同步转速为 n_1，如图 3-34（a）所示。YY 连接时可将 1U、1V、1W 短接，2U、2V、2W 接电源，此时半相绕组反向并联，其中一个半相绕组电流反向，极对数为 $p/2$，同步转速为 $2n_1$，如图 3-34（b）所示，机械特性如图 3-34（c）所示。

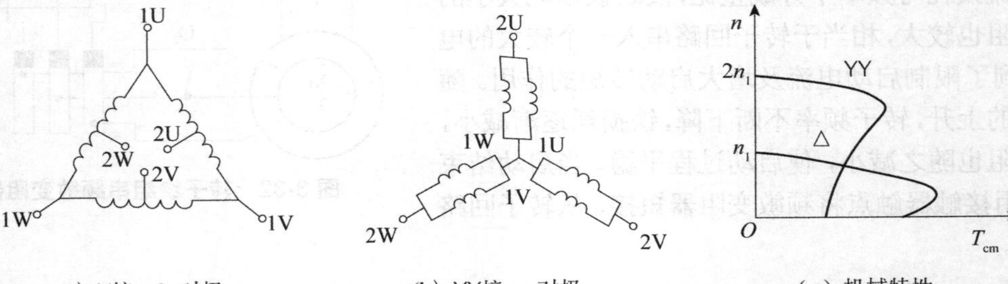

(a) Y接，$2p$对极　　(b) YY接，p对极　　(c) 机械特性

图 3-34　△/YY 变极接法

② Y/YY。

电动机定子绕组有六个出线端，低速运行时端子 1U、1V、1W 接电源，2U、2V、2W 空着。此时，定子绕组为单 Y 连接，每相的两个半相绕组正向串联，电流方向一致，极对数为 p，同步转速为 n_1，如图 3-35（a）所示。YY 连接时，1U、1V、1W 短接，2U、2V、2W 接电源，此时，每个半相绕组变成反向并联，每相中都有一个半相绕组改变电流方向，此时，极对数为 $p/2$，同步转速变为 $2n_1$，如图 3-35（b）所示。机械特性如图 3-35（c）所示。

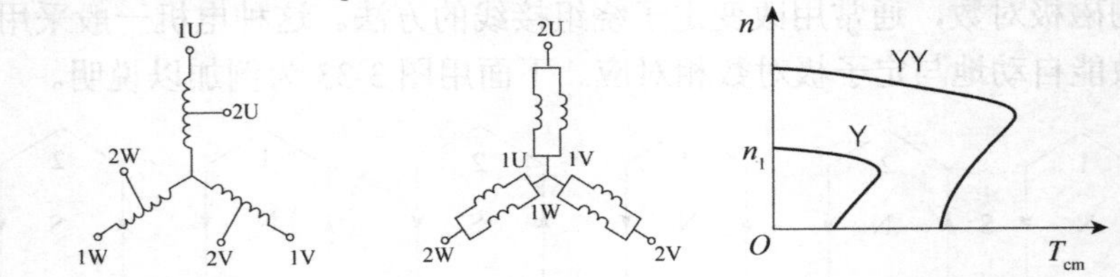

(a) Y接，$2p$对极　　(b) YY接，p对极　　(c) 机械特性

图 3-35　Y/YY 变极接法

为了保证电动机在调速前后转速不变，必须在改变定子绕组连接方式的同时，将定子三相绕组中任意两相的出线端对调，再接到三相电源上。因为在极对数为 p 时，V、W 两出线端与 U 端的相位关系为 0°、120°、240°，则在极对数为 $2p$ 时，三者的相位关系变为 2×0° =0°，2×120° =240°，2×240° =480°（相当于 120°）。显然，极对数 p 与 $2p$ 下的相序相反，V、W 两端必须对调，以保持变速前后电机的转向相同。

2.变转差率调速

（1）调压调速

在异步电动机调速方法中调压调速是一种较为简单的方法。由电机拖动原理可知，当异步电动机等效电路参数不变及转速恒定的条件下，电磁转矩与定子电压的二次方成正比，即 $T_{em} \propto U_1^2$。改变异步电动机定子外加电压，就可以改变电动机在一定负载转矩下的转速。可用自耦变压器或电抗器来改变交流电压，从而改变电动机转速。但更好的方法是由晶闸管构成的交流调压器，装置的体积减小，调速性能也提高。如图 3-36 所示，用三对晶闸管反向并联或三个双向晶闸管分别串联在每相绕组上。

（2）绕线转子电动机转子串电阻调速

这种调速方法的调速范围比较小，属于有级调速，平滑性差，转速越低，特性越软，转差率越大，造成转子铜损耗越大，输出的机械功率越少，效率越低。当负载转矩波动时，将引起较大的转速变化，所以低速运行时稳定性差。

由于转子串电阻调速线路简单，所用设备少，所以这种调速方法多应用在对调速性能要求不高的恒转矩负载上，如起重机设备。

（3）绕线转子电动机串级调速

所谓串级调速，即在异步电动机转子回路中串入一个与转子电动势 $\dot{E}_{2s}$ 频率相同、相位相同或相反的附加电动势 $\dot{E}_{ad}$，利用改变 $\dot{E}_{ad}$ 的大小来调节转速的一种调速方法，如图 3-37 所示。电动机在低速运行时，转子中的转差功率只有小部分被转子绕组本身电阻所消耗，而其余大部分被附加电动势 $\dot{E}_{ad}$ 所吸收，利用产生 $\dot{E}_{ad}$ 的装置可以把这部分转差功率回馈到电网，使电动机在低速运行时仍具有较高的效率。这种在绕线转子异步电动机转子回路串接附加电动势的调速方法称为串级调速。它克服了转子串电阻调速的缺点，具有高效率、无级平滑调速、较硬的低速机械特性等优点。

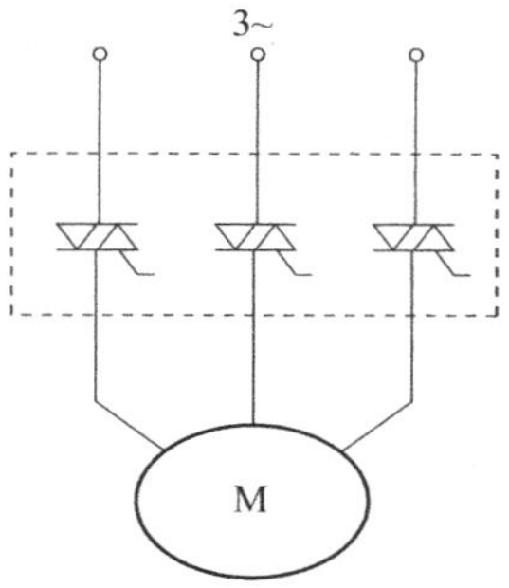

图 3-36　调压调速

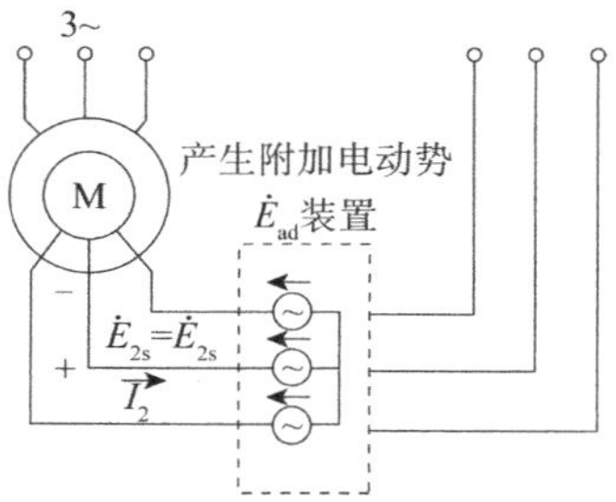

图 3-37　转子串 $\dot{E}_{ad}$ 的串级调速原理图

3. 变频调速

由 $n_1=\dfrac{60f_1}{p}$ 可知，当极对数 p 不变时，同步转速 n_1 和电源频率 f_1 成正比。连续地改变供电电源频率，就可以平滑地调节电动机的转速，即变频调速。变频调速具有很好的调速性能，可以从高速到低速都保持很小的转差率，效率高、调速范围大、精度高。

目前，在交流调速系统中，变频调速应用最多、最广泛，可以构成高动态性能的交流调速系统。变频调速技术已成为实现工业自动化的主要手段之一，在各种生产机械中，如风机、水泵、生产装配线、机床、纺织机械、造纸机械、食品与化工等工程设备及家用电器中得到广泛的应用。

（三）三相异步电动机的制动

三相异步电动机和直流电动机一样，有三种制动方法：能耗制动、反接制动和回馈制动。

1. 能耗制动

如图 3-38 所示为能耗制动原理图。制动时将运行着的异步电动机的定子绕组从三相交流电源上断开，然后其中二相立即接到直流电源上。

当三相异步电动机的定子绕组断开三相交流电源而接入直流电时，定子绕组便产生一个恒定的磁场。其转子由于机械惯性作用，转速不能突变，继续维持原旋转方向，这样，转子导条切割此恒定磁场而感应电动势和电流，转子电流与恒定磁场相互作用而产生电磁力和电磁转矩。此时，电磁转矩与转速方向相反，起制动作用，使电动机迅速停车。当电动机的转速下降到零时，转子感应电动势和感应电流均为零，此时制动过程结束。由于这种方法是用消耗转子的动能（转换成电能）来进行制动的，因此称为能耗制动，其机械特性曲线如图 3-39 所示。

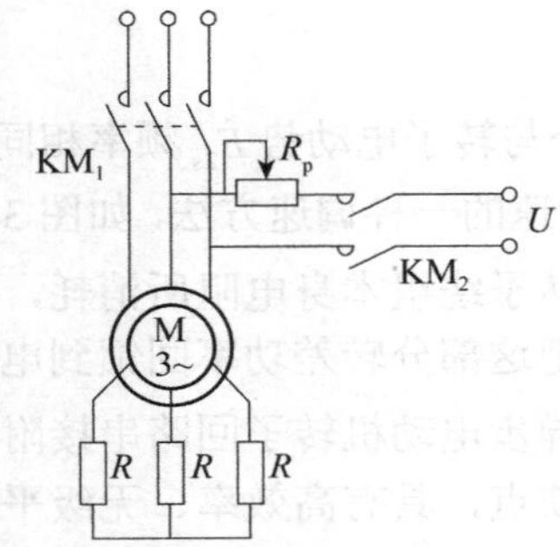

图 3-38　能耗制动原理图

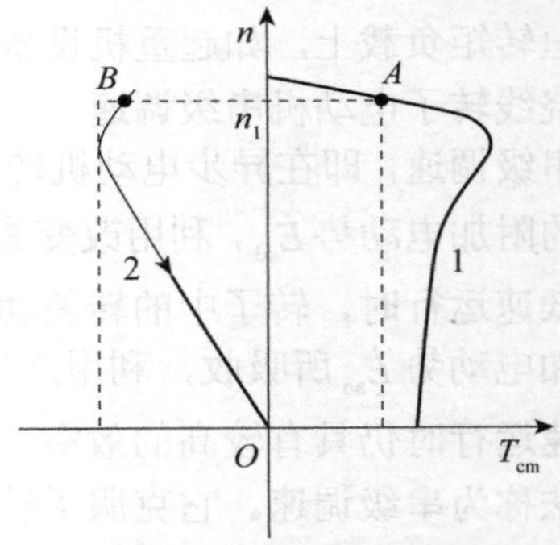

图 3-39　能耗制动的机械特性

由能耗制动时的机械特性曲线可以看出，电动机原来工作在固有机械特性曲线 1 的 A 点，在制动瞬间，电磁转矩与 A 点的电磁转矩方向相反，且由于转速不能突变，故其工作点由 A 点向能耗制动曲线 2 上的 B 点移动。当到达 B 点时，由于电磁转矩与转子转向相反，电动机便开始减速，即沿曲线 2 开始下移，直到原点，从而实现制动。

2. 反接制动

三相异步电动机反接制动包括电源反接制动和倒拉反接制动两种。电源反接制动是指将三相异步电动机的任意两相定子绕组的电源线对调，即通过改变电动机的供电相序，产生反向旋转力矩，其原理图如图 3-40 所示。此时定子产生的旋转磁场的方向会随着电源的反接而反向，电磁转矩的方向也随之反向。由于机械惯性，电动机转速未变，从而起到制动的作用。电源反接制动的机械特性曲线如图 3-41 所示。

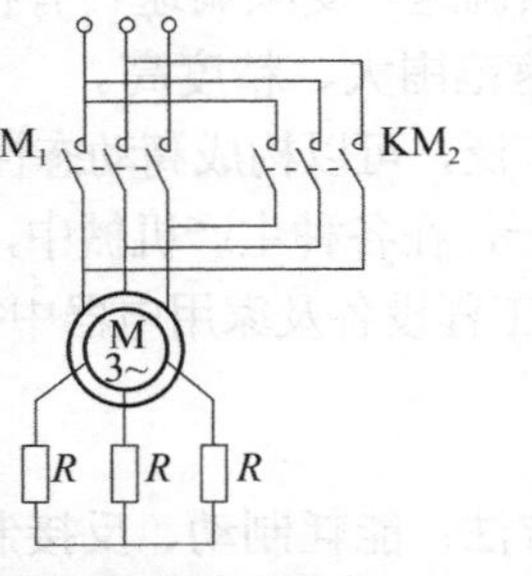

图 3-40　电源反接制动原理图

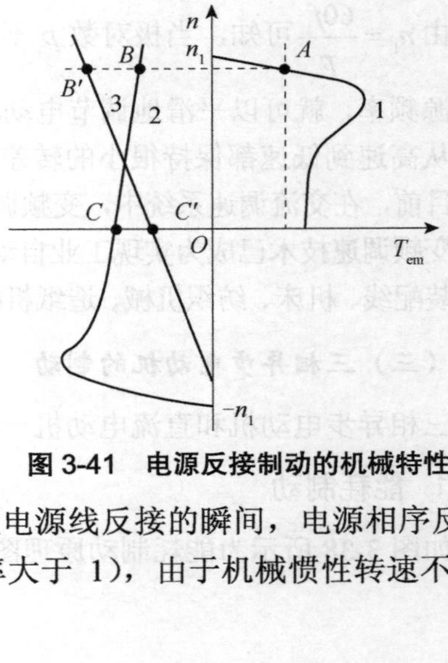

图 3-41　电源反接制动的机械特性

由电源反接制动的机械特性曲线可知，在定子绕组电源线反接的瞬间，电源相序反向，旋转磁场、电磁转矩也随之反向（此时电动机的转差率大于 1），由于机械惯性转速不能突变，工作点由曲线 1 的 A 点平移到曲线 2 的 B 点，此时由于电磁转矩反向，故电动机开始减速并沿着曲线 2 下降，当到达 C 点时转速为零，制动过程结束。此时应立即切断电源，否则电动机会反转。一般为了防止电动机反转，会在电动机转轴上连接一个速度继电器，当转速低于 100r/min 时，速度继电器触点断开，从而防止反向电源给电动机继续供电而造成电动机被拉入反向运转。

倒拉反接制动适用于绕线型异步电动机拖动位能型负载的低速下放，也称为转子反向反接制动。倒拉反接制动的机械特性如图 3-42 所示。在这里就不详细介绍了。

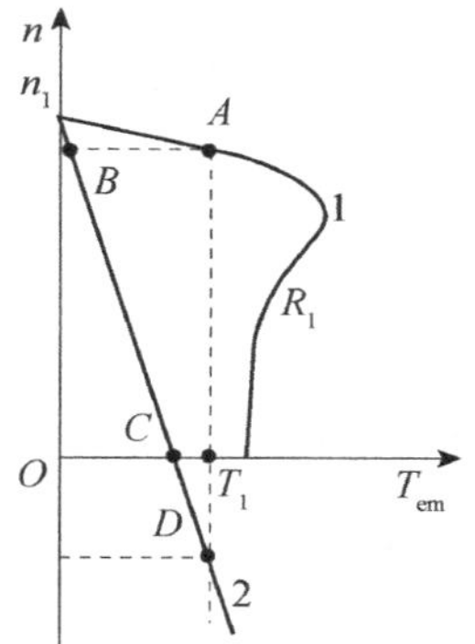

图 3-42 倒拉反接制动的机械特性

3. 回馈制动

回馈制动也称为再生发电制动。在电动机工作过程中，由于位能型负载的作用，可使电动机的转速超过旋转磁场的同步转速，此时电动机转子铁芯与旋转磁场的相对切割方向同电动机运行状态时相反，则转子电流和电磁转矩的方向也相反，即电磁转矩方向与转子旋转方向相反，电磁转矩变为制动转矩。此时，电动机作为发电机运行，将机械功率变成电功率向电网输送电能。

任务二 电梯曳引电机的变频驱动

本任务目标

1. 了解变频器的分类。
2. 掌握变频器的定义、主回路组成及各个组成部分的功能。
3. 掌握变频器的选用及抗干扰措施。
4. 掌握变频器的安装。

5. 了解变频器的维护与检修。

6. 掌握变频器在电梯系统中的应用（变频器相关参数的设置）。

一、相关知识

（一）变频器分类

变频器就是应用变频技术制造的一种静止的电压频率变换器，它是一种利用半导体器件的通断将电网提供的电压、频率固定（通常为三相 380V 或单相 220V/工频 50Hz）的交流电，变换为频率、电压连续可调节的交流电以供给电动机运转的电源控制装置，它使电动机可以在变频电压的电源驱动下发挥更好的工作性能。

从定义中可以看出，变频器可以分固定交流、直流、可变交流三个主要结构，如图 3-43 所示。

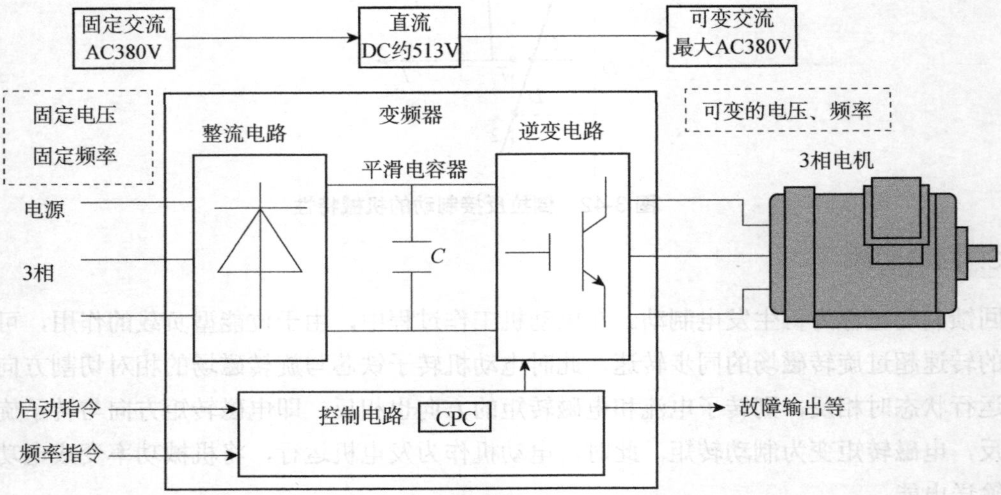

图 3-43　变频器主电路内部结构图

在实际应用当中，变频器的种类是比较繁多的，这样分类的方法也很多，如下所述。

1. 按变换环节分类

（1）交-交变频器（AC-AC）

交-交变频器把频率固定的交流电直接变换成频率和电压连续可调的交流电。其优缺点分别是：

优点——没有中间环节，变换效率高。

缺点——连续可调的频率范围窄。

（2）交-直-交变频器（AC-DC-AC）

交-直-交变频器先把交流电整流变换成直流电，再经过滤波环节，把平直的直流电逆变成频率连续可调的交流电。其优缺点分别是：

优点——频率调节范围较大，变频后电动机的特性有明显的改善。

缺点——变换效率较低。

此种变频器目前应用最广泛，图 3-44 是目前广泛引用的结构类型。

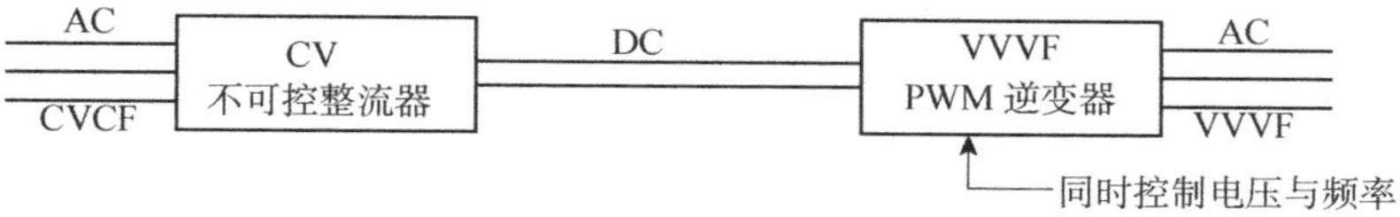

图 3-44　交–交–变频器主要结构

其结构特点是：功率因数 $\cos\varphi$高，谐波分量小，实际应用中，多采用 GTR（电力晶体管）、IGBT（绝缘栅双极晶体管）这些开关频率高的全控型器件作为逆变器中的逆变管，在逆变器一侧同时调频调压，控制简单。

2. 按滤波环节分类

（1）电压型变频器

电压型变频器中间直流环节采用大电容作为滤波储能环节，如图 3-45 所示。

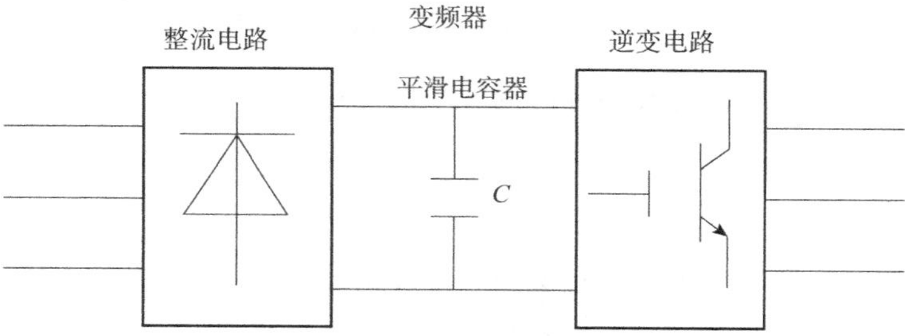

图 3-45　电压型变频器结构框图

其特点：直流侧电源内阻较小（电容“隔直通交”的特性决定），相当于电压源；输出的交流电的电压是矩形波或梯形波，电压波形比较平直。

（2）电流型变频器

电流型变频器中间直流环节采用大电感作为滤波储能环节，无功功率由该电感缓冲，如图 3-46 所示。

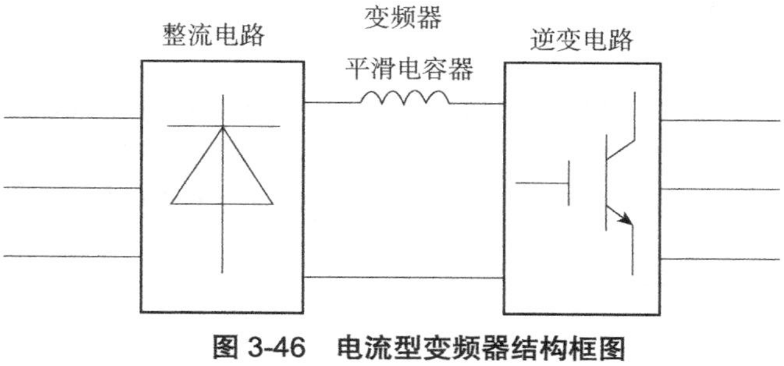

图 3-46　电流型变频器结构框图

其特点：直流侧电源内阻较高（电感“隔交通直”的特性决定），近似于电流源；输出的交流电电流近似于矩形波或梯形波，电流波形比较平直。

3. 按输出电压调节方式分类

（1）PAM 调节方式

PAM 称作脉冲幅值调节方式，通过调节输出脉冲的幅值进行调压的一种方式。其特点是：

逆变器只负责调节输出频率，输出电压的调节由电路前面的整流器或直流斩波器通过调节直流电压来实现。PAM 调节方式电压波形图见图 3-47。

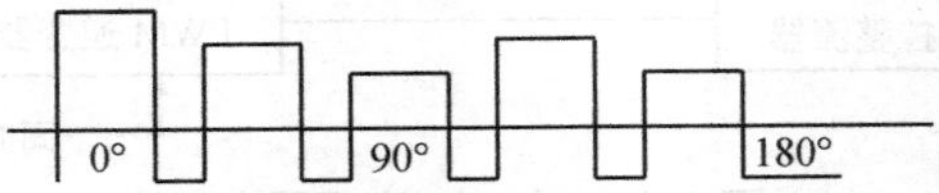

图 3-47　PAM 调节方式电压波形图

（2）PWM 调节方式

PWM 称作脉冲宽度调节方式，通过比较一个参考电压波与一个载频三角波，决定主开关器件的导通时间，从而改变输出脉冲的宽度和占空比进行调压。其特点是：输出频率和输出电压均由逆变器来完成，波形等幅不等宽。PWM 调节方式电压波形图见图 3-48。

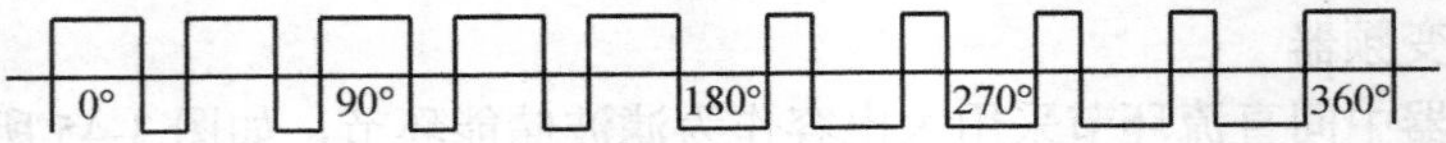

图 3-48　PWM 调节方式电压波形图

占空比 $\rho=t_w/T$，即脉冲宽度 t_w 与脉冲周期 T 的比值。

4. 按控制方式分类

（1）*U*/*F* 控制变频器

这种变频器是对其输出的电压和频率同时进行控制，使 *U*/*F* 的比值保持一定，使电动机的主磁通保持一定，从而得到所需的转矩特性，又称为恒压频比控制方式。它属于转速开环控制，控制电路结构简单，成本低，通用性强。但是其静态调速精度较差，如果负载变化，转速也会随之改变。

（2）转差频率控制变频器

这种变频器是由速度传感器检测电动机的转速，构成速度闭环，速度调节器的输出为转差频率，而变频器的给定输出频率则由电动机的实际转速与所需转差频率之和决定。其调速精度提高，速度的静态误差小。

（3）矢量控制变频器

这种设备是根据交流异步电动机的动态数学模型，利用坐标变换的手段，将电动机的定子电流分解为产生磁场的电流分量（励磁电流）和与其垂直的产生转矩的电流分量（转矩电流），并分别加以控制，以获得类似于直流调速系统的动态性能。

5. 按照使用的逆变管器件分类

（1）自关断类变频器

使用全控型电力电子器件（既能控制导通，也能控制关断），如大功率晶体管（GTR）、可关断晶闸管（GTO）、功率场效应晶体管（Power MOSFET）、绝缘栅双极晶体管（IGBT）等。

（2）强制关断类变频器

使用半控型电力电子器件——普通晶体管（仅能控制导通，不能控制关断），靠换相电容的充放电来关断器件。

（3）自然换相类变频器

使用半控型电力电子器件——普通晶闸管，利用电源或负载的交流电压关断已导通器件。

另外，还可以按应用场所分类。比如通用变频器，它是指能与普通的笼型异步电动机配套使用，能适应各种不同性质的负载，并具有多种可供选择的变频器；高性能专用变频器，大多数采用矢量控制，驱动对象通常是变频器厂家指定的专用电动机；高频变频器，它为了满足高速电动机的驱动要求，输出频率可达 3kHz。

（二）变频器结构原理

和其他设备一样，变频器由主电路及控制电路两部分构成，下面就以交-直-交型电压变频器为例，介绍通用变频器的主回路组成。

1. 变频器主回路

交-直-交变频器的主电路主要有整流电路和逆变电路两部分，整流电路的作用是将工频交流电变换成直流电；逆变电路的作用是将直流电再逆变为频率可调的交流电。基本构成如图 3-49 所示。

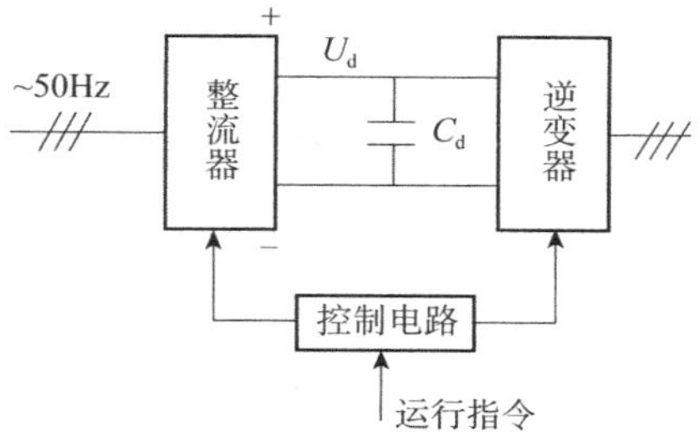

图 3-49　交-直-交电压型变频器的基本构成

严格意义上讲，这种变频器的主电路具体由整流电路、中间直流电路、能耗电路和逆变器电路四部分组成，如图 3-50 所示。

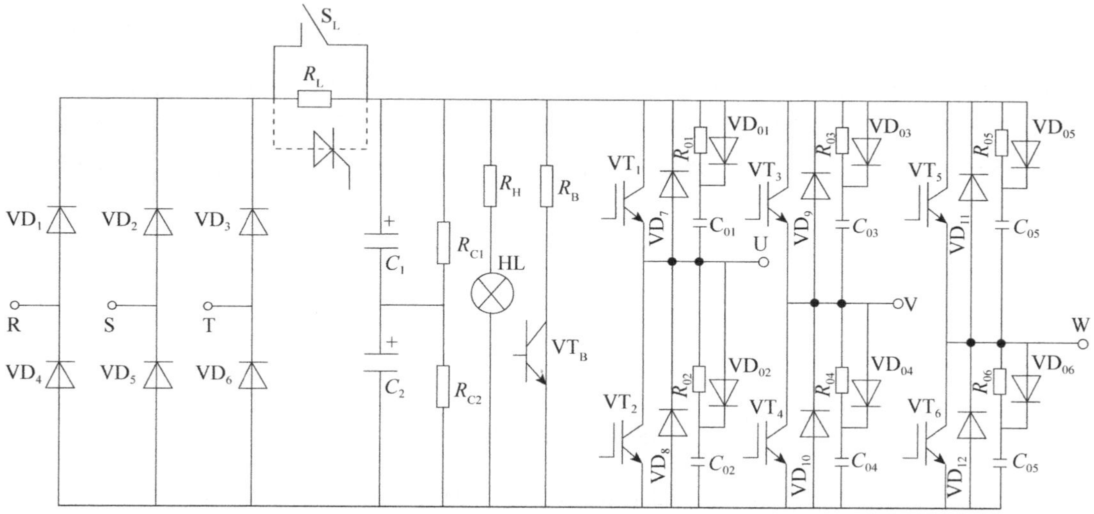

图 3-50　交-直-交电压型变频器的主电路图 1

为了方便对换能形式加深记忆，以下我们以各部分为主分别介绍主电路中的主要元器件，如图 3-51 所示。

（1）交-直变换整流电路部分

① 二极管三相桥式全波整流电路。

整流电路因变频器的输出功率大小的不同可分为小功率和大功率两种。

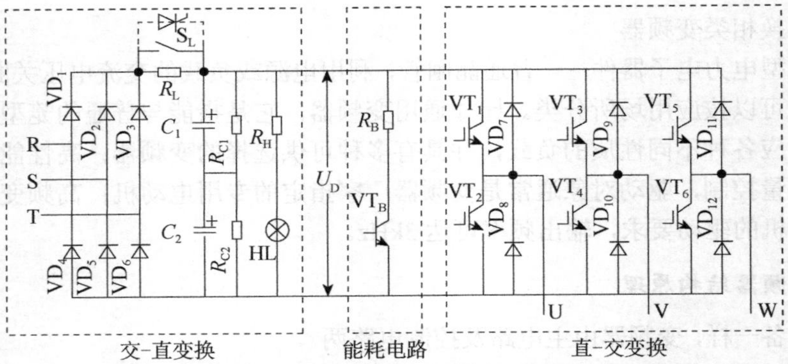

图 3-51　交-直-交电压型变频器的主电路图 2

其中小功率是指变频器输入电源用 220V 单相交流电，电源电压取值构成如图 3-52 所示，整流电路为单相全波整流桥。单相全波整流桥的接线电路如图 3-53 所示。

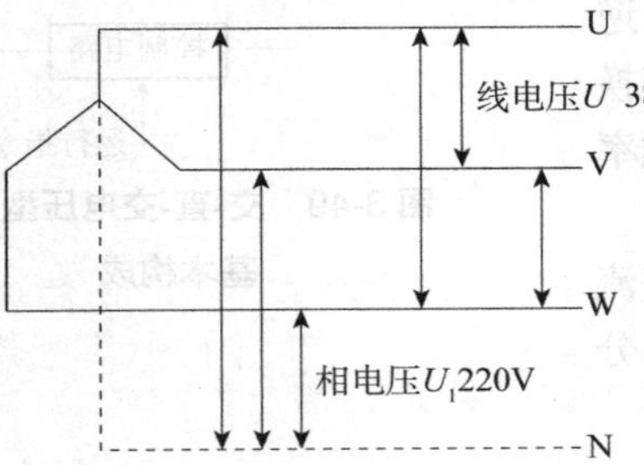

图 3-52　电网电源电压取值构成

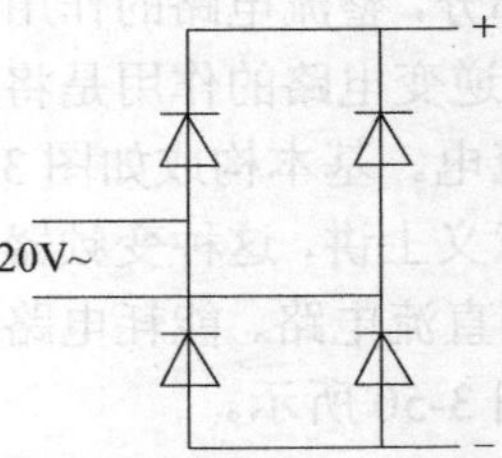

图 3-53　单相全波整流桥的连接电路

功率较大的变频器，如图 3-50 所示，整流电路由 VD_1～VD_6 组成三相不可控整流桥，它用的是三相 380V 电源，由变频器输入端 R、S、T 三端将电网电源的三相交流电全波整流成直流电。图 3-54 中的粗实线（包络线）就是经全波整流后得到的理想脉动直流电波形（共六个波头）。

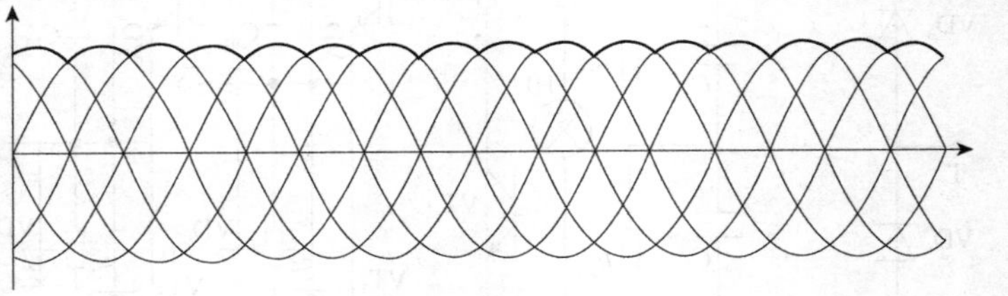

图 3-54　脉动直流电波形

假设电源的线电压为 U_L，则三相全波整流后平均直流电压 U_D 的大小是

$$U_D=1.35U_L \tag{3-47}$$

我国三相电源的线电压为 380V，故全波整流后的平均电压是

$$U_D=1.35\times380=513V$$

② 滤波电容器 C。

从图 3-54 中可以看出整流电路输出的整流电压不是一条平直的直流电压，而是脉动的直流电压，它是有变化、有峰值的，必须加以滤波，电压型交-直-交变频器的滤波环节由大电容担当。那么其作用为：滤平全波整流后的电压纹波；在整流电路与逆变器之间起去耦作用

（消除突变电压），消除相互干扰，这就给作为感性负载的电动机提供必要的无功功率，当负载变化时，使直流电压保持平稳；中间直流电路电容器的电容量必须较大，起到储能作用，所以中间直流电路的电容器又称储能电容器。

通过前面的计算可以看出，三相桥整流出来的平均电压很高（513V 左右），就单个电解电容来说是有限的，由于受到电解电容的电容量和耐压能力的限制，滤波电路通常由若干个电容器采用串联或是并联的方法将电容的两个参量加以扩充。通过比较科学的实验计算得出增大电容容量和耐压值的最佳方法是：先将若干个耐压值相等的电容并联起来，增大其容量，成为一个大容量的电容组；再将两个大容量且容量相等的电容组串联，增大其耐压值的方法来得到电容量大且耐压能力很高的电容。简单地说，即采用先并联后串联的方法，图 3-51 中的 C_1 和 C_2 就是这样构成。

③ 均压电阻 R_{C_1} 和 R_{C_2}。

因为电解电容的电容量有较大的离散性(不稳定性)，故电容器组 C_1 和 C_2 的电容量常常不能完全相等，这将使它们承受的电压 U_{D_1} 和 U_{D_2} 不相等。为了使 U_{D_1} 和 U_{D_2} 相等，在 C_1 和 C_2 旁各并联一个阻值相等的均压电阻 R_{C_1} 和 R_{C_2}。

另外要说明的是，电容 C_1 和 C_2 的充电回路是通过整流桥部分实现的，快速放电回路是通过逆变电路部分实现的。

④ 限流电阻 R_L 与开关 S_L。

由于储能电容增大，无形中扩大了它的充电能力，加之当变频器刚合上电源的瞬间，电容器两端的电压为零。刚合上电源的瞬间，滤波电容器 C 的充电电流 i_C 的变化率是很大的。过大的冲击电流将可能使三相整流桥的二极管损坏；同时，也使电源电压瞬间下降而受到“污染”。

那么，在变频器刚接通电源后的一段时间里，电路内串入限流电阻 R_L 起作用，其作用是减小冲击电流，保护整流桥，将电容器 C 的充电电流限制到允许的范围以内。

但是，电容器 C 充电电流到了后期不再那么大，不会存在损坏二极管的危险，这就使限流电阻 R_L 的存在成为影响到电路正常工作的负担，因此，在 R_L 两端并联一个开关 S_L。

开关 S_L 的功能是当 C 刚充电瞬间，S_L 断开，将 R_L 串入充电回路，起限流作用；当 C 充电到一定程度时，令 S_L 接通，将 R_L 短路，使电路恢复正常。

在许多新系列的变频器里，S_L 已由晶闸管代替，如图 3-51 中虚线所示。

⑤ 电源指示 HL。

作用：表示电源是否接通或关断，即在变频器切断电源后，显示滤波电容器 C 上的电荷是否已经释放完毕。

说明：由于 C 的容量较大，而切断电源又必须在逆变电路停止工作的状态下进行，所以 C 没有快速放电的回路，它要重新寻找一条放电回路，即指示灯支路，这是一条慢速放电回路，其放电时间往往长达数分钟。又由于 C 上的电压较高，如电荷不放完，对人身安全将构成威胁。故在维修变频器时，必须等 HL 完全熄灭并等待一段时间后，才能接触变频器内部的导电部分。

电阻 R_H 用于限制电流、保护指示灯 HL。

（2）直-交变换逆变器电路部分（逆变器电路部分）

① 逆变管 VT_1～VT_6。

实际应用中 IGBT 常用的保护措施有：过流保护、过压保护、过热保护。由逆变器电路通过变频器的输出端口 U、V、W 三端向外输出等幅不等宽的矩形脉冲交流电，接电动机运行。

② 续流二极管 VD_7～VD_{12}。

续流二极管 VD_7～VD_{12} 的主要功能是为主回路工作提供"通道"：一是电动机的绕组是电感性的，其电流具有无功分量，VD_7～VD_{12} 为无功电流返回直流电源时提供"通道"；二是当频率下降、电动机处于再生制动状态时，再生电流将通过 VD_7～VD_{12} 返回给直流电路提供"通道"；三是 VT_1～VT_6 逆变管进行逆变时，同一桥臂的两个逆变管，处于不停地交替导通和截止的状态，在交替导通和截止的换相过程中，不时地需要 VD_7～VD_{12} 提供通路。

③ 缓冲电路（R_{01}、VD_{01}、di/dt、VD_{06}、C_{06}）。

因为逆变管在关断和导通的瞬间，其电压变化率 du/dt 和电流变化率 di/dt 是很大的，有可能使逆变管受到损害。因此，变频器主回路中设置缓冲电路的目的是在每个逆变管旁并接一路缓冲电路，以减缓电压和电流的变化率。

在不同型号的变频器中，缓冲电路的结构因逆变管的特性和容量等不同而有较大差异，本书介绍比较典型的一种，如图 3-55 所示。各元件功能如下：

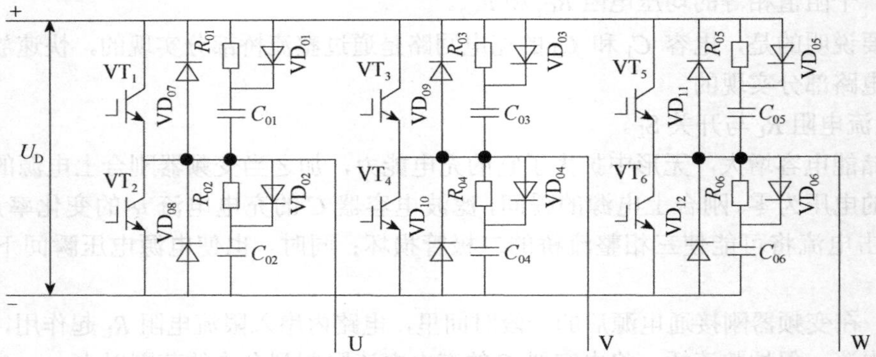

图 3-55　变频器缓冲电路

a. 电容 C_{01}～C_{06}。

逆变管 VT_1～VT_6 每次由导通状态切换成截止状态的关断瞬间，集电极（C 极）和发射极（E 极）间的电压 U_{CE} 将极为迅速地由近乎 0V 上升至直流电压值 U_D，过高的电压增长率将导致逆变管的损坏。又因为电容的特性——电压升高过程中，它两端的电压不能突变。因此，C_{01}～C_{06} 的功能便是降低 VT_1～VT_6 在每次关断瞬间的电压增长率，起到抑制电压变化率 du/dt 的作用。

b. 电阻 R_{01}～R_{06}。

逆变管 VT_1～VT_6 每次由截止状态切换成导通状态的接通瞬间，C_{01}～C_{06} 上所充的电压（等于 U_D）将向 VT_1～VT_6 放电。此放电电流的初始值很大，并且将叠加到负载电流上，导致 VT_1～VT_6 的损坏。因此，R_{01}～R_{06} 的功能是限制逆变管在接通瞬间 C_{01}～C_{06} 的放电电流，起到抑制电流变化率 di/dt 的作用。

c. 二极管 VD_{01}～VD_{06}。

R_{01}～R_{06} 的接入，会影响 C_{01}～C_{06} 在 VT_1～VT_6 关断时降低电压增长率的效果。因此，VD_{01}～VD_{06} 接入后的功能是：在 VT_1～VT_6 的关断过程中，使 R_{01}～R_{06} 不起作用，让 C_{01}～C_{06} 正常发挥降低电压增长率的效果；而在 VT_1～VT_6 的接通过程中，又迫使 C_{01}～C_{06} 的放电电流流经 R_{01}～R_{06}，使 R_{01}～R_{06} 起到抑制电压变化率的作用。

（3）能耗电路

能耗电路包括制动电阻 R_B 和制动单元 V_B 两部分，属于内部制动，制动电阻请勿乱用。在实际应用电路中，应该合理使用制动电阻。能耗电路结构及工作运行图如图 3-56 所示。

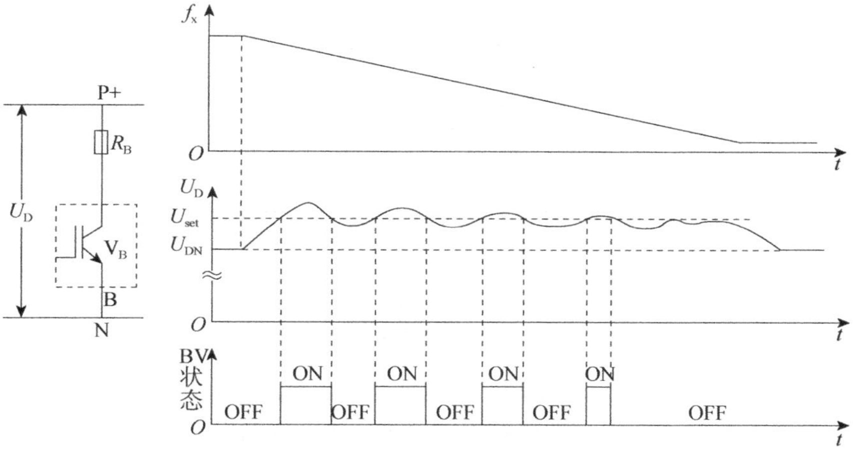

图 3-56　能耗电路结构及工作运行图

根据电路可以对制动电阻粗略计算：

制动电阻值

$$R_B=U_D/I_B\ (I_B=I_{MN}\rightarrow T_B\approx T_{MN}) \qquad (3\text{-}48)$$

制动电阻的消耗功率

$$P_{BO}=U_{D2}/R_B \qquad (3\text{-}49)$$

制动电阻的容量选择

$$P_B=\alpha_B\cdot P_{BO} \qquad (3\text{-}50)$$

式中，α_B——制动电阻容量的修正系数。在一般情况下，α_B=0.3～0.5，电动机容量小时取小值，大时取大值。

变频器制动单元内部构成如图 3-57 所示。

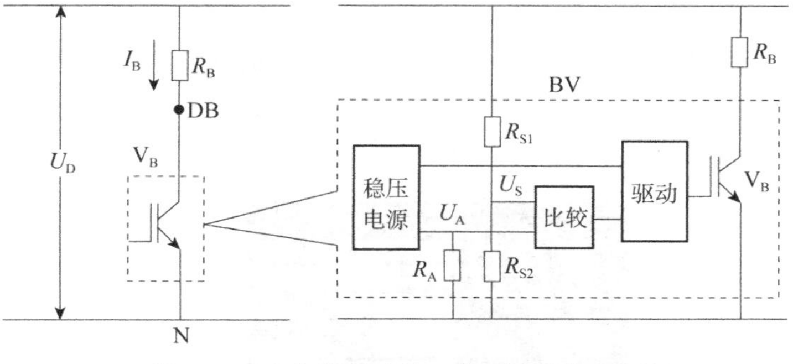

图 3-57　变频器制动单元内部构成（功率管）

有些实际电路还可以用交流接触器代替功率管来使用，效果相差不多，如图 3-58 所示。

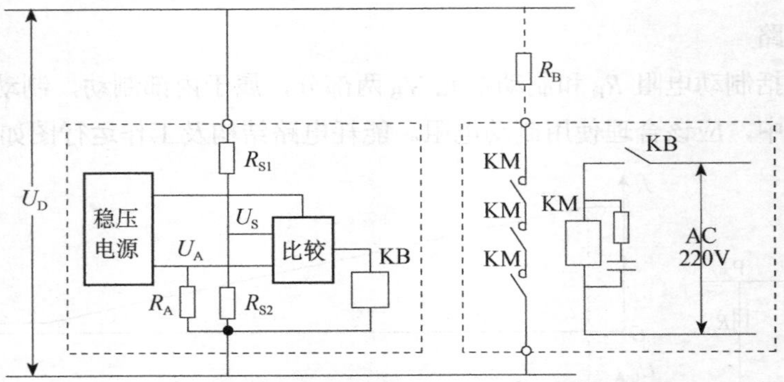

图 3-58　变频器制动单元内部构成（交流接触器）

根据影响电动机速度的因素公式可知：

$$n\downarrow=\frac{60f\downarrow}{P}(1-s) \tag{3-51}$$

当电动机的工作频率下降时，它的转子转速将超过此时的同步转速，使得电动机处于再生制动状态，拖动系统的动能要反馈到直流电路中，使直流电压 U_D 不断上升（即产生泵生电压，能耗电路在制动过程中影响泵升电压的因素有两个，一是拖动系统的飞轮力矩 GD^2，另一个是降速时间 t_B），甚至可能达到危险的地步。因此，必须将再生到直流电路的能量消耗掉，使 U_D 保持在允许范围内，制动电阻 R_B 就是用来消耗这部分能量的。而由电力晶体管 GTR 或 IGBT 及其驱动电路构成制动单元 V_B，在这个时候就是控制流经 R_B 的放电电流 I_B，换句话说是为放电电流 I_B 流经 R_B 提供通路。

2.变频器控制回路

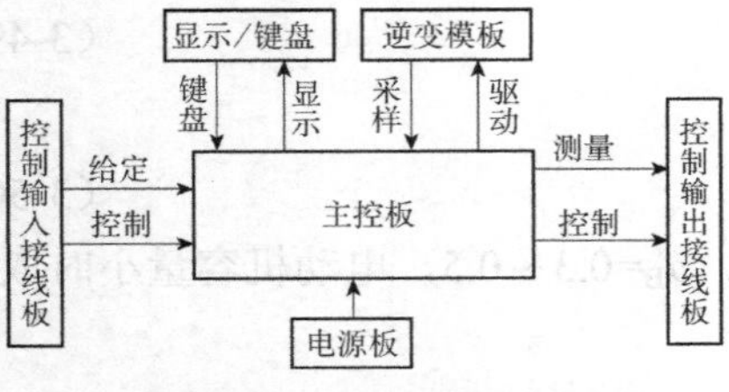

图 3-59　控制电路基本结构

通用变频器的控制电路的基本结构如图 3-59 所示，现在以实验设备 OMRON-3G3JV 系列变频器为例介绍。它主要由主控板、键盘与显示板、电源板、外接控制电路等构成。

（1）主控板

主控板是变频器运行的控制中心，是计算机中的 CPU。其主要功能有：接收信号、内部控制、发出信号。

（2）键盘与显示板

键盘是向主控板发出各种信号或指令的（IN），显示板是将主控板提供的各种数据进行显示（OUT），是计算机中的 I/O 接口。两者总是组合在一起使用，有时称为数字操作器。通用变频器的键盘配置及显示屏示意图如图 3-60 所示。

图 3-60　通用变频器的键盘配置及显示屏

不同类型的变频器配置的键盘型号是不一样的，尽管形式不一样，但基本的原理和构成都差不多，基本有以下几种。

① 模式转换键。

变频器的基本工作模式有运行和显示模式、编程模式等。模式转换键便是用来切换变频器的工作模式的。常见的符号有 MOD，PRG，FUNC 或⊂⊃等。

② 数据增减键。

用于改变数据的大小。常见的符号有△，∧，↑和︽，▽，∨，↓和︾等。

③ 读出、写入键。

在编程模式下，用于读出原有数据和写入新数据。常见的符号有 SET，READ，WRITE，DATA，Enter 或↵等。

④ 运行键。

在键盘运行模式下，用来进行各种运行操作。主要有 RUN（运行），FWD 或 FOR（正转），REV（反转），STOP（停止），JOG（点动）等。

⑤ 复位键。

变频器因故障而跳闸后，为了避免误动作，其内部控制电路被封锁。当故障修复以后，必须先按复位键，使之恢复为正常状态。复位键符号为 RESET（简写为 RST）。

⑥ 数字键。

有的变频器配置“0～9”和小数点“.”等数字键，编程时，可直接输入所需数据。

大部分变频器配置了液晶显示屏（数据显示部分），它可以完成各种指示功能。

数据显示主要内容有：在监视模式下，显示各种运行数据，如频率、电流、电压等；在运行模式下，显示功能码和数据码；在故障状态下，显示故障原因的代码。

指示灯主要有：状态指示，如 RUN（运行），STOP（停止），FWD 或 FOR（正转），REV（反转），ALARM（故障）等；单位指示，显示屏上数据的单位，如 Hz、A、V 等。

（3）电源板

变频器的电源板主要提供以下电源：主控板电源、驱动电源、外控电源。

（4）外接控制电路

变频器的外接电路有：外接给定电路，包括外接电源正端、电压信号给定端、电流信号给定端、辅助信号给定端；外接输入控制电路，控制端。

（5）外接输出电路

用于状态信号、报警信号、测量信号的输出。

（三）变频器的选用

要使变频器在实际工程应用中发挥它最大的经济效益，合理选择变频器是非常重要的，变频器本身的选用及其外围设备的选用都是一门学问，只有合理选好、选对变频器，就能节省能源，使设备运行顺畅，创造更大的经济价值。

1. 变频器功能的选型

一般，可以根据控制功能等综合因素进行变频器的选择。例如，普通功能型 *U/f* 控制变频器、具有转矩控制功能的 *U/f* 控制变频器、矢量控制高性能型变频器。

但是，一般要根据负载要求选择一台适合生产的变频器。举例说明：最彰显变频器节能的风机、泵类负载（二次方率负载）用变频器。这类负载的特性是低速负载转矩较小，所以通常选择普通功能型，同时还要考虑此类变频器的特殊性，所以需要考虑以下功能。

（1）过载能力较低

因为风机和水泵等在运行过程中很少发生过载。

（2）具有闭环控制和 PID 调节功能

水泵在具体运行时常常需要进行闭环控制，如在供水系统中，要求进行恒压供水控制；在中央空调系统中，要求恒温控制、恒温差控制，故此类变频器须设置 PID 调节功能。

（3）具有“1”控“*X*”的切换功能

为了减少设备投资，常常采用由一台变频器控制若干台水泵的控制方式，为此许多变频器专门设置了切换功能。

注：变频器作为一种电源装置，可以供给多台负载运行，但是要确认是“1”控“*X*”而不是“*X*”控“1”。

所以，综合考虑水力、风力等发电机组等应选用具备以上特殊功能的普通变频器即可满足节能、平稳运行的需求。

又如，挤压机、传送带、起重机的平移机构等恒转矩负载用变频器，可以根据负载的大小考虑采用普通功能型，为了实现恒转矩调速，常采用加大电动机和变频器容量的办法来提高低速转矩；或是采用具有转矩控制功能的高功能型，用此变频器实现恒转矩负载的恒速运行，是较理想的。这种变频器的低速转矩大，静态机械特性硬度大，不怕冲击负载，具有挖土机特性，性价比令人十分满意。

再如轧钢、造纸、塑料薄膜用高性能变频器，通常指具有矢量控制功能，且能进行四象限运行的变频器（电流型变频器），主要用于对机械特性和动态响应较高的场合。

具有电源再生功能的变频器，当变频器中直流母线上的泵生电压过高时，能将再生的直流电逆变成三相电流反馈给电源，主要用于电动机长时间处于再生状态的场合，如起重机的吊钩电动机。

另外，还有其他专用变频器，如电梯专用变频器、纺织专用变频器、张力控制专用变频器等。

2. 变频器容量的选择

变频器的容量直接关系到变频调速系统运行的可靠性，因此，合理的容量将保证最优的投资，并且变频器容量的选择是一项重要而复杂的问题，要考虑变频器容量和电机容量的匹配。容量偏小会影响电动机有效转矩的输出，影响系统的正常运行，甚至损坏装置；而容量偏大则电流的谐波分量会增大，也增加了设备的投资。选择变频器容量时，变频器的电流是一个关键量，变频器的容量应按运行时可能出现的最大工作电流来选择。

选择变频器时应以实际电机电流值作为变频器选择的依据，电机的额定功率只能作为参考。另外应充分考虑变频器的输出含有高次谐波，会造成电动机的功率因数和效率都会变坏。因此，用变频器给电动机供电与用工频电网供电相比较，电动机的电流增加 10%而温升增加约 20%。所以在选择电动机和变频器时，应考虑到这种情况，适当留量，以防止温升过高，影响电动机的使用寿命。

不同的负载及不同的使用场所，选择变频器容量的角度也是不一样的，例如水泵变频器的选择依据是水泵电机的负载特性和电机的额定参数。所以，要进行实际分析。

3. 变频器的外围设备及其选择

选定好变频器后，下一步就应该选择与变频器相配合的外围设备。合理选择变频器的外围设备，能保证变频器驱动系统正常工作，并且能提供对变频器和电动机的保护，减少对其他设备的影响。

图 3-61 是简单的变频器与他外围设备接线简图。其中，1、2、3、4、9 和 10 为常规配件，是一般设备通用的元件，若发生损坏需要更换，则可到一般厂家购买，无特殊要求；5、6、7、8、L 等是专用配件，需要到专门的生产厂家更换零器件。

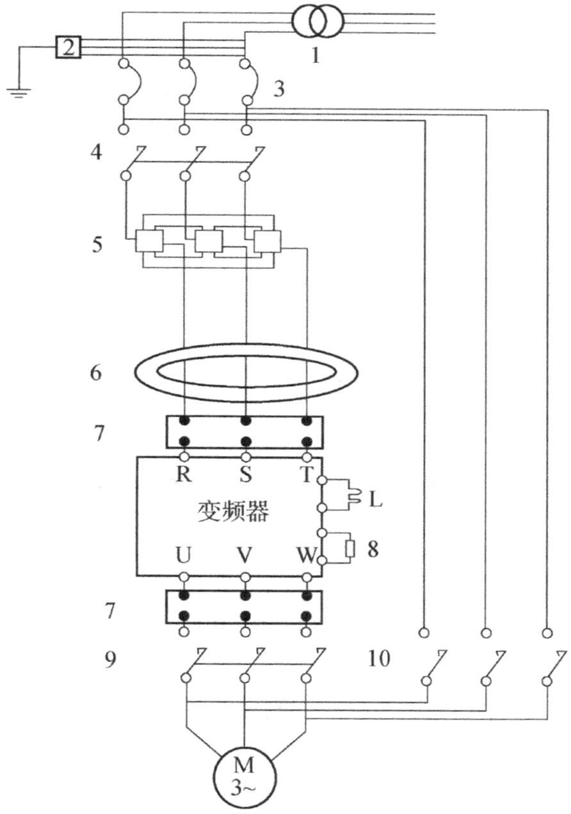

图 3-61　变频器与外围设备接线简图

1—电源变压器；2—避雷器；3—断路器；4—电源侧交流电磁接触器；5—交流电抗器；6—无线电抗干扰滤波器；7—电源滤波器；8—外接制动电阻；9—电动机侧交流电磁接触器；10—变频器与电网切换电磁接触器；L—内部直流电抗器

（1）电源变压器

它的作用是将供电电网的高压电源转换为变频器所需要的电压等级（200V 或 400V）。在变频器应用系统中，确定变压器容量的方法是：一般经验算法很简单，直接按变频器容量的 1.5 倍左右选择方可，但是要求精确计算就要利用下面的公式：

$$\text{变压器容量}=\frac{\text{变频器的输出功率}}{\text{变频器输入功率因数}\times\text{变频器效率}} \tag{3-52}$$

式（3-52）中，变频器的输出功率是指变频器的驱动总容量，单位为 kW；变频器输入功率因数在有交流电抗器时取 0.8～0.85；没有交流电抗器时取 0.6～0.85；变频器效率一般取

0.9～0.95。

（2）避雷器

避雷器的作用是吸收由电源侵入的感应雷击浪涌电压泄入大地，保护与电源相连接的全部机器（30kW 以上）。

（3）电源侧断路器

断路器 FU 的作用是用于变频器、电动机与电源回路的通断，并且在出现过流或短路事故时能自动切断变频器与电源的联系，以防止事故扩大，主要起隔离、保护作用。实际应用时一般都要提前接空气开关 Q（如图 3-62 所示）。

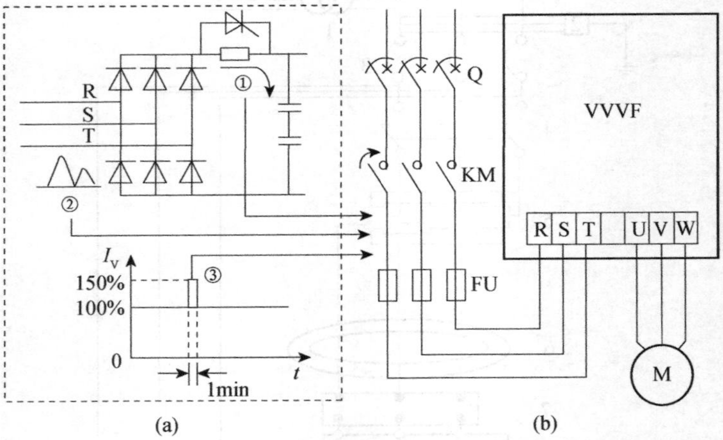

图 3-62　变频器电源侧断路器接线图

一般，额定电流可按式（3-53）中变频器的额定电流的 1.3～1.4 倍来选用。若直接接电动机，要按电动机的启动电流进行选择。

$$I_{QN} \geqslant (1.3\sim1.4)I_N \tag{3-53}$$

（4）交流电磁接触器

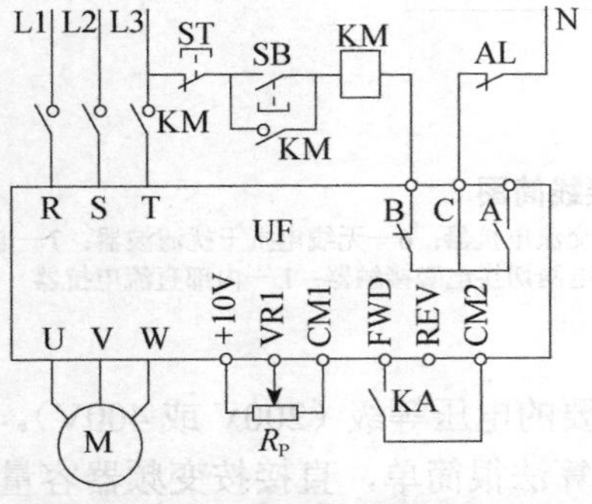

图 3-63　变频器电源侧接触器接线图

一般变频器应用系统中的接触器主要分布在电源侧（变频器输入侧 4 号器件）、电动机侧（变频器输出侧 9 号器件）、变频器系统外部（变频器与工频电网切换用接触器 10 号器件）三个主要部分，其作用各不相同。

电源侧接触器主要作用是可通过按钮开关方便地控制变频器的通电与断电；变频器或制动单元发生故障时，可自动切断电源，以便保护设备及人身安全（可有可无）。一般要和空气开关配合使用，不直接控制或频繁启动或停止变频器。

变频器电源侧接触器连接如图 3-63 所示。

$$I_{KN} \geqslant I_N \tag{3-54}$$

电动机侧的接触器是控制变频器与电动机直接的电气连接，10 号接触器是在变频器设备维修或维护时，避免机床设备停工停产，先切换至电网电压供电而装设的。输出接触器选择的依据：

$$I_{KN} \geqslant 1.1I_{MN} \tag{3-55}$$

值得注意的是，一般在应用环境中，变频器通电运转过程是有一定顺序的，一般是先将变频器输出端口与电动机串联接好后，才允许将变频器输入端口电源接入；否则顺序接错，变频器运转，其输出端有触电危险，并且此时变频器运转以后，会有很大的冲击电流，会因产生过电流异常而停机。

（5）热继电器

热继电器是一种过载保护元件，而变频器的过载保护元件是电子热敏保护等。一般单变频器，可以不用热继电器作系统的保护装置，但在 10Hz 以下或 60Hz 以上连续运行，一台变频器驱动多台电动机在这两种情况下必须要用热继电器作过载保护装置。

（6）电抗器

电抗器属于抗干扰器件，分为交流电抗器、直流电抗器两种。电抗器电压降不大于额定电压的 3%。当变压器容量大于 500kV·A 或变压器容量超过变频器容量 10 倍以上时，应配电抗器。

其中交流电抗器是三相铁芯上绕制三相线圈结构，其特点是导线截面积足够大，线圈导线的匝数少。交流电抗器结构图如图 3-64 所示。

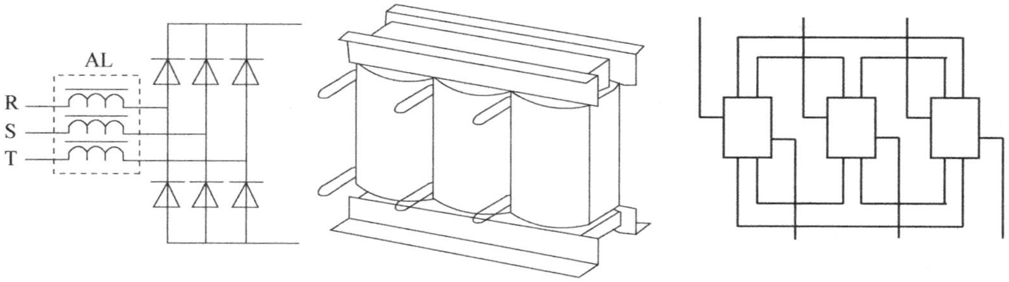

(a)　　(b)　　(c)

图 3-64　变频器用交流电抗器

交流电抗器主要用于交流电路，实际系统中在变频器的输入端与输出端都可安装，输入侧交流电抗器主要实现电源与变频器的匹配、改善功率因数、减小高次谐波的不良影响、抑制输入中的浪涌电流、削弱电源电压不平衡所带来的影响等；而输出侧交流电抗器主要起到降低电动机噪声、降低高次谐波的不良影响的作用。

而直流电抗器，主要用于直流电路功率因数的改善，其结构是单相铁芯上绕制单相线圈，线圈导线截面积小，线圈导线的匝数多。直流电抗器结构图如图 3-65 所示。

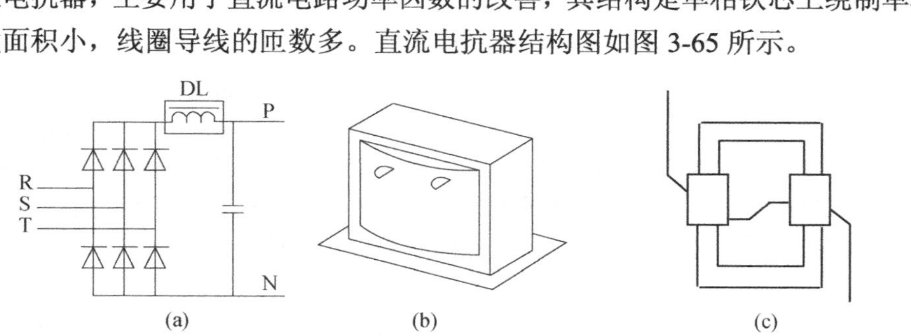

(a)　　(b)　　(c)

图 3-65　变频器应用直流电抗器

（7）滤波器

滤波器也属于抗干扰器件。按照结构的不同，它可以分为磁芯少匝数多和磁芯多匝数少两

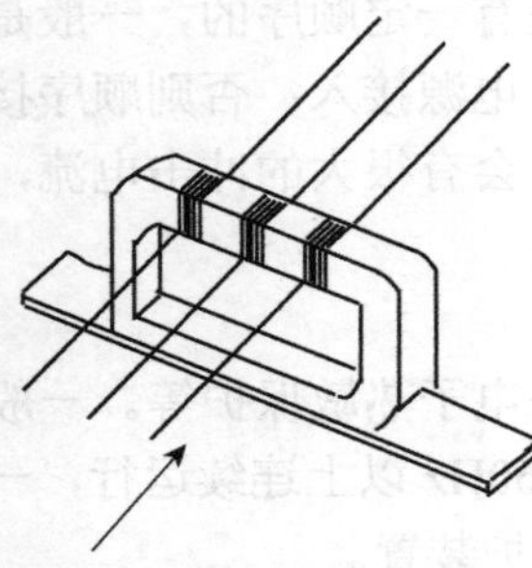

图 3-66　变频器用滤波器

种，两者的目的都是为了得到相同而稳定的磁通。其结构特点可以反映出它实际是电感量较小的线圈，各相的连接线在同一磁芯上按同一个方向绕制，一般变频器输入端的线圈比输出端的线圈匝数多，都采用环形铁芯。变频器用滤波器结构图如图 3-66 所示。

如图 3-66 所示的滤波器，当三相进线一起穿过磁芯时，电流基波分量的合成磁通为零，故对电流的基波分量并无影响。但谐波分量的合成磁通不为零，故能起到削弱谐波分量的作用。

（8）外接制动电阻

它和内部的制动电阻和制动单元配合使用。

4. 变频器的干扰

变频器是一种新型设备，变频器的输入、输出端都是交流电，但是波形及性能是不一样的。变频器的电压、电流波形如图 3-67 所示。

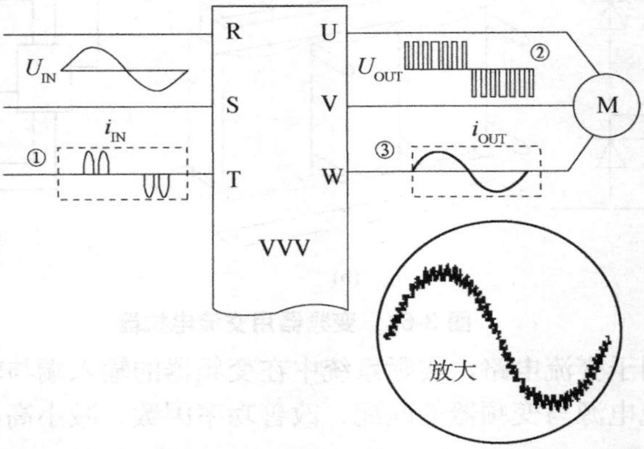

图 3-67　变频器输入、输出侧电压与电流波形图

可以看出，波形不稳定，会有干扰，作用都是双方面的，变频器收到外界的干扰，同时它也对外界有严重的干扰。

（1）外界对变频器的干扰

主要干扰来源于电源的进线，主要类型为构成电源无功损耗的低次谐波。当电源系统投入其他设备（如电容器）或由于其他设备的运行（如晶闸管等换相设备）时，容易造成电源的畸变，而损坏变频器的开关管。在变频器的输入电路中串入交流电抗器可有效抑制来源于进线的干扰。

① 电源侧的补偿电容，即变频器的输入端接入的电容，引起电压峰值过高，使电压发生畸变［见图 3-68（a）］，最终导致变频器主回路中整流部分的整流二极管承受过高的反向电压而损坏。

② 电网内有电容量较大的晶闸管作为换向设备时，引起电压凹凸且不连续，使电压发生断续［见图 3-68（b）］，最终导致变频器主回路中整流部分的整流二极管有可能因承受过大的反向回复电压而受到损坏。

总之，外部对变频器的干扰主要是使变频器整流部分的整流二极管损坏。

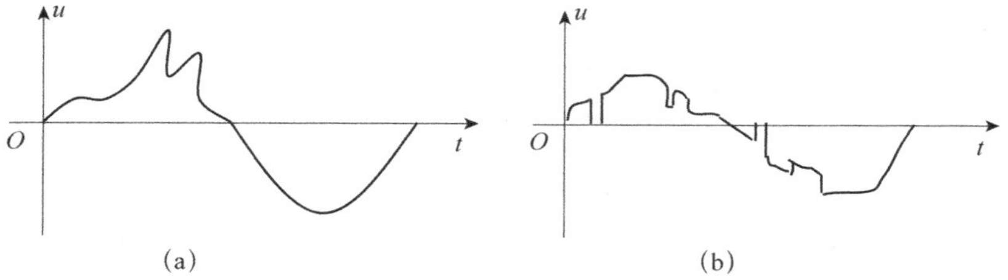

图 3-68　变频器受到外界干扰

（2）变频器对外界的干扰

由于变频器中的逆变管部分是通过高速半导体开关来产生一定宽度和极性的SPWM控制信号，这种具有陡变沿的脉冲信号会产生很强的电磁干扰，尤其是输出电流，它们将以各种方式把自己的能量传播出去，形成对其他设备的干扰信号，严重地超出电磁兼容性标准的极限要求。干扰信号主要是频率很高的谐波成分，传播方式及途径有很多种。

① 空中辐射方式：即以电磁波的方式向外辐射（如图 3-69 所示）。

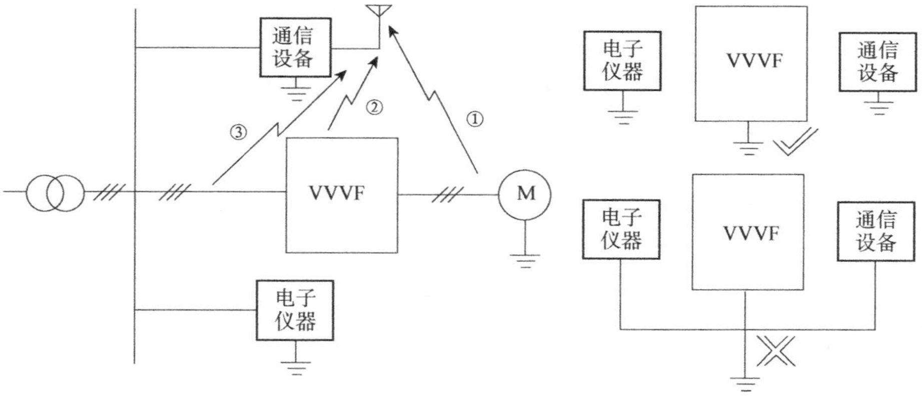

图 3-69　外界受到变频器空中辐射式干扰

② 电磁感应方式：即通过线间电感感应，这是电流干扰信号的主要传播方式（如图 3-70 所示）。

③ 静电感应方式：即通过线间电容感应，这是电压干扰信号的主要传播方式（如图 3-70 所示）。电磁感应方式和静电感应方式可以归纳为感应耦合方式。

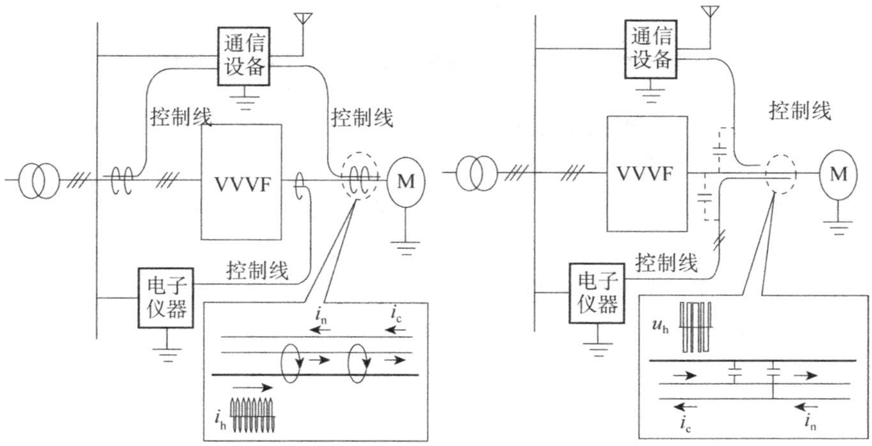

图 3-70　外界受到变频器电磁、静电感应式干扰

④ 线路传播方式：即主要通过电源网络传播，这是变频器输入电流干扰信号的主要传播方式，也可称之为电路耦合方式，如图 3-71 所示。

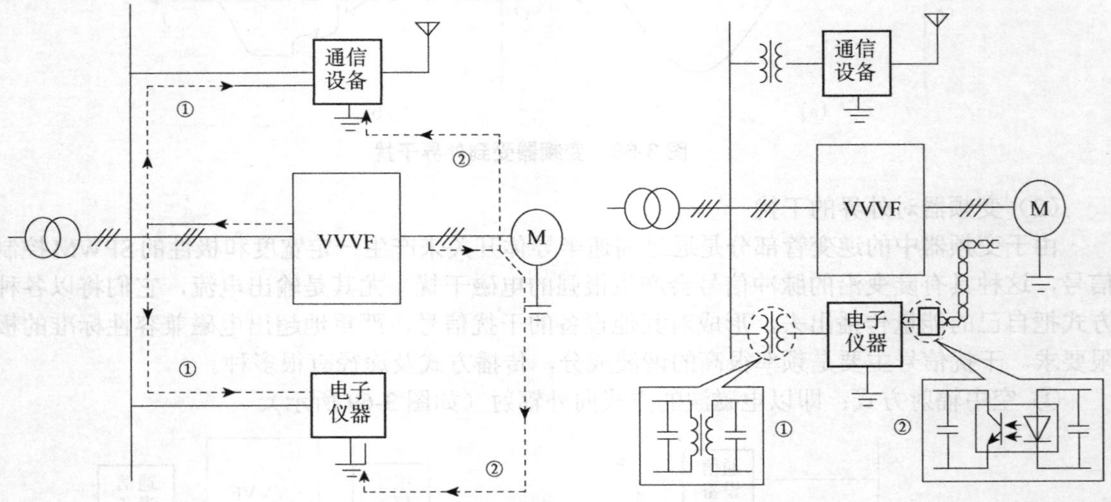

图 3-71 外界受到变频器线路传播式干扰

5. 变频器的抗干扰

分析出干扰的方式，接下来采取不同的抗干扰措施。比如在变频器侧，有以下几种抗扰措施。

① 对于空中辐射方式传播的干扰信号，通过吸收的方式来削弱，相当于并联 3 电容，如图 3-72 所示。

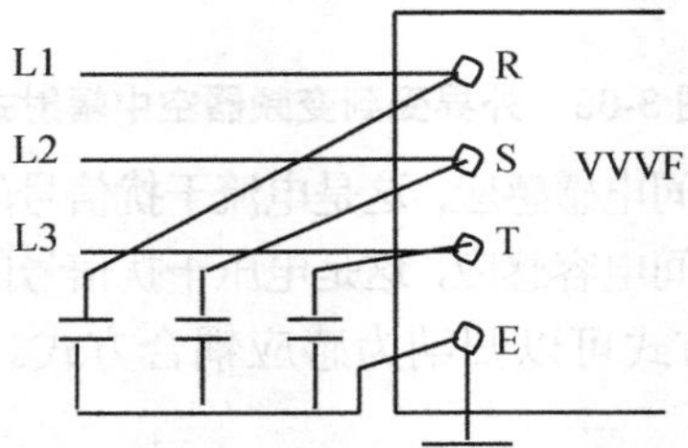

图 3-72 外界受到变频器空中辐射式干扰抗干扰措施

② 对于通过感应方式（静电或电磁）的干扰信号，可以通过正确的布线和采用屏蔽线来削弱。屏蔽线的接法在后面项目中介绍。

③ 对于线路传播方式的干扰信号，主要通过增大线路在干扰频率下的阻抗来削弱，实际相当于串联一个小电感（见图 3-73）。其作用在于在基频时，它的阻抗是微不足道的，但对于在频率较高时的谐波电流，却呈现出很高的阻抗，起到有效的抑制作用。

此外，在变频器输出侧和电机间串入滤波电抗器 LD（见图 3-74）可以削弱输出电流中的谐波成分，此方法不仅起到抗干扰作用，还可以削弱了电动机中由于高次谐波电流引起的附加转矩，改善电动机的运行特性。

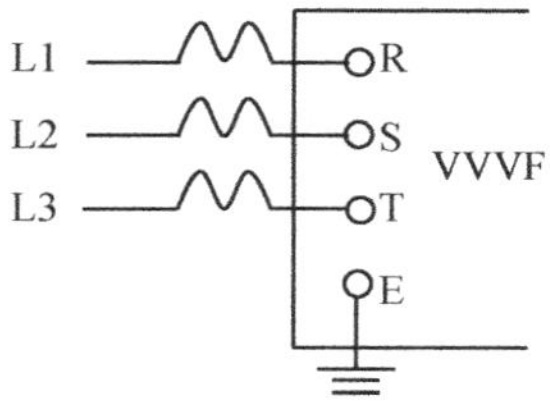

图 3-73　外界受到变频器感应式干扰抗干扰措施

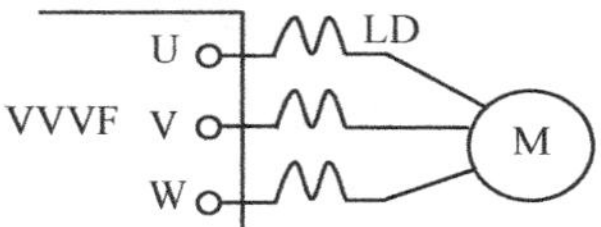

图 3-74　外界受到变频器干扰输出侧抗干扰措施

值得注意的是，变频器输出侧，一般是绝对不允许用电容来吸收谐波电流的。因为逆变管导通的瞬间，会出现峰值很大的充电电流或放电电流，使逆变管损坏。有些环境需要输出端口接电容类设备时候，必须采取相应的措施来解决电容放电的问题，如图 3-75 所示。

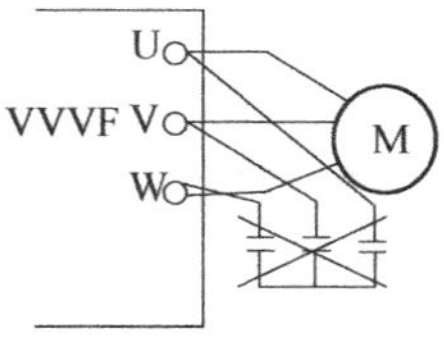

图 3-75　外界受到变频器干扰抗干扰措施

对于仪器侧采取的抗干扰方法也不同，一般可以采用电源隔离法和信号隔离法两种。

④ 电源隔离法。变频器输入侧的谐波电流为干扰源，可以接隔离变压器来抗干扰。隔离变压器的特点是：一、二次绕组的匝数相等，即一、二次侧之间无变压的功能，但一、二次侧之间应由金属薄膜进行良好的隔离，一、二次电路中都可介入电容器。

如图 3-76 所示，屏蔽层对正常的频率信号没有阻碍作用，只有传递的功用，而对于干扰信号，则起到阻碍消除作用。

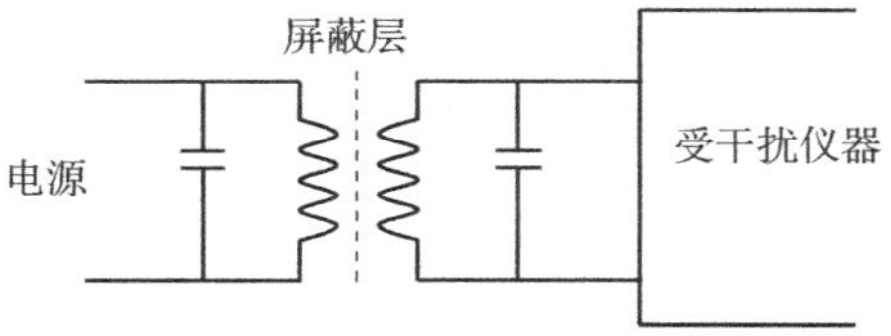

图 3-76　电源隔离法抗干扰措施

⑤ 信号隔离法。对于长距离传输或线路较长并采用电流信号的场合，采用光耦合器（光隔）进行隔离，如图 3-77 所示。

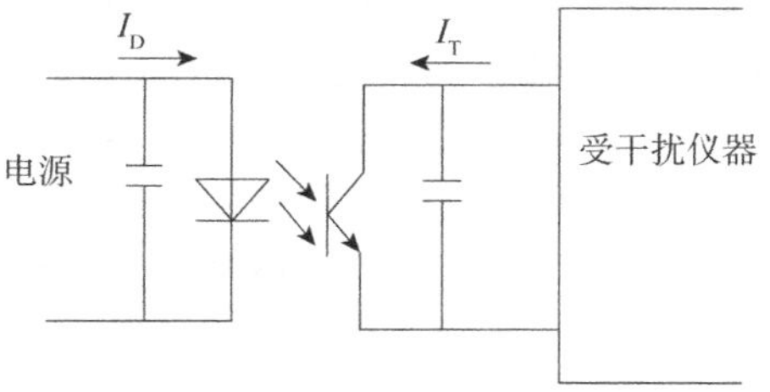

图 3-77　信号隔离法抗干扰措施

（四）变频器的安装与维护

1. 变频器的安装环境

变频器属于电子器件装置（电子器件易受干扰），因此，为了确保变频器的安全、可靠、稳定地运行，变频器的安装对环境有很严格的要求，必须满足以下条件。

（1）环境温度

温度是影响变频器寿命及可靠性的重要因素，当环境温度大于变频器规定的温度（–10～40℃），时，变频器要降额使用或采取相应的通风冷却措施。

（2）环境湿度

变频器工作环境的相对湿度为 5%～90%（无结露现象）。

（3）安装场所

① 在海拔高度 1000m 以下使用。随着海拔高度的增加，变频器的最大允许输出电流和电压值都要适度降低（降额使用）。

② 避免阳光直射，无腐蚀性气体及易燃气体，无蒸汽水滴、尘埃等。

③ 强烈振动等不稳定场所的周围，可采用防震橡胶；与变频器产生电磁干扰的装置要与变频器相隔离。

（4）其他条件

由于电解电容有劣化现象，最好每隔半年通电一次，时间约半个小时至一个小时，使其自我修复。

从以上分析可以得出，环境温度对变频器的寿命影响很大，如图 3-78 所示。

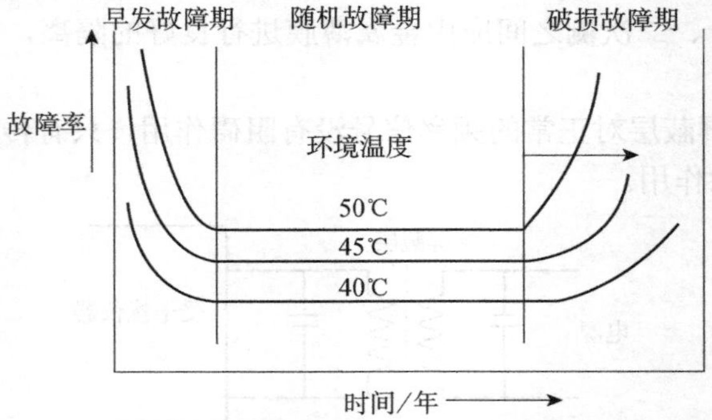

图 3-78　环境温度对变频器寿命影响分析图

由图 3-78 可知，变频器故障与温度的关系：变频器是以半导体器件为核心的电子设备，该设备的故障率同其周围温度有密切的关系，为了减少变频器的故障率，应尽可能地降低其周围温度。

由图 3-79 可知，温度对变频器寿命的影响：温度升高 10℃，寿命减半，否则，寿命增倍，这称为 Arrhenius（阿伦尼乌斯方程，化学反应速率常数随温度变化关系的经验公式）定律。变频器中的充电电容就满足这一定律，同样，变频器中其他部件的寿命也取决于温度。

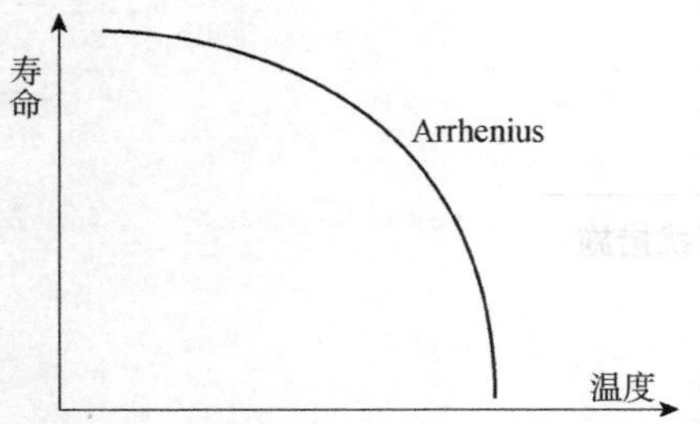

图 3-79　环境温度对变频器寿命影响 Arrhenius 定律图形

所以，解决变频器温度引起的发热问题对于变频器的合理安装很重要，先来分析一下关于变频器发热的问题。

和其他的设备一样，变频器的热量主要产生于变频器内部的损耗功率，而在变频器内部，产生损耗的比例又有所不同。其中，由变频器的核心部件逆变电路产生的损耗功率最大，约占 50%；整流及直流电路约占 40%；控制及保护电路约占 5%～15%，换算关系可以以每 1kV·A 变频器容量损耗为 40～50W 为标准。在实际电路中，往往要通过冷却风扇把热量带走，所以一般较大容量的变频器，都配备有自带的冷却风扇；条件要求苛刻的，需要加装其他的冷却措施，比如水冷或是空调散热。

2.变频器的安装方法

具体安装方法与要求要根据使用环境而选择，一般有两种主要的安装方法，即墙挂式和柜式安装两种。

（1）墙挂式安装

使用环境比较好，可以选用墙挂式安装，要注意的是，保持良好的通风，并防止异物落入。比如安装要靠墙面的位置，上、下两侧要比左、右两侧的位置宽一些，具体尺寸要根据不同的型号和规格而定，并且需要垂直安装。变频器墙挂式安装示意图如图 3-80 所示。

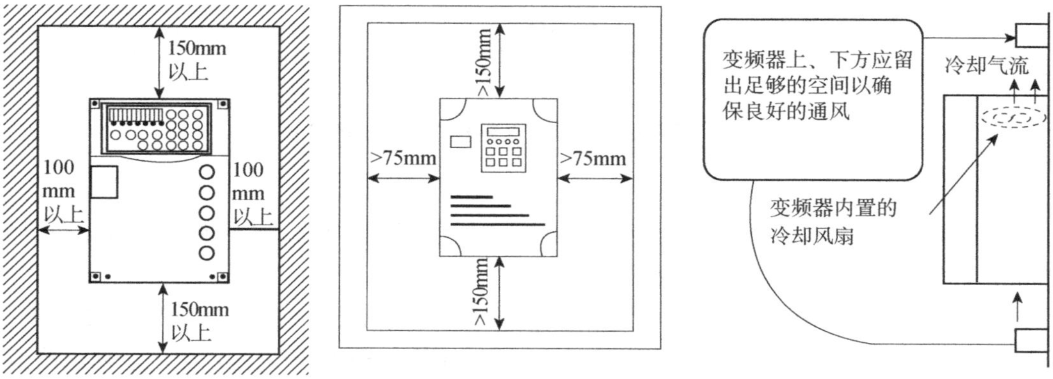

图 3-80　变频器墙挂式安装示意图

（2）柜式安装

如果安装环境条件不好，则要考虑柜式安装，只是应考虑柜子内部一定要保持洁净，并且因为柜子里比较密闭，更需要良好通风，必要时采取一定的冷却措施。在变频器实际应用中，由于国内客户除少数有专用机房外，大多为了降低成本，将变频器直接安装于工业现场。工作现场一般灰尘大、温度高，在南方还有湿度大的问题。对于线缆行业还有金属粉尘；在陶瓷、印染等行业还有腐蚀性气体和粉尘；在纺织行业，有絮状物；在煤矿等场合，还有防爆的要求；等等。采取正确、合理的防护措施是十分必要的，因此必须根据现场情况做出相应的对策。总体要求控制柜整体应该密封，应该通过专门设计的进风口、出风口进行通风，但在变频器的上方柜顶安装排风扇，不要在控制柜的侧边或是底部安装吹风扇；控制柜顶部应该有防护网和防护顶盖出风口；控制柜底部应该有底板和进风口、进线孔，并且安装防尘网。具体如图 3-81 所示。

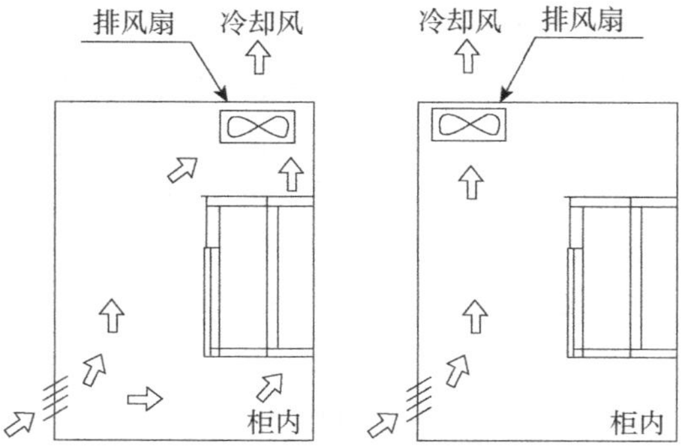

图 3-81　变频器柜式安装示意图

如控制柜中安装多台变频器，要横向安装，且排风扇安装位置要正确；尽量不要竖向安装，因竖向安装影响上部变频器的散热，如图 3-82 所示。

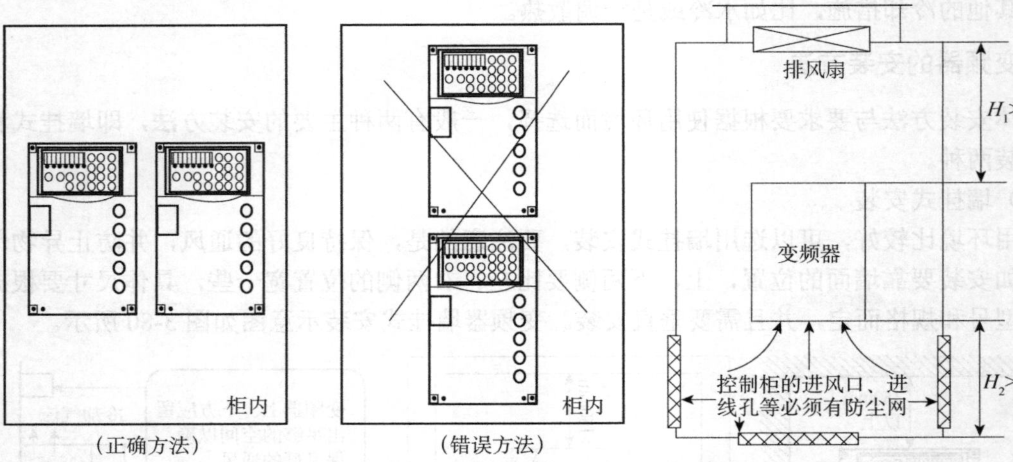

图 3-82 多台变频器柜式安装示意图

具体要求参考如下。

① 变频器应该安装在控制柜内部。控制柜的风道要设计合理、排风通畅，避免在柜内形成涡流，在固定的位置形成灰尘堆积。

② 变频器最好安装在控制柜内的中部；变频器要垂直安装，正上方和正下方要避免安装可能阻挡排风、进风的大元件；控制柜顶部出风口上面要安装防护顶盖，防止杂物直接落入；防护顶盖高度要合理，不影响排风；防护顶盖的侧面出风口要安装防护网，防止絮状杂物直接落入。如果采用控制柜顶部侧面排风方式，出风口必须安装防护网。

③ 变频器上、下部边缘距离控制柜顶部、底部、隔板或必须安装的大元件等的最小间距，应该大于 300mm。

④ 一定要确保控制柜顶部的轴流风机旋转方向正确，向外抽风。如果风机安装在控制柜顶部的外部，必须确保防护顶盖与风机之间有足够的高度；如果风机安装在控制柜顶部的内部，安装所需螺钉必须采用止逆弹件，防止风机脱落造成柜内元件和设备的损坏。建议在风机和柜体之间加装塑料或者橡胶减振垫圈，可以大大减小风机振动造成的噪声。

⑤ 控制柜的前、后门和其他接缝处，要采用密封垫片或者密封胶进行一定的密封处理，防止粉尘进入。

⑥ 控制柜底部、侧板的所有进风口、进线孔，一定要安装防尘网，阻隔絮状杂物进入。防尘网应该设计为可拆卸式，以方便清理、维护。防尘网的网格要小，能够有效阻挡细小絮状物（与一般家用防蚊蝇纱窗的网格相仿），或者根据具体情况确定合适的网格尺寸。防尘网四周与控制柜的结合处要处理严密。

⑦ 如果用户在使用中需要取掉键盘，则变频器面板的键盘孔一定要用胶带严格密封或者采用假面板替换，防止粉尘大量进入变频器内部。

⑧ 对控制柜一定要进行定期维护，及时清理内、外部的粉尘、絮毛等杂物。维护周期可根据具体情况而定，但应该小于 2～3 个月；对于粉尘严重的场所，建议维护周期在 1 个

月左右。

⑨ 其他的基本安装、使用要求必须遵守用户手册上的有关说明，如有疑问请及时联系相应厂家技术支持人员。

3. 变频器的安装接线

变频器安装好了之后，需要选择好变频器的接线。变频器的主线或是控制线都要考虑接线端口正确性和线径问题。

变频器的输入端与输出端是决不允许接错的。之前已了解，端口 R、S、T 是变频器的输入端，要接电源进线；端口 U、V、W 是变频器的输出端，要与电动机相连。电源与电动机接错的后果是两相电源相间短路而将逆变管迅速烧坏。其他要求如图 3-83 所示。

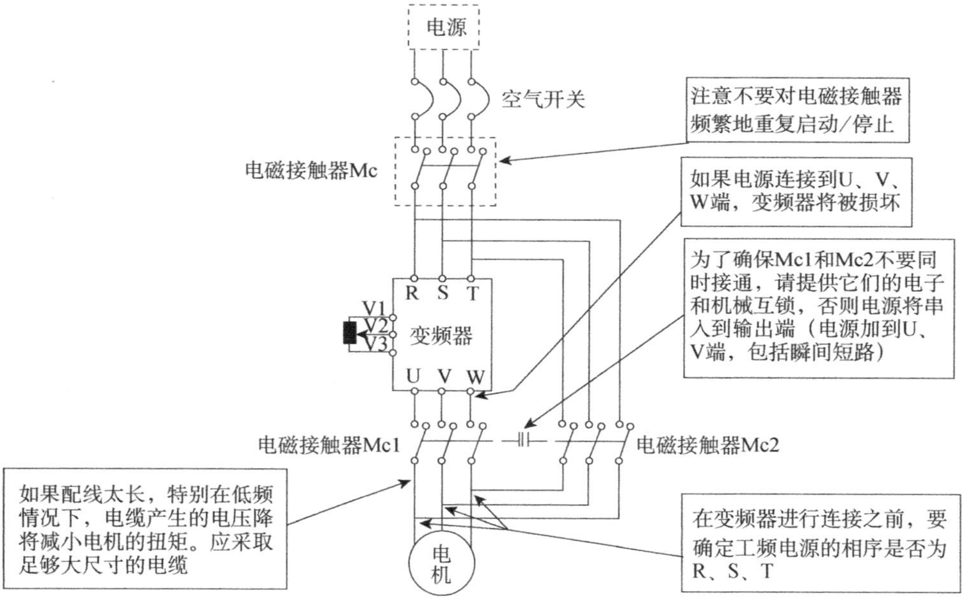

图 3-83　变频器接线要求示意图

主线线径的选择需要注意，电源与变频器之间的导线一般和同容量普通电动机的电线选择方法相同，本着宜大不宜小的原则；而变频器与电动机之间的接线图如图 3-84 所示，受线路电压降Δ U的影响。ΔU≤（2～3）%U_N，U_N是电动机的额定电压。

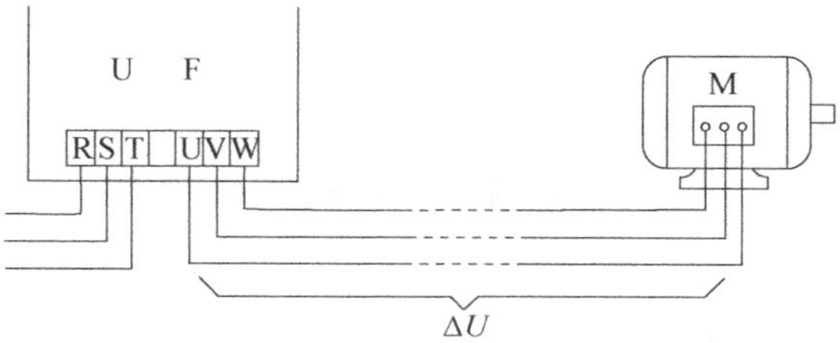

图 3-84　变频器主线接线图

控制电路的接线，主要考虑模拟控制线、变频器的接地线等要求。

（1）模拟控制线

模拟量信号的抗干扰能力低，必须用屏蔽线，屏蔽线如图 3-85 所示。

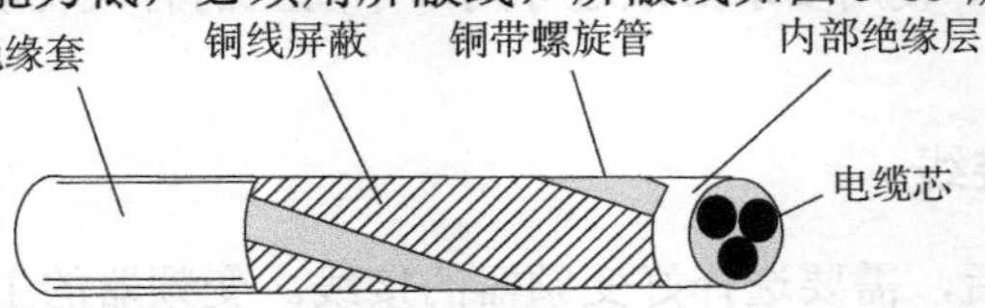

图 3-85　变频器用屏蔽线

屏蔽线的接法是，屏蔽层靠近变频器的一端，应接控制电路的公共端（com 点），而不要接到变频器的地端（E 点）或大地；屏蔽层的另一端应悬空。正确接法如图 3-86 所示。

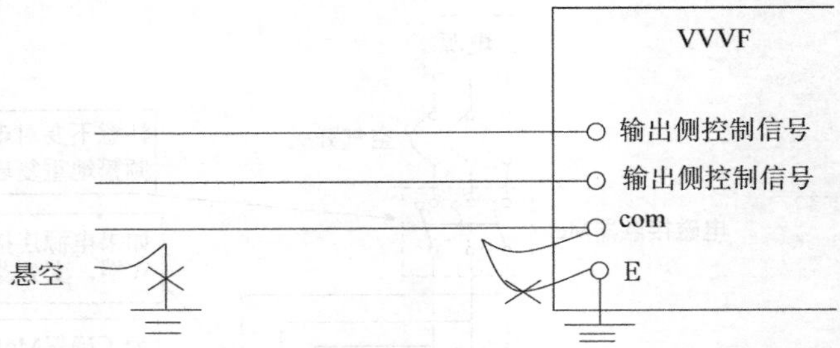

图 3-86　屏蔽线的接法

（2）变频器的接地

变频器和其他设备，或有多台变频器一起接地时如图 3-87 所示，每台设备必须分别和地线连接，不允许将一台设备的接地端和另一台设备的接地端相接后再接地。

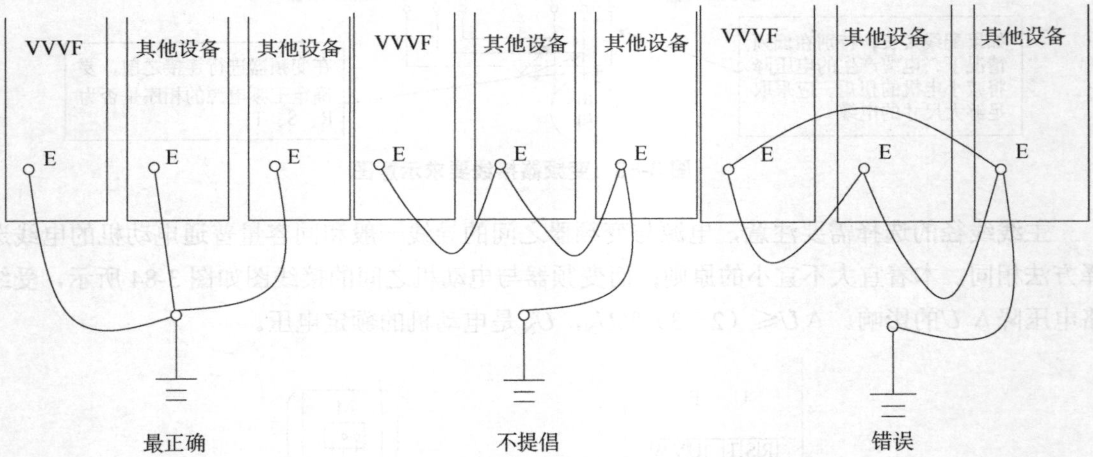

图 3-87　变频器墙挂式安装示意图

（3）浪涌保护电路

大电感线圈的浪涌电压吸收电路，其作用是防止内部控制电路的误动作，一般在交流电路和直流电路中都有装设。交流电路中为阻容吸收电路，直流电路中为直流吸收电路，见图 3-88。

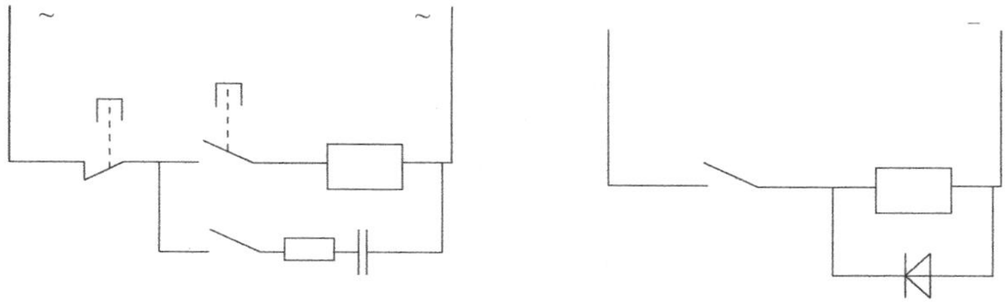

图 3-88　吸收电路

综合安装要求，如图 3-89 所示。总原则：电气连接良好，接地良好，导线屏蔽良好，通风散热和防尘良好，机械安装牢固。

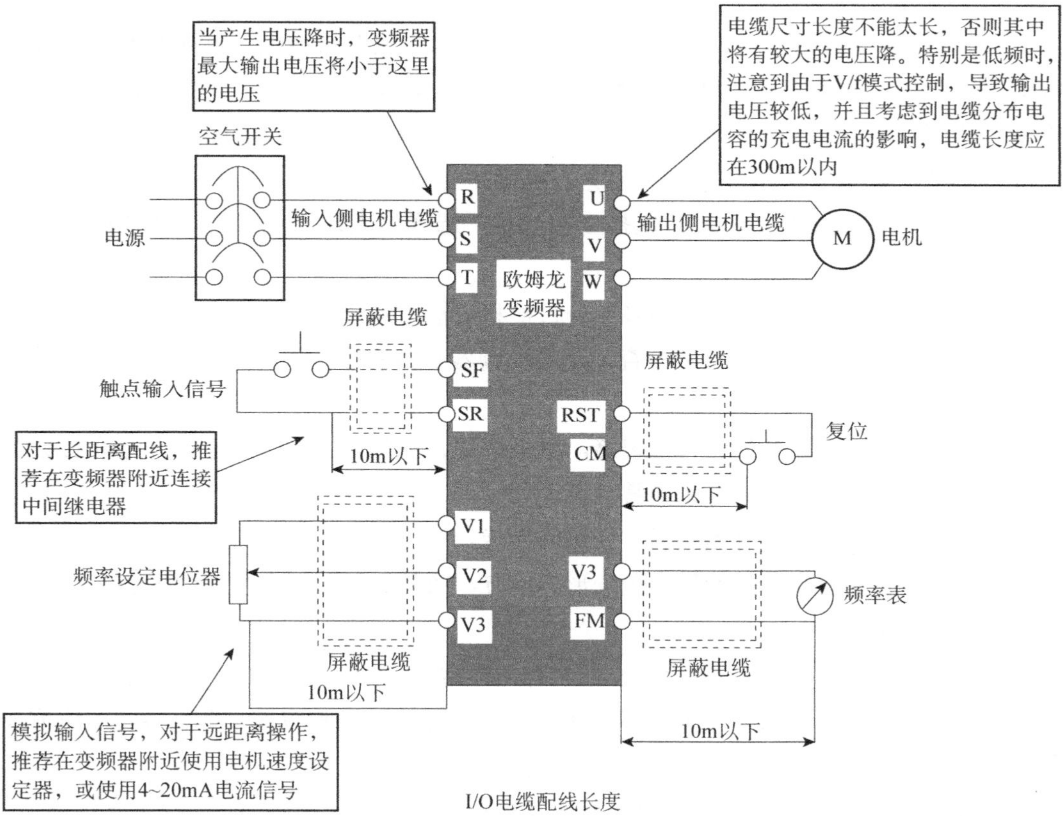

图 3-89　变频器综合安装示意图

4. 变频器的维护

（1）变频器使用中出现的主要状况

变频器使用理念：勤养少修，延长使用寿命，所以要求在使用过程中注意以下情况。

① 过热及散热。过热：变频器容量选择留出余量，制动电阻选择留出余量，以保证变频器在工作中不过热；散热：运行过程中积聚的灰尘、油污及冷却风机故障等，都影响到变频器的正常散热。

② 振动。振动会使变频器的接插件和接线端子产生松动，引起接触不良；使模块紧固螺

钉松动，造成模块过热损坏；使元件晃动，管脚达到疲劳极限后折断。

③ 元器件老化。电容老化：容量下降到85%以下时，会影响变频器正常工作，认为寿命终止。电源滤波电容老化：控制电路及驱动电路无法正常工作。主电路电容老化：充放电量不足，带载不能正常运行。

④ 线路老化。电路绝缘老化：易引起短路。屏蔽层老化：易串入干扰。

⑤ 气体腐蚀。造成覆铜板开路、元件管脚开路、接插件接触不良等故障。

⑥ 运行过程中的过电压及过电流。雷击、电网不正常波动，特别是自发电的企业，发电机输出不稳，会造成大面积变频器损坏。

（2）变频器维护措施

变频器的维护措施也是针对其使用中常常会出现的状况采取的。变频器各项参数的测试检测与维护前必须具备：操作者熟悉变频器的基本原理、功能特点及指标，具有一定的操作变频器运行的相关经验；维护前必须断电，且注意主回路电容器充电部分（电源指示灯的主要功能，看电源指示灯是否亮着），以确定电容已经放电完毕，再进行作业，以免电容上的高电压伤人；测量仪表的选择应按规定，选择仪表进行测量时，必须按厂方规定进行。

变频器的维护，和其他设备差不多，分日检和定检两部分。

所谓日检就是对变频器的日常检查，这是变频器必备的检查项目。日常检查，人的五官都要做到：

视觉——目测，看设备外壳有无裂缝，有无烧灼、烧焦处，运行过程中有无冒烟现象。

听觉——听声音，运行中有无异常噪声。

嗅觉——闻设备各部件有无烧糊、烧焦的异味。

触觉——摸表面有无“打毛”、烧变形的地方，或是运行过程中某部位过热。

具体的项目如下。

① 操作面板检查：外观、指示灯、显示有无异常。

② 各处电源检查：用整流型电压表检查各处电压情况，三相应该平衡且各相电压值在正常范围内，直流电压值在正常范围内，否则停机检查。

③ 线路检查：各处导线有无发热、变形及松动。

④ 冷却风机检查：转速是否正常，清理灰尘及油垢。

⑤ 散热器检查：温度是否正常，正常时不烫手。

⑥ 振动检查：手摸外壳，无剧烈振动感；否则，可加橡胶垫或利用变频器的回避频率设置功能避开共振点。

⑦ 注意变频器周围的异味。

⑧ 安装地点及环境是否有异常。

⑨ 其他的日常检查项目见表3-9。

表 3-9　变频器日常检查部分基本项目

检查对象	检查内容	周期	检查手段	判别标准
运行环境	（1）温度、湿度 （2）尘埃、水 （3）气体	随时	（1）温度计、湿度计 （2）目视 （3）目视	（1）按说明书温度小于 50℃、大于 40℃开盖运行 （2）尘埃、水漏痕迹 （3）无异味
变频器	（1）振动、发热 （2）噪声	随时	（1）外壳触摸 （2）听觉	（1）温度、湿度 （2）无异样响声
电动机	（1）发热 （2）噪声	随时	（1）手触摸 （2）听觉	（1）发热异常否 （2）噪声均匀
运行状态参数	（1）输出电流 （2）输出电压 （3）内部温度	随时	（1）电流表 （2）电压表 （3）温度计	（1）在额定值范围内 （2）在额定值范围内 （3）温升小于 35℃

定检就是需要停止设备对变频器而进行的专项检查，以便在今后的工作中，变频器正常工作，不出状况。变频器主要定检项目的时间一般以年为单位。例如，注意电容充放电是否完毕，用万用表确定安全电压（相对直流一般 20～25V 以下）；一年一次的绝缘电阻检查，使用兆欧表（俗称摇表）来测量。此绝缘电阻的检测指的是对主回路绝缘电阻的测量。具体方法是，将主回路输入、输出端全部短接，然后接兆欧表两端测量，如图 3-90 所示。

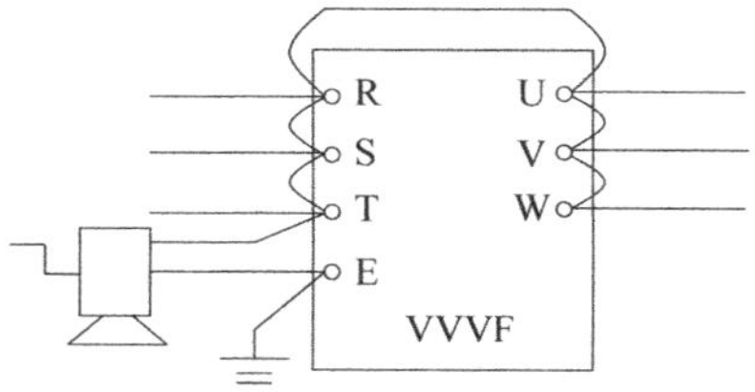

图 3-90　兆欧表测量绝缘性能示意图

注意：控制电路绝缘电阻应该用万用表的高阻挡来测量，不要用兆欧表及其他有高电压的仪器进行测量。

对于以上检测，找到问题后要对问题进行相应处理，比如更换零件等。常换的零部件有冷却风扇、电容器等。冷却风扇是变频器散热的主要设备，其主要受损部分是轴承；而变频器中使用大容量电解电容，有严重的劣化现象。其他的根据要求处理，详见表 3-10。

表 3-10　定期检查更换的元器件及参考检查更换时间一览表

部件名	参考更换时间	更换方法
冷却风扇	2～3 年	更换为新品
平滑电阻	5 年	更换为新品
熔断器	10 年	更换为新品
印制电路板上的电解电容	7 年	检查后决定是否更换为新品
定时器	—	检查动作时间后决定

（3）变频器常见故障分析

根据经验对通用变频器故障原因进行分析，常见的有以下几种。

变频器报警一般是由于以下几个方面引起。

① 使用环境比较恶劣；

② 参数调试不当引起；

③ 变频器缺乏保养；

④ 变频器与负载不匹配；

⑤ 变频器内部电子电路出问题。

跳闸原因分析：

① 重新启动时，一升速就跳闸。这是过电流情况十分严重的表现。主要原因有：负载侧短路；工作机械卡住；逆变管损坏；电动机的启动转矩过小，拖动系统转不起来。

② 重新启动时并不立即跳闸，而是在运行过程中跳闸。可能的原因有：升速时间设定太短；降速时间设定太短；转矩补偿设定较大，引起低速时空载电流过大；电子热继电器整定不当，动作电流设定得太小，引起误动作。

电压跳闸的原因分析。

① 过电压跳闸，主要原因有：电源电压过高；降速时间设定太短；降速过程中，再生制动的放电单元工作不理想（来不及放电，应增加外接制动电阻和制动单元；放电支路发生故障，实际并不放电）。

② 欠电压跳闸，可能的原因有：电源电压过低，电源断相，整流桥故障。

电动机不转的原因分析。

① 功能预置不当：上限频率与最高频率或基本频率和最高频率设定矛盾；使用外接给定时，未对“键盘给定/外接给定”的选择进行预置；在使用外接给定时，无“启动”信号；其他的不合理预置。

② 其他原因：机械有卡住现象；电动机的启动转矩不够；变频器的电路故障。

变频器设备不同于其他设备，它的使用时间相当长，但是不代表不会损坏，下面对于变频器发生故障后的处理及维修方法进行简单介绍。

如果变频器面板显示屏上有故障数据显示，则可以根据使用说明书指示进行相应的处理；若无故障诊断数据显示，则需要对其进行断电检修。首先要去掉所有端子外部引线，用万用表测量。

一般选用指针式万用表比较合适，其红表笔代表负极，其黑表笔代表正极，使用万用表的 1Ω 或 10Ω 挡，进行电阻特性测试。比如测量限流电阻 R_L 的阻值，一般为几十欧至 150 欧，如不在或小于此范围，一般会被击穿，短路后会使逆变器模块 GTR 损坏。对 GTR 进行测试：使用万用表的 1Ω 或 10Ω 挡（阻值挡，内部电流不足以使 GTR 动作），测量逆变器模块 GTR。测试示意图如图 3-91 所示。

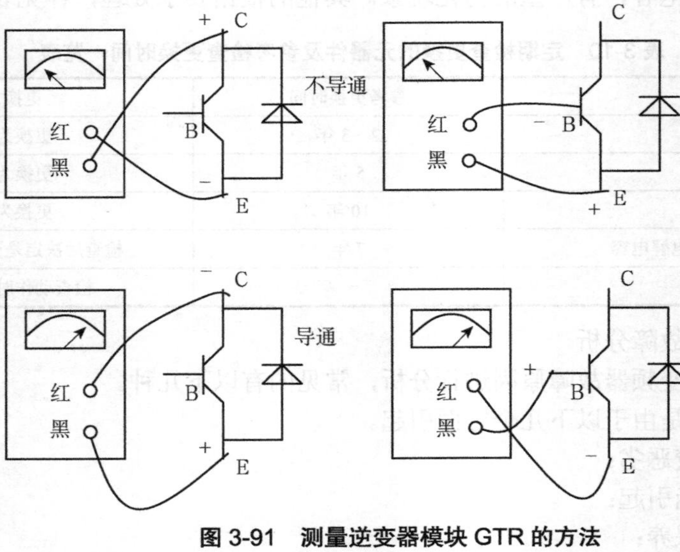

图 3-91　测量逆变器模块 GTR 的方法

二、任务分析

电梯是高层建筑的一种垂直运输工具。在现代社会，电梯已像汽车、轮船一样，成为人类不可缺少的运输工具。电梯控制中，变频器完成电气部分的控制。利用模拟量或是开关量输入输出模块对变频器的多功能输入端进行控制，实现三相异步电动机的正反转、多速控制。这种控制方式满足其工艺要求，且接线简单，抗干扰能力强，使用方便，成本低，并且不存在由于噪声和漂移带来的各种问题。

下面以轿厢电梯为例介绍变频器配合 PLC 进行控制的过程。电梯控制系统硬件由轿厢操纵盘、厅门信号、传感器、PLC 及变频器调速系统构成，变频器只完成调速功能，而逻辑控制部分是由 PLC 完成的。电梯控制系统一次完整的运行过程，就是曳引电动机从启动、匀速运行到减速停车的过程。电梯系统结构及系统框示意图如图 3-92、图 3-93 所示。

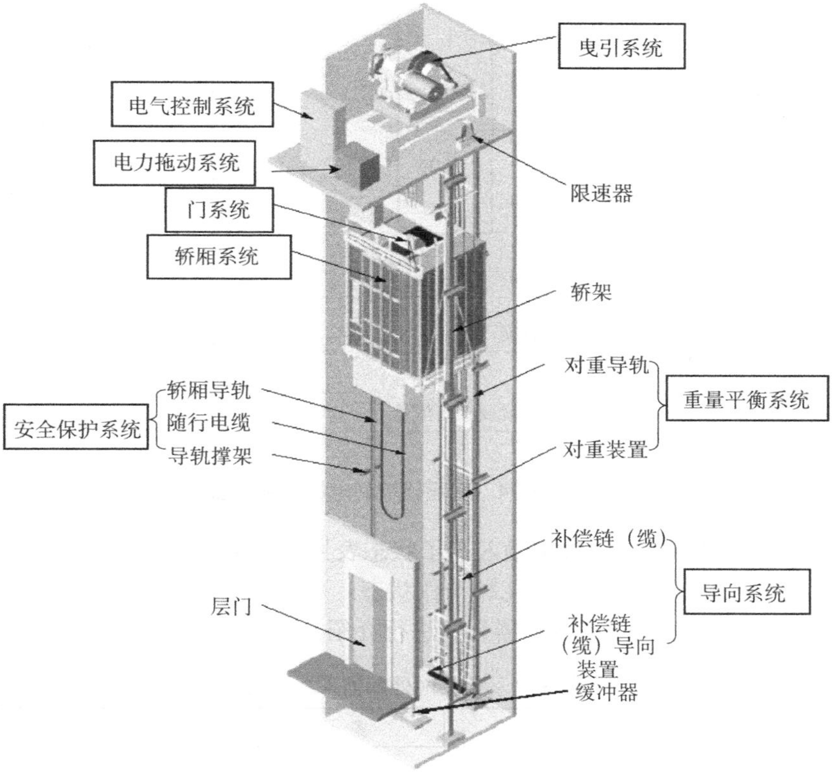

图 3-92　轿厢电梯系统结构示意图

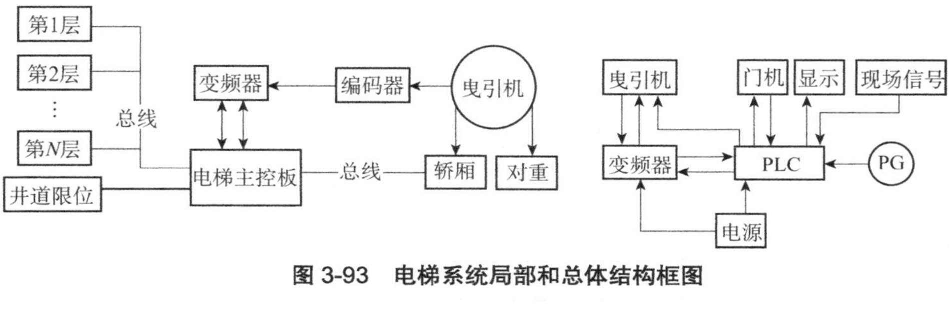

图 3-93　电梯系统局部和总体结构框图

变频器控制电梯电路简图如图 3-94 所示。

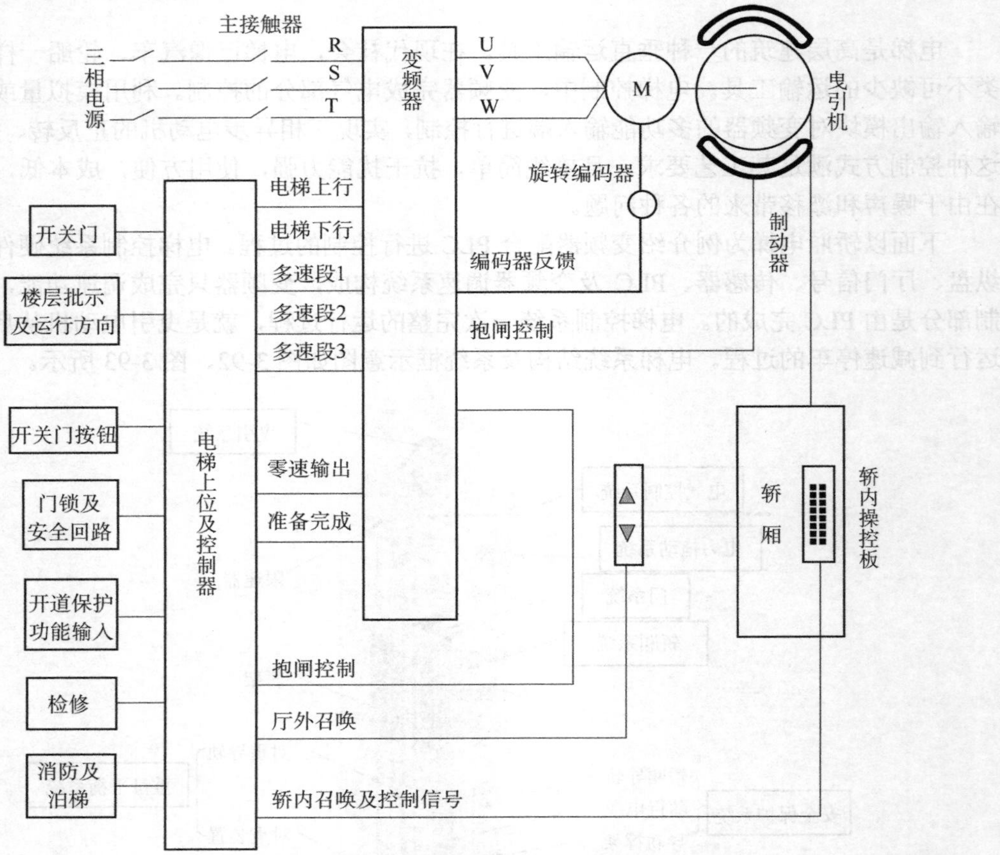

图 3-94　变频器控制电梯电路简图

例如，某个多层电梯运转时外部输入端子状态表见表 3-11。从控制过程我们可以看出，曳引电机在电梯运行的过程中有以下几种动作状态：启动、正转、反转、调速、停止等。我们将这些状态以欧姆龙 3G3JV 型变频器为例进行介绍。

表 3-11　运转时外部输入端子状态表

功能名称	多三	多二	多一	REV	FOR
外部端口	S3	S4	S5	S2	S1
UP					
停机	0	0	0	0	0
零速	0	0	0	0	1
全速	1	1	1	0	1
中速	1	1	0	0	1
低速	1	0	1	0	1
爬行	0	1	0	0	1
零速	0	0	0	0	1
停机	0	0	0	0	0

（续表）

功能名称	多三	多二	多一	REV	FOR
外部端口	S3	S4	S5	S2	S1
DOWN					
停机	0	0	0	0	0
零速	0	0	0	1	0
全速	1	1	1	1	0
中速	1	1	0	1	0
低速	1	0	1	1	0
爬行	0	1	0	1	0
零速	0	0	0	1	0
停机	0	0	0	0	0
检修下					
检修	0	0	1	1	0
井下自学习					
自学习	0	1	1	1	0

（一）面板正反转无极调速控制

这种控制方式一般可用于初始空载试车或是进行检修测试过程，单靠变频器设备本身测试电动机的各种工作状态，及时调整曳引电机在运行过程中的需求，避免设备投入使用后出现问题。

变频器数字操作器俗称面板，其结构图如图 3-95 所示。

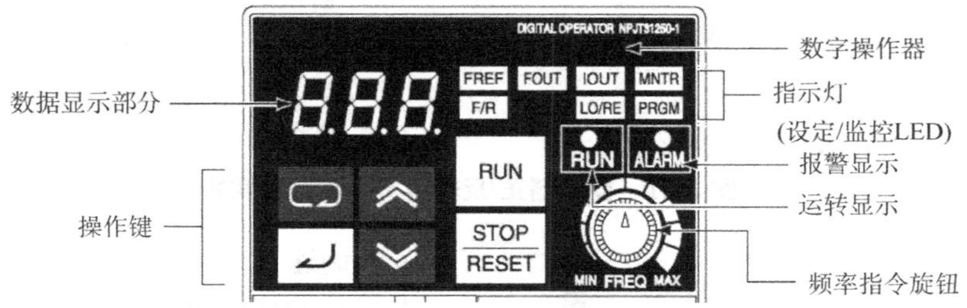

图 3-95　欧姆龙 3G3JV 变频器数字操作器结构图

基本上变频器运行各种功能之前，都需要设置参数。功能预置的一般步骤如下（以欧姆龙 3G3JV 系列变频器为例）：

① 按模式转换键使指示灯显示 PRGM，变频器处于程序参数设定状态。

② 按数字增减键（︽/︾），找出需要预置的功能码。

③ 按读出键或设定键，读出该功能中原有的数据码。

④ 如需要修改，则通过数字增减键（︽/︾）来修改数据码。

⑤ 按写入键或设定键，将修改后的数据码写入变频器内部的存储器中。

⑥ 判断：预置结束否，如未结束，则返回上一层转入第二步，继续预置其他功能；如已结束，则按模式转换键，使功能指示灯切换到绿色，按 RUN 操作键使变频器进入运行状态，电动机就可以开始启动运行了。

上述各步骤的操作流程图如图 3-96 所示。

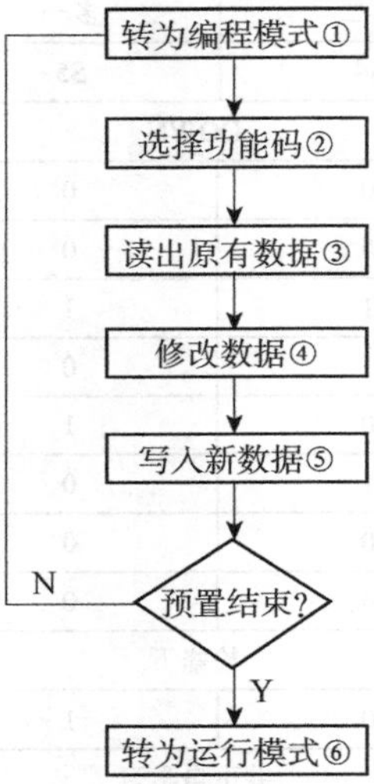

图 3-96　参数设置流程图

参数设置好之后，进行相应调试。

（1）启动及正反转

试车期间的电动机动作，只须按动面板上的对应操作键即可，很方便。正 / 反转运行设置是在 F/R 指示灯状态下，由 For←→rEv（正转←→反转）进行切换，实物显示如图 3-97 所示。

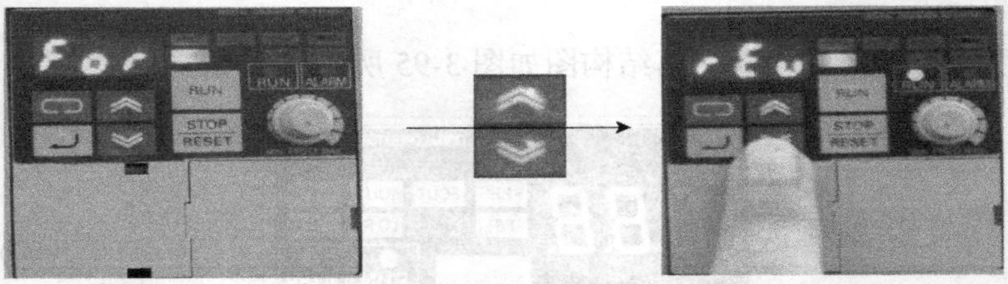

图 3-97　变频器正/反转运行设定显示实物图

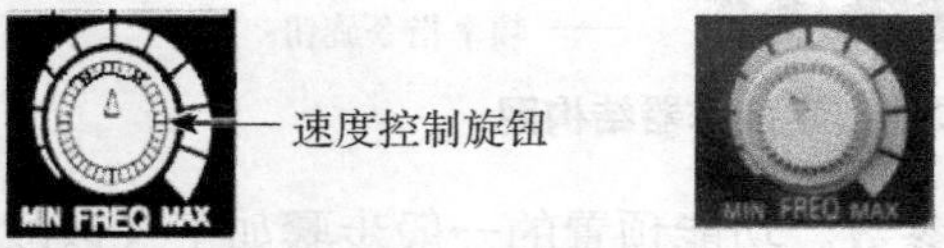

图 3-98　数字操作器上的速度控制旋钮及实物

（2）调速

本型号的变频器最大的特点是可通过数字操作器上的速度控制旋钮（如图 3-98 所示）进行简单的调速操作，通常用于试车。

频率指令旋钮的频率设定见图 3-99。

图 3-99　频率指令旋钮的频率设定显示实物图

（二）端子正反转模拟量无极调速控制

变频器机身接线端子剖面图如图 3-100 所示，其外接各端子配置如下。

1. 主回路端子——输入侧的排列

上接线端：R/L1、S/L2、T/L3 三端是电源输入端子。
下接线端："+1"与"+2"之间接直流电抗器（电路中起滤波作用）。

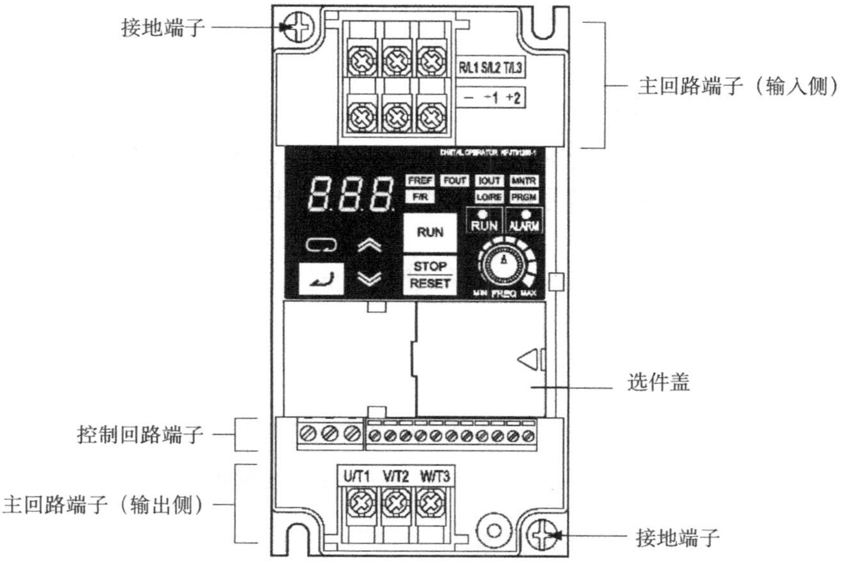

图 3-100　变频器机身接线端子剖面图

下接线端："+1"与"－"之间接直流电源正、负极。

2. 主回路端子——输出侧排列

主回路端子输出侧的排列如图 3-101 所示。
下接线端：U/T1、V/T2、W/T3 三端为电动机输出端子。

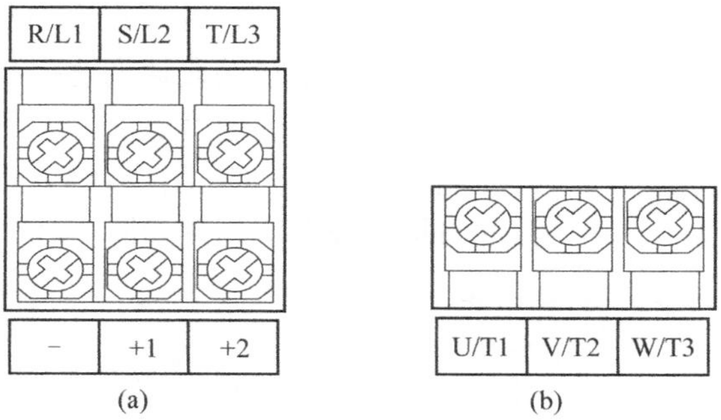

图 3-101　变频器接线端子

3. 控制回路端子排列

控制回路端子的排列及设备引出的相关端口如图 3-102 所示。

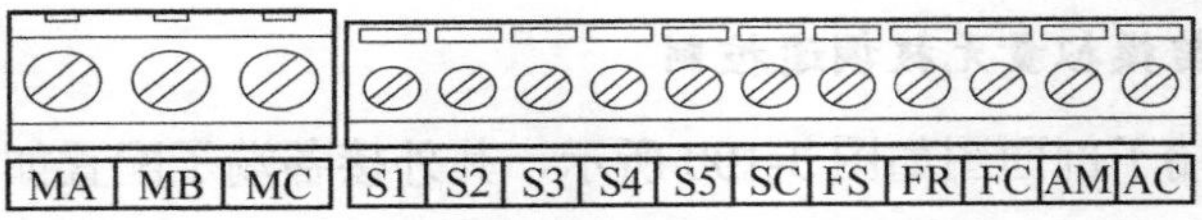

图 3-102 控制回路端子

本控制方式是通过外部端子控制电动机的启动及正反转，借助 S1～SC 端口接按钮控制（有时候用 PLC 代替按钮），可以是两线控制或三线控制两种方法。处于安全考虑，一般是三线控制比较好。这里以三线控制为例，要用到 S1～S3 端口来完成对电动机启动、停止及正反转切换。

4. 外控模拟量无级调速运行

外部旋钮，如图 3-102 所示的 FS、FR、FC 三个端口，外接电位器，电压模拟量无级调速控制；同时，电压表显示模拟信号量，证明有外部输入电压模拟信号。设置实物显示图如图 3-103 所示。

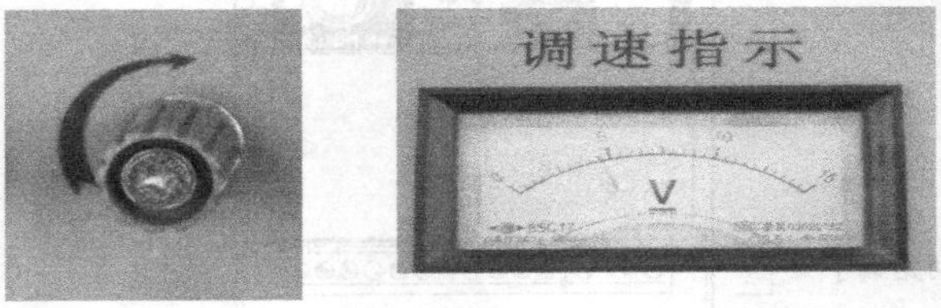

图 3-103 变频器旋钮无极调速实物显示

进行此种调速方式，需将参数 NO3 设置为“2”，设置实物显示图如图 3-104 所示。

图 3-104 变频器旋钮无极调速参数设置实物显示

（三）端子正反转数字量段速调速控制

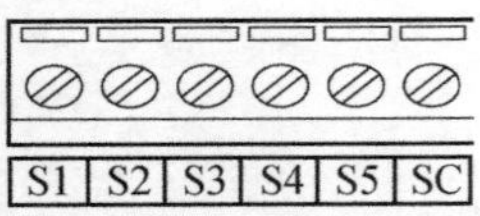

图 3-105 变频器外部输入端口

实际应用中，在 PLC 程序中常用开关量代替按钮实现对变频器的数字量的段速调速控制，来满足不同工作环境下，曳引电动机的速度要求。

端口 S1～S5（见图 3-105）分别与按钮 A～E 连接，接线与按钮设置实物图如图 3-106 所示。

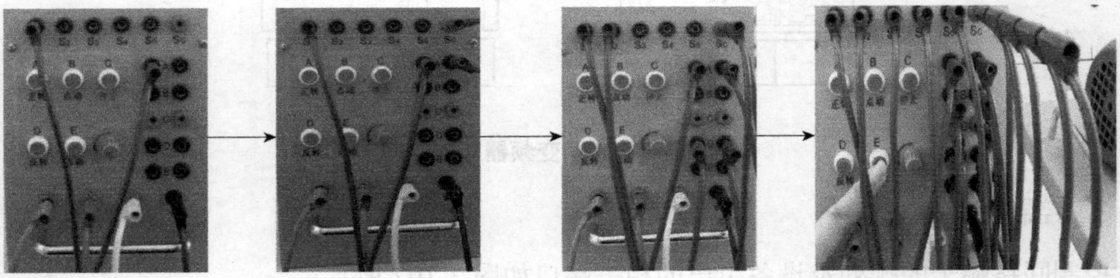

图 3-106 变频器外部多段速调速接线实物显示

三、任务实施

（一）面板正反转无极调速控制步骤

1. 外部接线连接图

（1）分析需要连接的外部接线端口

根据系统的控制要求确定变频器输入/输出地址分配，见表 3-12。

表 3-12 面板正反转无极调速控制变频器 I/O 口分配表

编辑元件	端子	电路器件	作用
主回路 输入端口	R	电源 L1 相	电源进线通电
	S	电源 L2 相	
	T	电源 L3 相	
主回路 输出端口	U	电动机 T1	电动机接入
	V	电动机 T2	
	W	电动机 T3	

输入端口按钮，实际生产环境可用 PLC 输出信号控制。

（2）设备的选取以及外部接线图

应用时，设备的选取以及外部控制电路接线图如表 3-13 和图 3-107 所示。

表 3-13 面板正反转无极调速控制实际设备及材料备件表

序号	分类	名称	型号规格	数量	单位	备注
1	设备	三相交流电源	380V	1	套	
2		三相笼型 异步电动机	380V、50Hz 0.12kW、Y形连接	1	台	
3		变频器	欧姆龙、3G3JV 400V 级、0.55kW	1	台	
4	消耗 材料	连接导线	红	1	根	三相 火线
5			黄	1	根	
6			蓝	1	根	
7			黑	1	根	地线

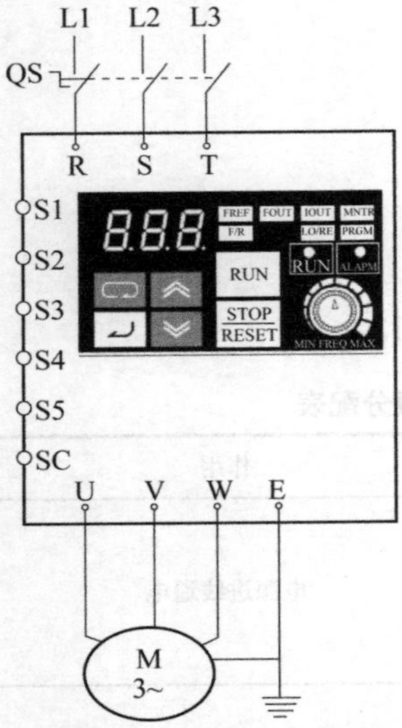

图 3-107 变频器外部控制电路接线图

2. 控制系统的工作原理

本设计的控制系统采用变频器面板（模拟 PLC 输出）控制，利用变频器面板（数字操作器）控制电梯曳引电机的运行，实现了曳引电机的正反转及无极调速工作。变频器面板上的频率指令旋钮给曳引电机提供速度模拟量，信号为 0～10V 模拟电压信号（机型默认），控制电机的转速。

3. 设置参数

（1）初始化

① n01→8，出厂值 (内部数值 1)。

② n32→马达额定电流（0.4A）。

③ n10→马达额定电压（380V）。

④ n11→马达额定频率（50.0Hz）。

（2）外控(模拟量)

① LO/RE→Lo，本地面板控制状态。

② n02→0，电动机面板控制（启动、停止、正反转）。

③ n03→0（默认电压信号），面板无极旋钮调速。

（3）频率运行

利用面板上的频率指令旋钮进行电压信号（机型默认）模拟量无极调速。

4. 部分参数设置及操作过程部分流程图

（1）初始化

初始化参数设置流程图如图 3-108 所示。

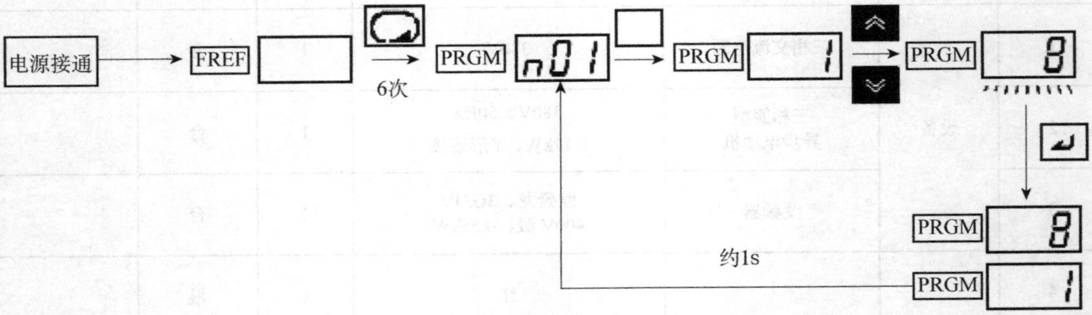

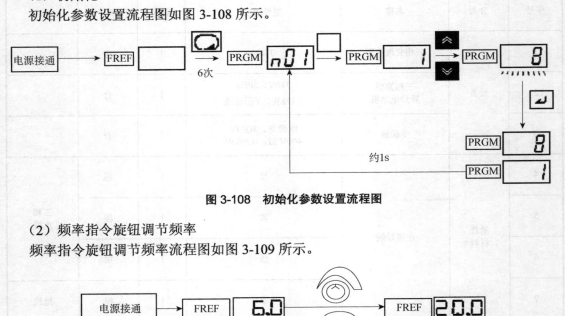

图 3-108 初始化参数设置流程图

（2）频率指令旋钮调节频率

频率指令旋钮调节频率流程图如图 3-109 所示。

图 3-109 频率指令旋钮调节频率调速流程图

（3）正反转控制

变频器正反转控制流程图如图 3-110 所示。

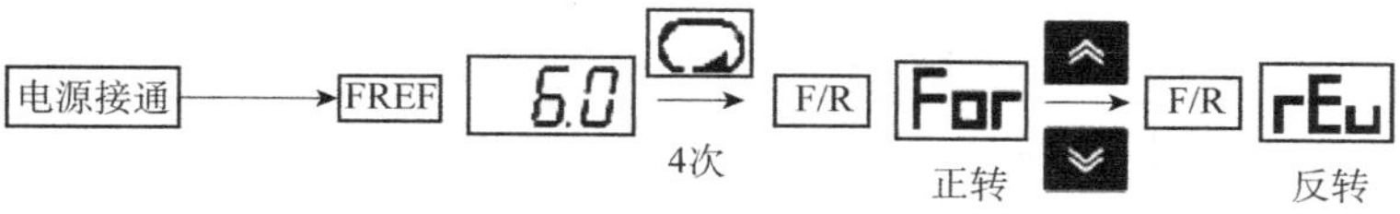

图 3-110　变频器正反转控制流程图

5. 调试过程及程序说明

（1）设备通电后，参数设置完成，按面板上的 RUN 键，电动机默认正转启动，通过指示灯设置为 F/R 正反转监控状态，数据显示屏显示 For。

（2）电动机运行过程中，用面板频率指令旋钮（FREQUENCY）控制无极调速，测试调节到合适的控制速度，观测电动机的运行状态。

（3）电动机正转运转时候，通过指示灯设置为 F/R 正反转监控状态时，数据显示屏显示 For；按下按钮 ︽/︾，电动机反转，数据显示屏显示 rEu。

（4）按面板上的 STOP/RESET 键，电动机停机。

（二）端子正反转模拟量无极调速控制步骤

1. 外部接线连接图

（1）分析需要连接的外部接线端口

根据系统的控制要求确定变频器输入/输出地址分配，见表 3-14。

表 3-14　端子正反转模拟量无极调速控制变频器 I/O 口分配表

编辑元件	端子	电路器件	作用
主回路 输入端口	R	电源 L1 相	电源进线通电
	S	电源 L2 相	
	T	电源 L3 相	
主回路 输出端口	U	电动机 T1	电动机接入
	V	电动机 T2	
	W	电动机 T3	
	FR	电位器 R_P	外部模拟信号（电压），无极调节速度
	FC		
	FS		

输入端口按钮，实际生产环境可用 PLC 输出信号控制。

（2）设备的选取及外部接线图

应用时，设备的选取以及外部接线图如表 3-15 和图 3-111 所示。

表 3-15　端子正反转模拟量无极调速控制实际设备及材料备件表

序号	分类	名称	型号规格	数量	单位	备注
1	设备	三相交流电源	380V	1	套	
2		三相笼型 异步电动机	380V、50Hz 0.12kW、Y形 连接	1	台	
3		变频器	欧姆龙、3G3JV 400V 级、0.55kW	1	台	
4	消耗 材料	连接导线	红	1	根	三相火线
5			黄	1	根	
6			蓝	1	根	
7			黑	1	根	地线
8			绿或黄	*X*	根	控制线

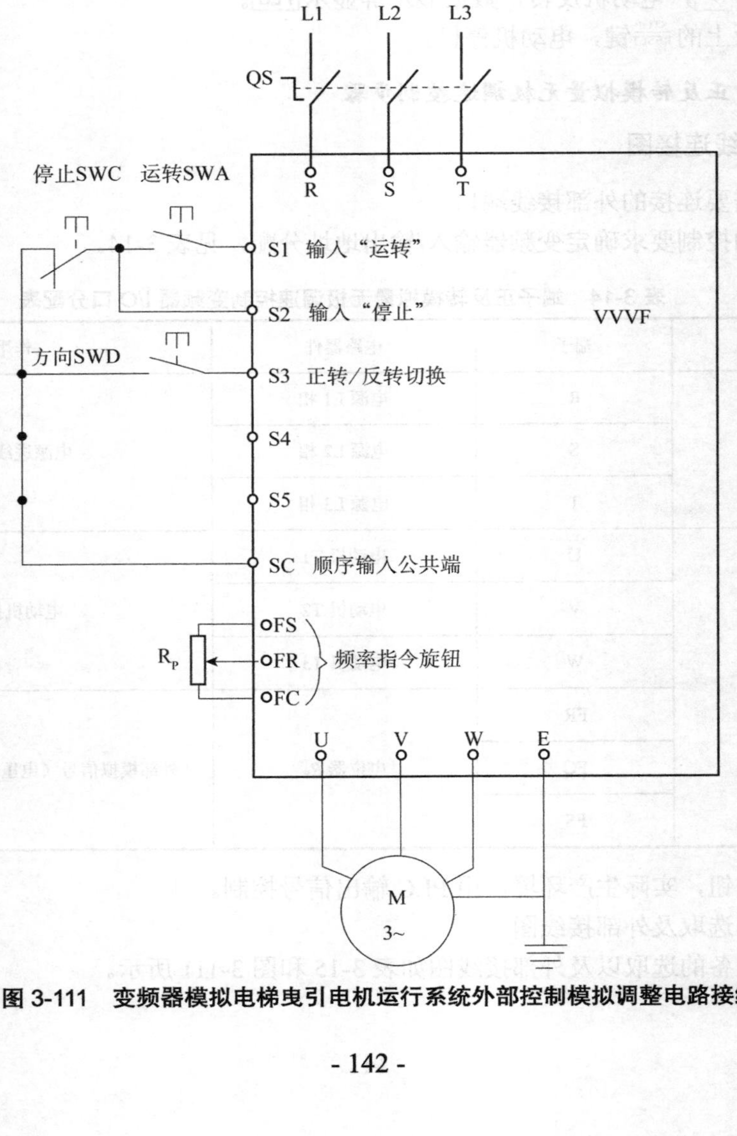

图 3-111　变频器模拟电梯曳引电机运行系统外部控制模拟调整电路接线图

2. 控制系统的工作原理

本设计的控制系统采用按钮（模拟 PLC 输出）控制，利用按钮控制电梯曳引电动机的运行，实现了曳引电机的正反转工作。变频器 FS/FR/RC 端子给主轴系统提供速度模拟量，信号为 0～10V 模拟电压信号，控制曳引电动机转速。S1/S2/S3/COM 为变频器的运行/停止/正转/反转信号端子，通常由上位系统（或是按钮）发出正转信号 FWD 或者反转信号 REV 来驱动中间继电器，中间继电器的常开接点接入变频器 S1/COM～S3/COM，从而控制曳引电动机的正反转。

3.设置参数

（1）初始化

① n01→“9”，出厂值 (内部数值 1)，三线控制（比较安全）。

② n32→马达额定电流（0.4A）。

③ n10→马达额定电压（380V）。

④ n11→马达额定频率（50.0Hz）。

（2）外控（模拟量）

① LO/RE→“rE”，远程外部控制状态。

② n02→“1”，电动机外部控制（启动、停止、正反转），设置流程见图 3-112。

③ n03→“2”（电压信号），外控无极旋钮调速。

（3）频率运行

利用外接端口 FR、FC、FS 外接的粗调电位器进行无极调速。

（4）外部端口（段速数字量调速）

n37→“0” s3，三线控制。

（5）应急措施

n06→“0”，面板上紧急停机“StP”（Stop）键。

4. 调试过程以及程序说明

（1）按钮 SWC 处于常闭时， 按下按钮 SWA，电动机默认正转启动，通过指示灯设置为 F/R，正反转监控状态，数据显示屏显示 For。

（2）初始按钮 SWD（常开）状态时，电动机正转，通过指示灯设置为正反转监控状态 F/R；按下按钮 SWD（闭合），电动机反转，通过指示灯设置为正反转监控状态 F/R，数据显示屏显示 rEu。

（3）如果曳引电动机运行过程中，可以用利用外接端口 FR、FC、FS 外接的粗调电位器进行无极调速，测试调节到合适的控制速度，观测电动机的运行状态。

（4）按下按钮 SWC，电动机停机。

（5）如果在运行的过程中发现由于外部环境，例如工件材质发生车刀被打的现象，可按面板上的“Stop”紧急停机键，保证事故不会扩大。

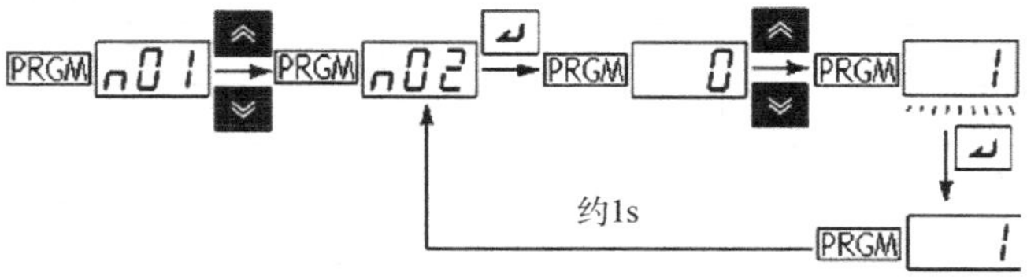

图 3-112 运行方式外部控制流程图

（三）端子正反转数字量段速调速控制步骤

1. 外部接线连接图

（1）分析需要连接的外部接线端口

根据系统的控制要求确定变频器输入/输出地址分配，见表 3-16。

表 3-16　端子正反转数字量段速调速控制变频器 I/O 口分配表

编辑元件	端子	电路器件	作用
主回路输入端口	R	电源 L1 相	电源进线通电
	S	电源 L2 相	
	T	电源 L3 相	
主回路输出端口	U	电动机 T1	电动机接入
	V	电动机 T2	
	W	电动机 T3	
控制回路输入端口	S1	按钮（A）	电动机正转/停止运行
	S2	按钮（D）	电动机反转/停止运行
	S3	按钮（B）	数字量调速，可调节 6 种需要的速度（根据 2^n-1，n 代表端口数）
	S4	按钮（C）	
	S5	按钮（E）	
	SC	—	顺序输入公共端口
	FR	电位器 R_P	外部模拟信号（电压），无极调节速度（可选用）
	FC		
	FS		

输入端口按钮，实际生产环境可用 PLC 输出信号控制。

（2）设备的选取以及外部接线图

应用时，设备的选取以及外部接线图如表 3-17 和图 3-113 所示。

表 3-17　端子正反转数字量段速调速控制实际设备及材料备件表

序号	分类	名称	型号规格	数量	单位	备注
1	设备	三相交流电源	380V	1	套	
2		三相笼型异步电动机	380V、50Hz 0.12kW、Y形连接	1	台	
3		变频器	欧姆龙、3G3JV 400V 级、0.55kW	1	台	
4	消耗材料	连接导线	红	1	根	三相火线
5			黄	1	根	
6			蓝	1	根	
7			黑	1	根	地线
8			绿或黄	X	根	控制线

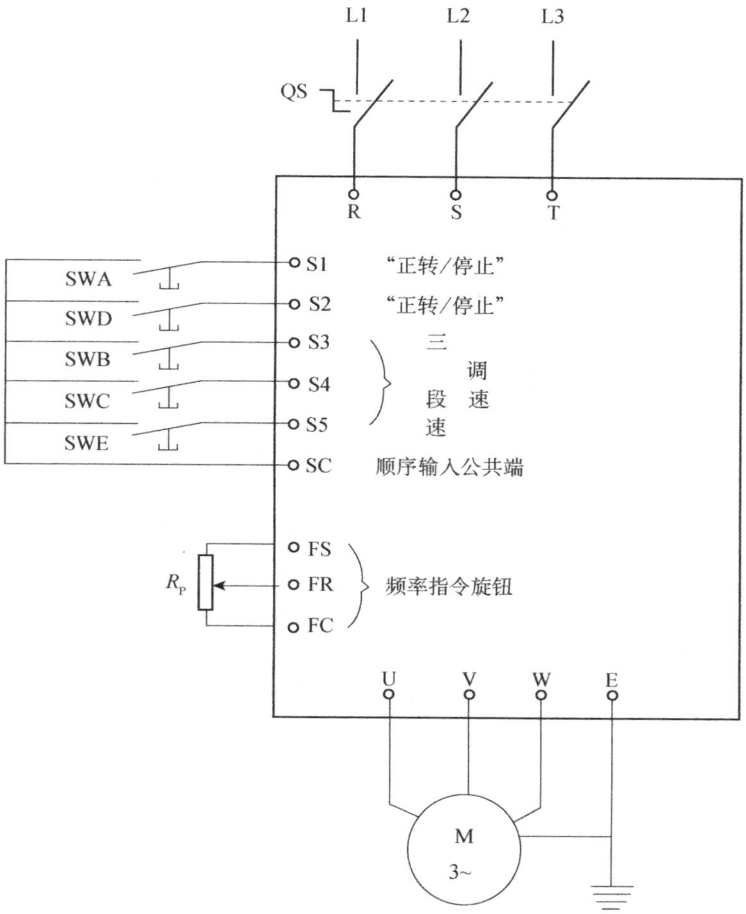

图 3-113 变频器数字量电梯运行外部控制电路接线图

2. 控制系统的工作原理

本设计的控制系统采用按钮（模拟 PLC 输出）控制，利用按钮控制电梯电机运行，实现了对电动机启动、停止以及中途改变运行频率功能，从而实现了电梯运行的自动化功能。本系统设计是模拟运行电梯提升系统中电梯响应的过程。

电梯完成一个呼叫响应的步骤如下：

① 电梯在检测到门厅或轿厢的呼叫信号后将此楼层信号与轿厢所在的楼层信号比较，通过选向模块进行选向。

② 电梯通过拖动调速模块驱动直流电机拖动轿厢运动。轿厢运动速度要经过低速转变为中速再转变为高速，并以高速运行至减速点。

③ 当电梯检测到目标层楼层检测点产生的减速点信号时，电梯进入减速状态，由中速度变为低速，并以低速运行到平层点停止。

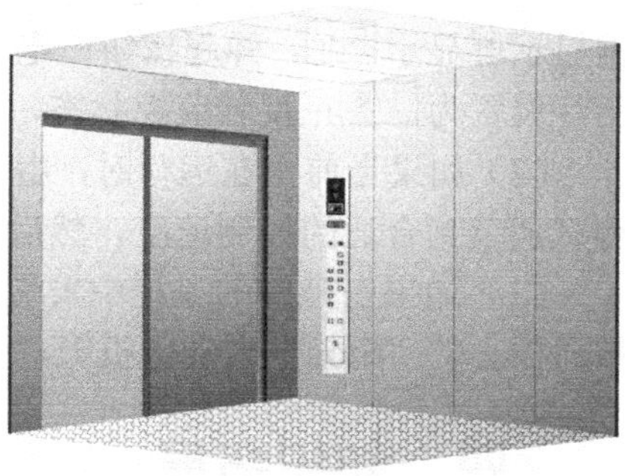

图 3-114 电梯内部实物模型

④ 平层后，电梯开门，直到碰到开门到位行程开关；再经过一定延时后关门，直到碰到关门到位行程开关。电梯控制系统始终实时显示轿厢所在楼层。电梯内部实物图模型如图 3-114

所示。

3. 设置参数

（1）初始化

① n01→“8”，出厂值　(内部数值 1)，两线控制（速度超过 6 个）。

② n32→马达额定电流（0.4A）。

③ n10→马达额定电压（380V）。

④ n11→马达额定频率（50.0Hz）。

（2）外控(模拟量)

① LO/RE→“rE”，远程外部控制状态。

② n02→“1”，电动机外部控制（启动、停止、正反转）。

③ n03→“2”（电压信号），外控无极旋钮调速，速度检修调试用。

（3）频率运行

① n22→“检修”，速度一（可根据实际运行情况设定），001。

② n23→“爬行”，速度二（可根据实际运行情况设定），010。

③ n24→“自学习”，速度三（可根据实际运行情况设定），011。

④ n26→“低速”，速度五（可根据实际运行情况设定），101。

⑤ n24→“中速”，速度六（可根据实际运行情况设定），110。

⑥ n24→“高速”，速度七（可根据实际运行情况设定），111。

（4）外部端口（段速数字量调速）

① n36→“2”，s2　两线控制。

② n37→“8”，s3　数字量调速高速段。

③ n38→“7”，s4　数字量调速中速段。

④ n39→“6”，s5　数字量调速低速段。

（5）应急措施

n06→“0”，面板上紧急停机“StP”（Stop）键。

4. 调试过程以及程序说明

（1）按下按钮 SWA，电动机默认正转启动，通过指示灯设置为 F/R 正反转监控状态，数据显示屏显示 For，弹起按钮，电动机停止；按下按钮 SWD，电动机默认反转启动，通过指示灯设置为 F/R 正反转监控状态，数据显示屏显示 rEu，弹起按钮，电动机停止。

（2）如果当前正在运行时，由于检修测试需要调节电动机转速，可以先用外控无极调速，测试调节到合适的控制速度，然后用数字量调试固定调节相应的速度。

（3）如果在升降的过程中发现由于速度设置不合适而出现乘坐人员身体不适的现象，可按面板上的“Stop”紧急停机键，保证人身安全。

四、知识拓展

MM420 变频器调速系统实训。

（一）PLC 联机多段速频率控制

1. 实训目的

① 掌握 PLC 和变频器多段速频率控制联机操作方法。
② 熟练掌握 PLC 和变频器联机调试方法。

2. 实训内容

通过 S7-224 型 PLC 和 MM420 变频器联机，实现电动机三段速频率运转控制。按下启动按钮 SB1，电动机启动并运行在第一段，频率为 10 Hz，对应转速为 560r/min；延时 20s 后电动机反向运行在第二段，频率为 30Hz，对应转速为 1680r/min；再延时 20s 后电动机正向运行在第三段，频率为 50 Hz，对应转速为 2800r/min。按下停车按钮，电动机停止运行。

实训前做好设备、工具和材料准备。

3. 操作方法

（1）S7-224 PLC 输入/输出分配表

变频器数字输入 DIN1、DIN2 端口通过 P0701、P0702 参数设为三段固定频率控制端，每一频段的频率可分别由 P1001、P1002 和 P1003 参数设置。变频器数字输入 DIN3 端口设为电动机运行、停止控制端，可由 P0703 参数设置，见表 3-18。

表 3-18　S7-224PLC 输入/输出分配表

输入			输出	
电路符号	地址	功能	地址	功能
SB1	I0.1	启动按钮	Q0.1	DIN1
SB2	I0.2	停止按钮	Q0.2	DIN2
			Q0.3	DIN3

（2）绘制电路接线图

根据写出的 PLC 输入/输出分配表，绘制电路接线图，如图 3-115 所示。

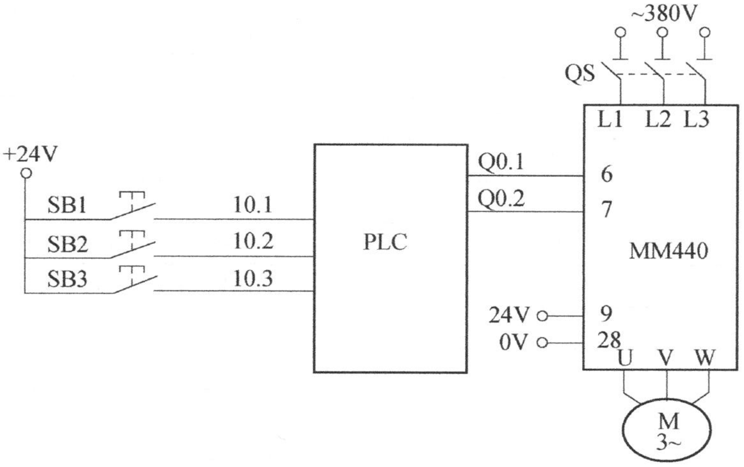

图 3-115　PLC 和 MM420 变频器联机三段速控制电路

（3）PLC 程序设计及变频器参数设置

① 省略 PLC 程序设计的编程输入步骤，这里只列出程序，如图 3-116 所示。

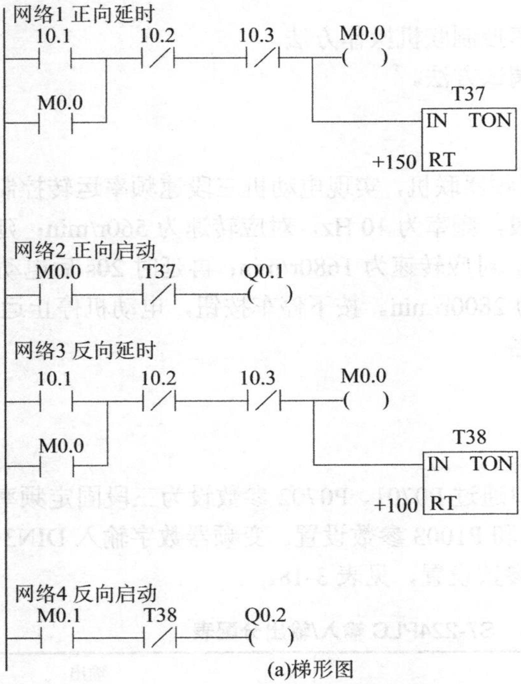


```
NETWORK 1        //正向延时
LD      10.1
O       M0.0
AN      10.2
AN      10.3
=       M0.0
TON     T37 +150
NETWORK 2        //正向启动
LD      M0.0
A       T37
=       Q0.1
NETWORK 3        //反向延时
LD      10.3
O       M0.1
AN      10.2
AN      10.1
=       M0.1
TON     T38 +100
NETWORK 4   //反向启动
LD      M0.1
A       T38
=       Q0.2
```

(a)梯形图　　　　(b)语句表

图 3-116　联机延时运行 PLC 程序

② 变频器参数设置见表 3-19。

表 3-19　变频器参数设置表

参数号	出厂值	设备值	说明
P0003	1	1	设用户访问级为标准级
P0004	0	7	命令和数字 I/O
P0700	2	2	命令源选择由端子排输入
P0003	1	2	设用户访问级为扩展级
P0004	0	7	命令和数字 I/O
P0701	1	17	选择固定频率
P0702	1	17	选择固定频率
P0703	1	1	ON 接通正转，OFF 停止
P0003	1	1	设用户访问级为标准级
P0004	0	10	设定值通道和斜坡函数发生器
P1000	2	3	选择固定频率设定值
P0003	1	2	设用户访问级为扩展级
P0004	0	10	设定值通道和斜坡函数发生器
P1001	0	10	设置固定频率 1（Hz）

（续表）

参数号	出厂值	设备值	说明
P1002	5	-30	设置固定频率 2（Hz）
P1003	10	50	设置固定频率 3（Hz）

4. 实训评价

成绩评分标准见表 3-20。

表 3-20　成绩评分标准

序号	主要内容	考核要求	评分标准		配分	扣分	得分
1	电路设计	能根据项目要求设计电路	（1）画图不符合标准，每处扣 3 分 （2）设计电路不正确，每处扣 5 分		20		
2	参数设置	能根据项目要求正确设计变频器参数	（1）遗漏设置参数，每处扣 5 分 （2）参数设置错误，每处扣 5 分		30		
3	PLC 编程及调试	能正确编写 PLC 程序	（1）梯形图程序编写错误，扣 5～15 分 （2）程序调试方法错误，每处扣 5 分		20		
4	综合调试	能正确、合理地根据接线和参数设置，现场调试变频器的运行	（1）不能正确操作变频器，扣 15 分 （2）不能正确调试，扣 15 分		30		
5	安全文明生产	能保证人身和设备安全	违反安全文明生产规程，扣 5～20 分				
备注			合计				
			教师签字	年　月　日			

5. 习题训练内容

联机控制实现电动机 10 段速频率运转。10 段速设置分别为：第 1 段输出频率为 5Hz；第 2 段输出频率为–10Hz；第 3 段输出频率为 15Hz；第 4 段输出频率为 5Hz；第 5 段输出频率为–5Hz；第 6 段输出频率为–10Hz；第 7 段输出频率为 25Hz；第 8 段输出频率为 40Hz；第 9 段输出频率为 50Hz；第 10 段输出频率为 30Hz。画出 PLC 和变频器联机接线图，写出 PLC 程序和变频器参数设置。

（二）基于 PLC 模拟量方式的变频器闭环调速实训

1. 实训目的

① 了解变频调速控制系统的构成、变频调速的原理，以及变频器的使用。

② 熟练掌握 PLC 控制系统的 PID 编程以及模拟量输入/输出模块的使用。

2. 实训内容

根据自动控制原理，由变频器、交流电机和同轴编码器以及 PLC 模拟量模块组成闭环系统。给定值由电位器调节电压送到模拟量模块输入 2 端口中，过程变量由同轴编码器输出到模拟量模块输入 1 端口中，输出变量由模拟量模块电压输出口送到变频器电压调节口，从而带动电机运行。

3. 相关知识点析

① 将模拟量模块中的电压输入端 A+、A–端连接到导轨的转速输出端，再将模拟量模块

中的电压输入端 B+、B–端连接到直流可调电源的输出端，作为设定端。另外两个输入端的一端连到 R 端上并且接电源的 M 端，模拟量输出端接到变频器挂箱的 AIN+、AIN–脚，此时模拟量输入满量程为 10V，因此对应的分辨率配置开关为 010001。同时 PLC 的输出端 Q0.0 连接变频器的 DN1 端。

② 由于此实训是利用变频器的外部接线和电压调节控制变频输出的，因此参数 P0700 和 P1000 都修改为 2。

③ 程序运行时，将 I0.0 接高电平，程序读取 AIW0 中的转速值和 AIW2 中的设定值，并运行 PID 算法，将运算结算结果到模拟量输出端，由输出电压控制变频器达到所设定的值。其中 P、I、D 参数可根据控制理论的知识重新设定。

4. S7–224 PLC 输入/输出分配表

S7-224 PLC 输入/输出分配表见表 3-21。

表 3-21 S7-224 PLC 输入/输出分配表

输入			输出	
电路符号	地址	功能	地址	功能
SB1	I0.1	启动按钮	Q0.0	DIN1
SB2	I0.2	停止按钮		

5. PLC 外部接线图

PLC 和 MM420 变频器模拟量控制电路如图 3-117 所示。

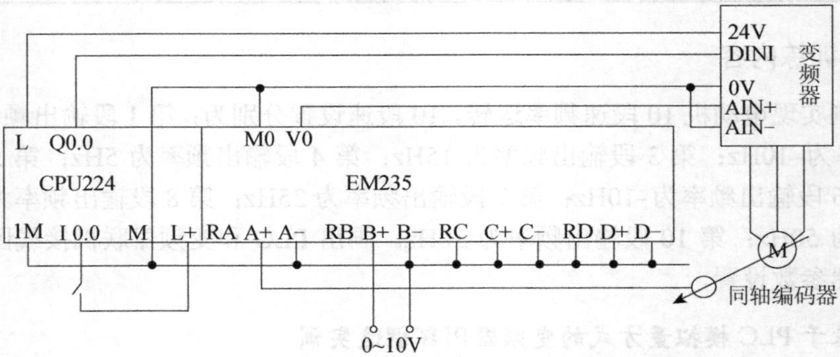

图 3-117 PLC 和 MM420 变频器模拟量控制电路

6. 程序设计

（1）速度采集

S7-200 具有高速脉冲采集功能，采集频率可以达到 30kHz，共有 6 个高速计数器（HSC0~HSC5），工作模式有 12 种。在固定时间间隔内采集脉冲差值，通过计算即可获得电动机的当前转速。例如每 100ms 采集一次脉冲数，光电开关每转发出 8 个脉冲，则速度为 $\frac{\Delta m}{0.1\times 8}\times 60$（r/min，$\Delta m$ 为 100ms 内的脉冲差）。

（2）速度采集

高速计数器初始化如图 3-118 所示。

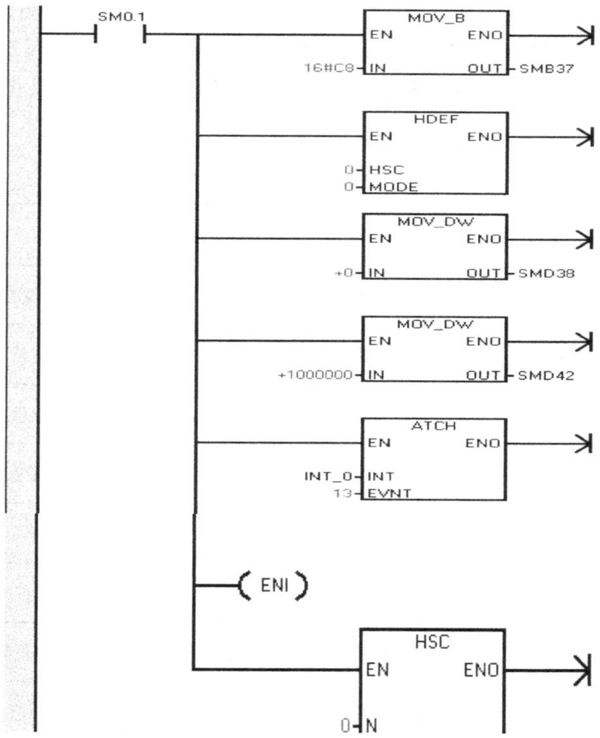

图 3-118　高速计数器初始化

（3）速度计算程序

速度计算程序如图 3-119。

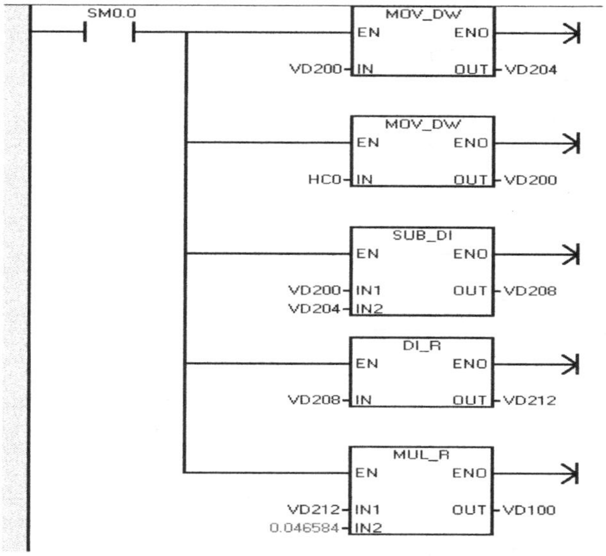

图 3-119　速度计算程序

（4）PID 控制

为控制系统稳定可靠地运行，必须使系统闭环运行，PID 算法是最基本的闭环控制算法。

这里主要介绍在 S7-200 中 PID 功能如何实现，S7-200 中 PID 功能的核心是 PID 指令。PID 指令需要为其指定一个以 V 变量存储区地址开始的 PID 回路表，以及 PID 回路号。PID 回路表提供了给定和反馈以及 PID 参数等数据入口，PID 运算的结果也在回路表（见表 3-22）中输出。

表 3-22　回路表

偏移地址	域	格式	类型	描述
0	过程变量（PVn）	双字-实数	输入	过程变量，必须在 0.0~1.0 之间
4	设定值（SPn）	双字-实数	输入	给定值，必须在 0.0~1.0 之间
8	输出值（Mn）	双字-实数	输入/输出	输出值，必须在 0.0~1.0 之间
12	增益（Kc）	双字-实数	输入	增益在比例常数，可正可负
16	采样时间	双字-实数	输入	单位为秒，必须是正数
20	积分时间（T_s）	双字-实数	输入	单位为分钟，必须是正数
24	微分时间（T_d）	双字-实数	输入	单位为分钟，必须是正数
28	积分项前项（M_X）	双字-实数	输入/输出	积分项前项，必须在 0.0~1.0 之间
32	过程变量前值（PV_{n-1}）	双字-实数	输入/输出	最后一次 PID 运算的过程变量值

（5）PID 程序初始化

PID 程序初始化如图 3-120 所示。

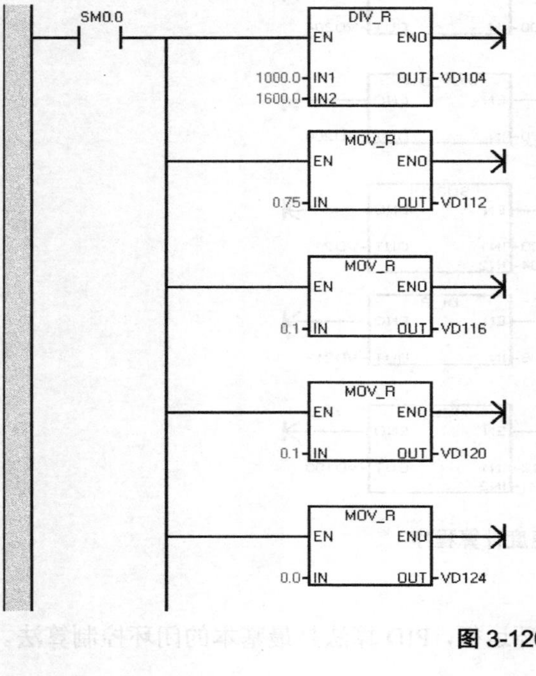

偏移地址	域
0	过程变量（PV_n）
4	设定值（SP_n）
8	输出值（M_n）
12	增益（K_c）
16	采样时间
20	积分时间（T_s）
24	微分时间（T_d）
28	积分项前项（MX）
32	过程变量前值（PV_{n-1}）

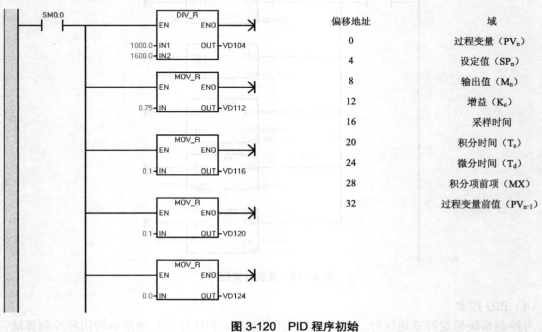

图 3-120　PID 程序初始

（6）PID 控制程序

PID 控制程序如图 3-121 所示。

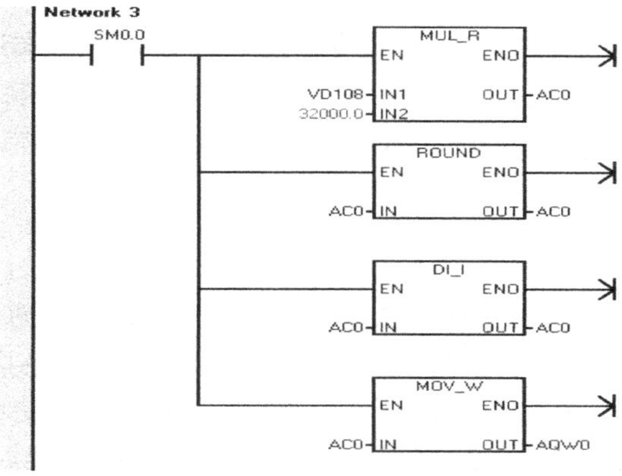

图 3-121　PID 控制程序

7. 实训评价

实训成绩评分表见表 3-23。

表 3-23　成绩评分表

序号	主要内容	考核要求	评分标准	配分	扣分	得分
1	电路设计	能根据项目要求设计电路	画图不符合标准，每处扣 3 分 设计电路不正确，每处扣 5 分	20		
2	参数设置	能根据项目要求正确设计变频器参数	遗漏设置参数，每处扣 5 分 参数设置错误，每处扣 5 分	40		
3	接线	能正确使用工具和仪表，按照电路接线	元器件安装不符合要求，每处扣 2 分 实际接线中有反圈或不符合接线规范的情况，每处扣 1 分	10		
4	调试	能正确、合理地根据接线和参数设置，现场调试变频器的运行	不能正确操作变频器，扣 15 分 不能正确调试，扣 15 分	30		
5	安全文明生产	能保证人身和设备安全	违反安全文明生产规程，扣 5～20 分			
备注			合计			
		教师签字	年月日			

8. 习题训练内容

①写出 PLC 编程中 PID 指令和程序中的数值转换步骤和方法。

②修改不同的 PID 参数，观察运行的情况。

（三）PLC、变频器 USS 通信控制实训

1. 实训目的

① 掌握 USS 通信指令的使用及编程。

② 掌握变频器 USS 通信系统的接线、调试、操作。

2. 控制要求

总体控制要求：用一台 CPU226CN 对变频器进行 USS 无级调速。已知电动机的技术参数，功率为 0.06kW，额定转速为 1440r/min，额定电压为 380V，额定电流为 0.35A，额定功率为 50Hz。PLC 根据输入端的控制信号，经过程序运算后由通信端口控制变频器运行。

3. 相关知识点析

（1）USS_INIT 指令

USS_INIT 指令用于启用、初始化或禁止 MicroMaster 驱动器通信。在使用任何其他 USS 协议指令之前，必须先执行 USS_INIT 指令，才能继续执行下一条指令。

① EN：输入打开时，在每次扫描时执行该指令。仅限为通信状态的每次改动执行一次 USS_INIT 指令。使用边缘检测指令，以脉冲方式打开 EN 输入。欲改动初始化参数，执行一条新 USS_INIT 指令。

② MODE（模式）：输入值 1 时将端口 0 分配给 USS 协议，并启用该协议；输入值 0 时将端口 0 分配给 PPI，并禁止 USS 协议。

③ BAUD（波特率）：将波特率设为 1200、2400、4800、9600、19200、38400、57600 或 115200。

④ ACTIVE（激活）：表示激活的驱动器。

驱动器站点号具体计算见表 3-24。

表 3-24　驱动器站点号具体计算

D31	D30	D29	D28	…	D19	D18	D17	D16	…	D3	D2	D1	D0
0	0	0	0	…	0	1	0	0	…	0	0	0	0

其中 D0～D31 代表有 32 台变频器，四台为一组，共分成八组。如果要激活某台变频器就使该位为 1，现在激活 18 号变频器，即为表 3-24 所示，构成 16 进位数，得出 Active 即为 0004000。

若同时有 32 台变频器须激活，则 Altive 为 16＃FFFFFFFF，此外还有一条指令用到站点号，USS-CTRL 中的 Drive 驱动站号不同于 USS-INIT 中的 Active 激活号，Active 激活号指定哪几台变频器需要激活，而 Drive 驱动站号是指先激活哪台电机驱动，因此程序中可以有多个 USS-CTRC 指令。

（2）USS_CTRL 指令

被用于已在 USS_INIT 指令中 ACTIVE（激活）的驱动器，且仅限一台驱动器。

① EN（使能）：打开此端口，才能启用 USS_CTRL 指令，且该指令应当始终启用。

② RUN（运行）：表示驱动器是打开（1）还是关闭（0）。当 RUN（运行）位打开时，驱动器收到一条命令，按指定的速度和方向开始运行。为了使驱动器运行，必须符合以下条件：DRIVE（驱动器）在 USS_INIT 中必须被选为 ACTIVE（激活）；OFF2 和 OFF3 必须被设为 0；FAULT（故障）和 INHIBIT（禁止）必须为 0；当 RUN（运行）关闭时，会向驱动器发出一条命令，将速度降低，直至电机停止。

③ OFF2：位被用于允许驱动器滑行至停止。

④ OFF3：位被用于命令驱动器迅速停止。

⑤ F_ACK ：用于确认驱动器中的故障。当从 0 转为 1 时，驱动器清除故障。

⑥ DIR：表示驱动器应当移动的方向——正转/反转。

⑦ Drive（驱动器）：指定运行的驱动器号，必须已经在 USS_INIT 中被选为 ACTIVE（激活）。

⑧ Type（类型）：选择驱动器类型，3 系列或更早的为 0，4 系列为 1。

⑨ Speed_SP（速度设定值）：作为全速百分比的驱动器速度。Speed_SP 的负值会使驱动器反向旋转。范围为–200.0%～200.0%。

⑩ Resp_R（收到应答）：确认从驱动器收到应答。对所有的激活驱动器进行轮询，查找最新驱动器状态信息。每次从驱动器收到应答时，Resp_R 位均会打开，进行一次扫描，所有数值均被更新。

⑪ Error（错误）：包含对驱动器最新通信请求结果的错误字节。

⑫ Status（状态）：驱动器返回的状态字原始数值。

⑬ Speed（速度）：按全速百分比显示驱动器当前速度。范围为–200.0%～200.0%。

⑭ Run_EN（运行启用）：表示驱动器是运行（1）还是停止（0）。

⑮ D_Dir：表示驱动器的旋转方向。

⑯ lnhibit（禁止）：表示驱动器上的禁止位状态（0—不禁止，1—禁止）。欲清除禁止位，“故障”位必须关闭，RUN（运行）、OFF2 和 OFF3 输入也必须关闭。

⑰ Fault（故障）：表示故障位状态（0—无故障，1—故障）。

4. 变频器 MM420 的设置说明和步骤

（1）MICROMASTER4 可以有两种 USS 通信接口：RS-232 和 RS-485。RS-232 接口用选件模块（订货号为 6SE6400-1PC00-0AA0）实现。RS-485 接口时，是将端子 14 和 15 分别连接到 P+和 N–来实现。

（2）为了进行 USS 通信，必须确定变频器采用的是 RS-485 接口，还是 RS-232 接口。据此可以确定 USS 参数应设定为哪个下标。

① P0003=2（访问第 2 级的参数所必须的）。

② P2010=USS 波特率。这一参数必须与主站采用的波特率相一致。USS 支持的最大波特率是 57600 波特率。P2010 的 P2010[0]（IN000）是设置 COM 链路的串行接口，P2010[1]（IN001）是设置 BOP 链路的串行接口。一般对于 RS-485 使用 P2010[0]（IN000）。

③ P2011=USS 节点地址。这是为变频器指定的唯一从站地址。P2011 的 P2011[0]（IN000）是设置 COM 链路的串行接口，P2011[1]（IN001）是设置 BOP 链路的串行接口。一般对于 RS-485 使用 P2010[0]（IN000）。

一旦设置了这些参数，就可以进行通信了。主站可以对变频器的参数（PKW 区）进行读和写，也可以监测变频器的状态和实际的输出频率（PZD 区）。

④ P0700=4 或 5。这一设置允许通过 USS 对变频器进行控制。“PZD 区”一节中，给出了对每一位含义的解释。常规的正向运行（RUN）和停车（OFF1）命令分别是 047F（hex）和 047E（hex）。其他的例子已在“PZD 区”一节中给出。

⑤ P1000=4 或 5。这一设置允许通过 USS 发送主设定值。这是默认情况下用 P2000 进行的规格化，所以，4000（hex）等于在 P2000 中设定的数值。

为了兼容早期生产的变频器，也可以用 P2009（访问级 3）进行规格化。

5. 变频器设置步骤

变频器设置步骤参数见表 3-25。

表 3-25 变频器设置步骤参数表

序号	变频器参数	出厂值	设定值	功能说明（黄色为必须设置）
1	P0304	230	380	电动机的额定电压（380V）
2	P0305	3.25	0.25	电动机的额定电流（0.25A）
3	P0307	0.75	0.12	电动机的额定功率（120W）
4	P0310	50.00	50.00	电动机的额定频率（50Hz）
5	P0311	0	1430	电动机的额定转速（1430 r/min）
6	P1000	2	5	频率设定值选择（通过 COM 链路的 USS）
7	P1080	0	0	电动机的最小频率（0Hz）
8	P1082	50	50.00	电动机的最大频率（50Hz）
9	P1120	10	10	斜坡上升时间（10s）
10	P1121	10	10	斜坡下降时间（10s）
11	P0700	2	5	命令源选择
12	P1135	5.0	0	停止时间
13	P1232	100	150	直流制动电流
14	P1233	0	1	直流制动电流持续时间
15	P2010	6	6	USS 波特率（设置为 9600）
16	P2011		0	USS 节点地址（设置为 0 号变频器），如这里为 0，则 USS 的 USS_INIT 的 Active 设置为 16#1，USS_CTRL 的 Drive 设置为 0
17				

注：（1）设置参数前先将变频器参数复位为工厂默认设定值，同时应该按照下面的数值设定参数。

①设定 P0010=30；

②设定 P0970=1。

完成复位过程至少要 1 分钟。

（2）设定 P0003=2，允许访问扩展参数。

（3）设定电机参数时先设定 P0010=1（快速调试），电机参数设置完成设定 P0010=0（准备）。

注意：

①变频器 MM420 只能保留有操作面板（BOP）的小面板，必须把有 PROFIBUS 接口的大面板取下来，否则不能通信！（另，P3037 可能要调整，因为出现 R5017 错误，但第二次调试又不出现了。）

②使用 USS 指令前必须先安装“USS 协议库（Tbox_V32_STEP7）”，然后才能使用 USS 指令，但是安装完 USS 库如出现“错误 18（操作数 1）未为库分配 V 存储区。在指令树中程序块的鼠标右键菜单项目中选择【库存储区】”的编译错误，请按下面提示设置：

a. 找到编程软件第二列的“指令树”，并找到其中的“程序块”；

b. 在“程序块”上右击，找到“库存储区”选项；

c. 选择“库存储区”，则弹出 USS Protocol 的库存储区分配窗口，单击“建议地址”，则选择合适的建议地址，前提是这里选择的建议地址必须避开常用的地址（VB2000 以后的地址不常用）。

6. 端口分配及功能表

端口分配及功能表见表 3-26。

表 3-26　端口分配及功能表

序号	PLC 地址	电气符号（面板端子）	功能说明
1	I0.0	启动开关	程序开始运行
2	I0.1	自由停车	
3	I0.2	紧急停车	
4	I0.3	故障清除	
5	I0.4	正反转切换	

7. PLC 外部接线图

PLC 外部接线图如图 3-122 所示。

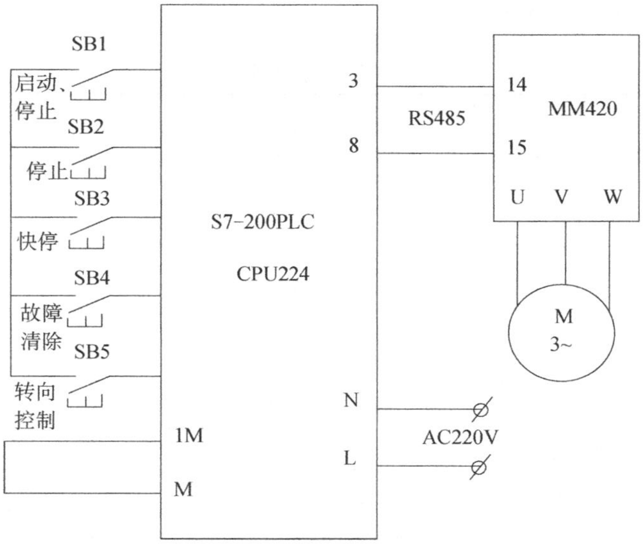

图 3-122　PLC 与变频器的 USS 控制接线图

8. 功能指令使用及程序

功能指令使用及程序如图 3-123 所示。

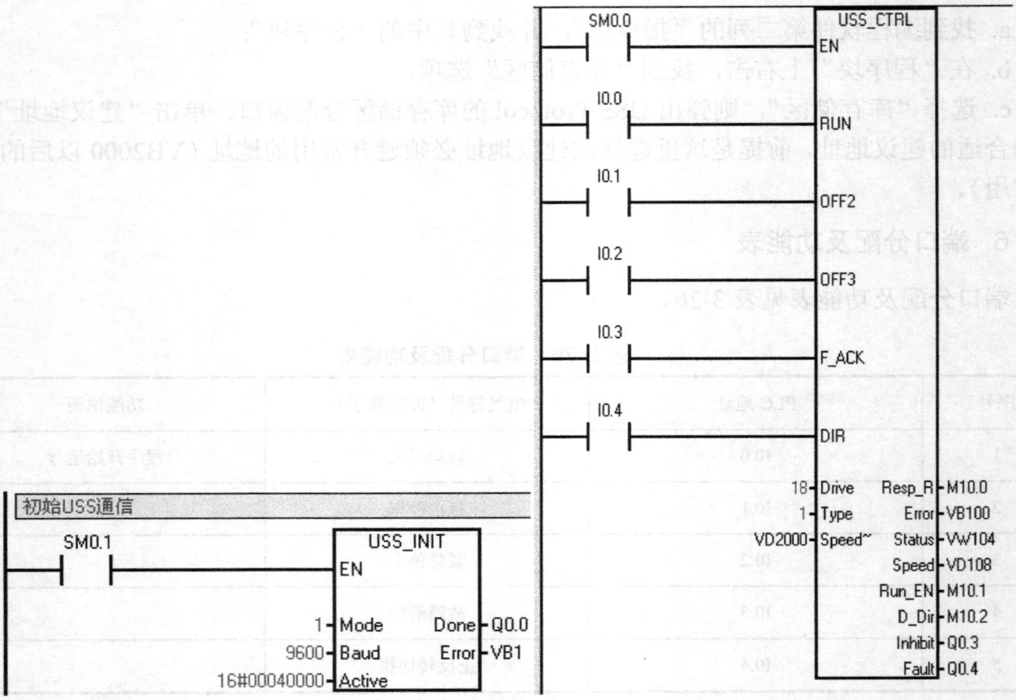

图 3-123　功能指令使用及程序

9. 实训评价

实训成绩评分标准见表 3-27。

表 3-27　成绩评分标准

序号	主要内容	考核要求	评分标准	配分	扣分	得分
1	电路设计	能根据项目要求设计电路	（1）画图不符合标准，每处扣 3 分 （2）设计电路不正确，每处扣 5 分	20		
2	参数设置	能根据项目要求正确设计变频器参数	（1）遗漏设置参数，每处扣 5 分 （2）参数设置错误，每处扣 5 分	40		
3	接线	能正确使用工具和仪表，按照电路接线	（1）元件安装不符合要求，每处扣 2 分 （2）实际接线中有反圈或其这不符合接线规范的情况，每处扣 1 分	10		
4	调试	能正确、合理地根据接线和参数设置，现场调试变频器的运行	（1）不能正确操作变频器，扣 15 分 （2）不能正确调试，扣 15 分	30		
5	安全文明生产	能保证人身和设备安全	违反安全文明生产规程，扣 5～20 分			
备注			合计			
			教师签字	年月日		

10. 习题训练内容

变频器 MM420 与 S7-200PLC 采用 USS 通信协议，实现电机正反转，并能自动加减速，停车时采用自由停车和快速停车。

项目小结

1. 三相异步电动机是靠电磁感应来工作的，所以也称异步电动机为感应电动机。转差率是异步电动机的重要物理量。异步电动机按转子结构不同分为鼠笼转子异步电动机和绕线转子异步电动机两种，它们的定子结构相同。为求异步电动机的等效电路，除对转子绕组进行折算外，还需对转子频率进行折算。频率折算的实质就是用转子静止的异步电动机替代转子旋转的异步电动机。等效电路中$\frac{1-s}{s}r_2'$，是模拟总机功率的等值电阻。

2. 三相异步电动机的机械特性就是当定子电压、频率以及绕组参数都是固定时，电动机的转速与电磁转矩之间的函数关系式 $n=f(T_{em})$。由于转差率与转速之间存在线性关系（$s=\frac{n_1-n}{n_1}$），因此也可以用 $s=f(T_{em})$ 表示三相异步电动机的机械特性。最大转矩和启动转矩是反映电动机的过载能力和启动能力的两个重要指标，最大转矩和启动转矩越大，则电动机的过载能力越强，启动性能越好。三相异步电动机的机械特性是一条非线性曲线，一般情况下，以最大转矩为分界点，其线段为稳定运行区。固有机械特性的线性段属于硬特性，额定工作点的转速略低于同步转速。机械特性曲线的分析关键在于抓住最大转矩、临界转差率及启动机转矩这三个量随参数的变化规律。

3. 三相异步电动机启动主要分为笼型异步电动机的启动和绕线式异步电动机的启动。其中笼型异步电动机直接启动时存在启动电流大、启动转矩小等问题，所以采用了星形-三角形降压、自耦变压器降压启动等降压启动方法。对于大功率重载启动或要求频繁启动、制动和反转的情况，则要采用绕线电机启动，启动方法包括转子串三相电阻分级启动和转子串频敏变阻器启动。

4. 三相异步电动机的调速方法有：改变极对数 p、改变转差率 s 和改变电源频率 f_1。改变转差率调速包括调压调速、绕线转子电动机转子串电阻调速和串级调速。由于变频调速具有很好的调速性能，所以它在交流调速方式中具有重要意义，应用相当广泛。

5. 根据制动状态中 T_{em} 与 n 的不同情况，制动可分为反接制动、再生回馈制动和能耗制动。

① 反接制动是在电机定子三根电源线中的任意两根对调而使电机输出转矩反向产生制动，或者在转子电路上串接较大附加电阻使转速反向，而产生制动。

② 再生回馈制动是在外加转矩的作用下，转子转速超过同步转速，电磁转矩改变方向成为制动转矩的运行状态。再生回馈制动与反接制动和能耗制动不同，再生回馈制动不能制动到停止状态。

③ 能耗制动是在电机定子线圈中接入直流电源，在定子线圈中通入直流电流，形成磁场，转子由于惯性继续旋转切割磁场，而在转子中形成感应电势和电流，产生的转矩方向与电机的转速方向相反，产生制动作用，最终使电机停止。

6. 变频器的工作原理。变频器是利用电力半导体器件的通断作用把电压、频率固定不变的交流电变成电压、频率都可调的交流电源。现在使用的变频器主要采用交-直-交方式（VVVF变频或矢量控制变频），先把工频交流电源通过整流器转换成直流电源，然后再把直流电源转换成频率、电压均可控制的交流电源以供给电动机。变频器主要由整流（交流变直流）、滤波、再次整流（直流变交流）、制动单元、驱动单元、检测单元、微处理单元等组成。

7. 变频器控制异步电动机的基本方法。

① 面板控制；

② 端子控制；

③ 通信控制。

8. 变频器的操作实训。在了解欧姆龙 3G3JV、欧姆龙 3J3GA 和西门子 MM420 变频器结构，掌握参数设置、操作步骤及面板操作的基础上，完成变频器和电动机接线，并根据实际应用对变频器的各种功能进行参数设置。本项目中针对欧姆龙 3G3JV 变频器完成基本操作面板、三相三速、二相七速的任务操作；而对西门子 MM420 采用 PLC 控制完成端子控制、模拟量控制、USS 通信控制，包括接线、PLC 简单程序编写。

思考与练习三

一、填空题

1. 当 s 在________范围内，三相异步电机运行于电动机状态，此时电磁转矩性质为________；在________范围内运行于发电机状态，此时电磁转矩性质为________。

2. 三相异步电动机根据转子结构不同可分为________和________两类。

3. 一台 6 极三相异步电动机接于 50Hz 的三相对称电源，其 s=0.05，则此时转子转速为________r/min，定子旋转磁势相对于转子的转速为________r/min。

4. 三相异步电动机的电磁转矩是由________和________共同作用产生的。

5. 一台三相异步电动机带恒转矩负载运行，若电源电压下降，则电动机的转速________，定子电流________，最大转矩________，临界转差率________。

6. 三相异步电动机电源电压一定，当负载转矩增加，则转速________，定子电流________。

7. 三相异步电动机等效电路中的附加电阻是模拟________的等值电阻。

8. 三相异步电动机在额定负载运行时，其转差率 s 一般在________范围内。

9. 对于绕线转子三相异步电动机，如果电源电压一定，转子回路电阻适当增大，则启动转矩________，最大转矩________。

10. 拖动恒转矩负载运行的三相异步电动机，其转差率 s 在________范围内时，电动机都能稳定运行。

11. 三相异步电动机的过载能力是指________。

12. 星形-三角形降压启动时，启动电流和启动转矩各降为直接启动时的________。

13. 三相异步电动机进行能耗制动时，直流励磁电流越大，则初始制动转距越________。

14. 三相异步电动机拖动恒转矩负载进行变频调速时，为了保证过载能力和主磁通不变，则 U_1 应随 f_1 按________规律调节。

15. 变频器发热是由内部的损耗功率产生的，各损耗比例中，逆变电路约________，整流及直流电路约占________。

16. 变频器对安装环境要求是：________、________、安装场所、其他条件。

17. 变频器是一种将________频率的交流电变换成频率、电压可调的交流电，以供给电动机运转的装置。

18. 变频器中逆变器对外界产生干扰的方式有________方式、________方式及________方式。

二、判断题

1. 不管异步电机转子是旋转还是静止，定子、转子磁通势都是相对静止的。(　　)

2. 三相异步电动机转子不动时，经由空气隙传递到转子侧的电磁功率全部转化为转子铜损耗。(　　)

3. 三相异步电动机的最大电磁转矩 T_m 的大小与转子电阻 r_2 阻值无关。(　　)

4. 通常三相笼型异步电动机定子绕组和转子绕组的相数不相等，而三相绕线转子异步电动机的定、转子相数则相等。(　　)

5. 三相异步电机当转子不动时，转子绕组电流的频率与定子电流的频率相同。(　　)

6. 由公式 $T_{em} = C_T \Phi m I_2' \cos\Phi_2$ 可知，电磁转矩与转子电流成正比，因为直接启动时的启动电流很大，所以启动转矩也很大。(　　)

7. 深槽式与双笼型三相异步电动机，启动时由于集肤效应而增大了转子电阻，因此具有较高的启动转矩倍数。(　　)

8. 三相绕线转子异步电动机转子回路串入电阻可以增大启动转矩，串入电阻值越大，启动转矩也越大。(　　)

9. 三相绕线转子异步电动机提升位能性恒转矩负载，当转子回路串接适当的电阻值时，重物将停在空中。(　　)

10. 三相异步电动机的变极调速只能用在笼型转子电动机上。(　　)

11. 矢量控制可以要求变频器实现 1 控 X 功能。(　　)

12. 水利发电厂为实现节能，利用变频器实现 1 控 X 功能，属于矢量控制。(　　)

13. 通常变频器的主回路中都设有再生回路，它是当减速时电动机再生能量的释放通路。(　　)

三、选择题

1. 三相异步电动机带恒转矩负载运行，如果电源电压下降，当电动机稳定运行后，此时电动机的电磁转矩(　　)。

A. 下降　　B. 增大　　C. 不变　　D. 不定

2. 三相异步电动机的空载电流比同容量变压器大的原因是(　　)。

A. 异步电动机是旋转的　　B. 异步电动机的损耗大

C. 异步电动机有气隙　　D. 异步电动机有漏抗

3. 三相异步电动机空载时，气隙磁通的大小主要取决于(　　)。

A. 电源电压　　B. 气隙大小

C. 定、转子铁芯材质　　D. 定子绕组的漏阻抗

4. 对于三相异步电动机，能画出像变压器那样的等效电路是由于(　　)。

A. 它们的定子或原边电流都滞后于电源电压

B. 气隙磁场在定子、转子或主磁通在原、副边都感应电动势

C. 它们都有主磁通和漏磁通

D. 它们都由电网取得励磁电流

5. 三相异步电动机在运行中，把定子两相反接，则转子的转速会(　　)。

A. 升高　　B. 下降一直到停转

C. 下降至零后再反向旋转　　D. 下降到某一稳定转速

6. 与固有机械特性相比，人为机械特性上的最大电磁转矩减小，临界转差率没变，则该人为机械特性是异步电动机的（　　）。

A. 定子串接电阻的人为机械特性　　B. 转子串接电阻的人为机械特性

C. 降低电压的人为机械特性

7. 一台三相笼型异步电动机的数据为 $P_N = 20kW$，$U_N = 380V$，$\lambda_T=1.15$，$K_i=6$，定子绕组为三角形连接。当拖动额定负载转矩启动时，若供电变压器允许启动电流不超过 $12I_N$，最好的启动方法是（　　）。

A. 直接启动　　B. Y-△降压启动

C. 自耦变压器降压启动

8. 一台三相异步电动机拖动额定转矩负载运行时，若电源电压下降 10%，这时电动机的电磁转矩（　　）。

A. $T_{em}=T_N$　　B. $T_{em}=0.81\ T_N$　　C. $T_{em}=0.9T_N$

9. 三相绕线转子异步电动机拖动起重机的主钩，提升重物时电动机运行于正向电动状态，若在转子回路串接三相对称电阻下放重物时，电动机运行状态是（　　）。

A. 能耗制动运行　　B. 反向回馈制动运行

C. 倒拉反转运行

10. 三相异步电动机拖动恒转矩负载，当进行变极调速时，应采用的连接方式为（　　）。

A. Y-YY；　　B. △- YY；　　C. 正串 Y-反串 Y

11. 多功能监控功能所设置的参数中，可以监控输出直流电压指令值的设定值是（　　）。

A. n05　　B. n04　　C. U04　　D. U05

12. SPWM 图形的特点是（　　）。

A. 等幅不等宽　　B. 等幅也等宽

C. 等宽不等幅　　D. 不等宽也不等幅

13. 粗略计算，一台容量为 1000kV・A 的变频器，它的损耗功率是（　　）。

A. 4500~5500kW　　B. 40~50kW

C. 45~55kW　　D. 4000~5000kW

14. 变频器初始化参数 n01 设定为“8”或“9”后，n01 内部的参数值是（　　）。

A. 8　　B. 1　　C. 0　　D. 9

15. 变频器频率给定功能中，一般可供外接给定信号选择的有（　　）两种。

A. 电流与频率　　B. 频率与电压

C. 电压与功率　　D. 电压与电流

16. 在变频器的输入侧、输出侧都可以作为滤波元件的是（　　）。

A. 断路器　　B. 电阻　　C. 电感　　D. 电容

17. 下列说法，（　　）不是变频器的优点。

A. 调速性能好　　B. 调速范围窄

C. 静态稳定性好　　D. 运行效率高

18. 下列项目中，（　　）不属于变频器主回路组成部分。

A. 整流电路　　B. 中间直流　　C. 逆变器电路　　D. 控制旋钮

四、简答题

1. 三相异步电动机为什么会旋转，怎样改变它的转向？

2. 异步电机中的空气隙为什么做得很小？气隙大小对异步电动机的功率因数有什么影响？

3. 三相异步电动机转子电路断开能否启动运行？为什么？

4. 三相异步电动机断了一根电源线后，为什么不能启动？而运行中断了一相电源线，为什么仍能继续转动？这两种情况对电动机将产生什么影响？

5. 假如有一台星形连接的三相异步电动机，在运行中突然切断三相电流，并同时将任意两相定子绕组（如U、V相）立即接入直流电源，这时异步电动机的工作状态如何？画图分析。

6. 一台四极三相异步电动机，电源频率为50Hz，满载时电动机的转差率为0.02，计算电动机的同步转速、转子转速和转子电流的频率。

7. 三相异步电动机带额定负载运行时，如果负载转矩不变，当电源电压降低时，电动机的 T_m、T_{st}、Φ_m、I_1、I_2 和 n 如何变化？为什么？

8. 漏抗大小对异步电动机的启动转矩、最大转矩及功率因数有何影响，为什么？

9. 三相异步电动机的定子电压、转子电阻及定转子漏电抗对最大转矩、临界转差率及启动转矩有何影响？

10. 什么是三相异步电动机的固有机械特性和人为机械特性？画图并简要说明。

11. 三相鼠笼式异步电动机全压直接启动时，启动电流大而启动转矩不大，这时为什么？

12. 三相笼型异步电动机的额定电压为380/220V，电网电压为380V时能否采用Y-△启动？

13. 额定电压为660V/380V、Y-△接法的异步电动机，在660V电源和380V电源时，哪种可采用Y-△启动？为什么？

五、计算与实训题

1. 已知一台三相四极异步电动机的额定数据为 P_N=10kW，U_N=380V，I_N=11.6A，定子为Y连接，额定运行时，定子铜损耗 P_{Cu1}=560W，转子铜损耗 P_{Cu2}=310W，机械损耗 P_{mec}=70W，附加损耗 P_{ad}=200W。试计算该电动机在额定负载下：（1）额定转速；（2）空载转矩；（3）转轴上的输出转矩；（4）电磁转矩。

2. 已知一台三相异步电动机，额定频率为150kW，额定电压为380V，额定转速为1460r/min，过载倍数为2.4。试求：（1）转矩的实用表达式；（2）问电动机能否带动额定负载启动？

3. 笼型异步电动机的数据为 P_N=40kW，U_N=380V，n_N=2930r/min，η_N=0.9，$\cos\Phi_N$=0.85，K_i=5.5，K_{st}=1.2，定子绕组为三角形连接，供电变压器允许启动电流为150A，能否在下列情况下用Y-△降压启动？

（1）负载转矩为 $0.2T_N$；（2）负载转矩为 $0.6T_N$。

4. 参见图 3-124，连接用万用表测试 GTR 的好坏时表笔的接线。

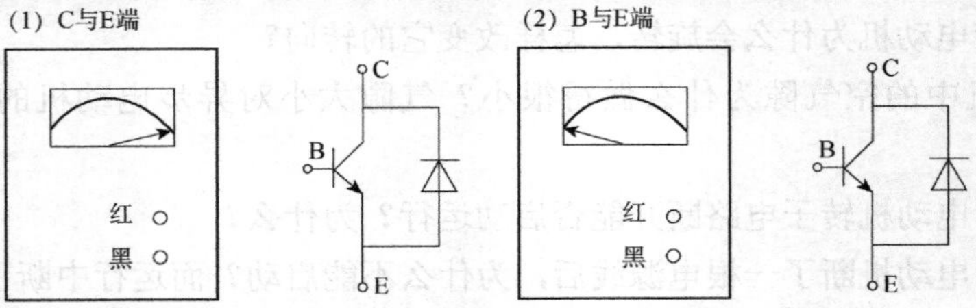

图 3-124　GTR 测试接线图

5. 指出图 3-125 中错误之处并在图上改正过来。

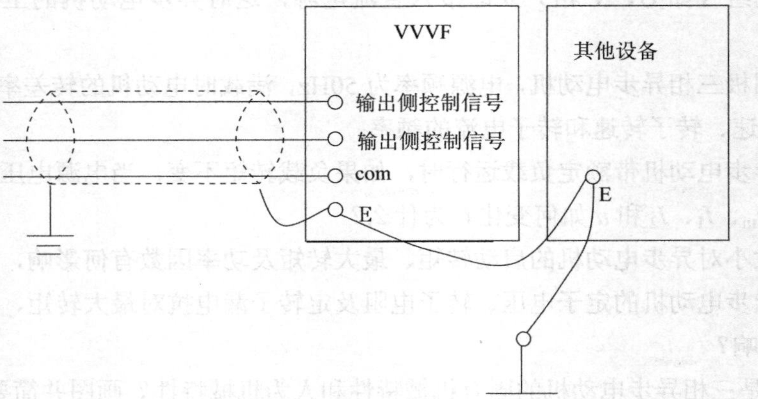

图 3-125　改错

项目四　自动化生产线驱动电机的维护与调速

项目剖析

随着自动化水平的不断提高，越来越多的工业控制场合需要精确的定位控制。因此，如何更方便准确地实现定位控制在自动化生产线中具有重要意义。定位控制一般通过控制器控制步进电机或伺服电机来实现。在要求较高的场合，伺服电机在控制精度、过载能力、转矩特性等方面均有良好的表现，所以在精确定位控制系统中往往采用伺服电机作为执行机构。

步进电动机的最高极限速度通常要比伺服电动机低，并且在低速时容易产生振动，影响加工精度。但步进电动机开环伺服系统的控制和结构简单，调整容易，在速度和精度要求不高的场合具有一定的使用价值。步进电动机细分技术的应用，使步进电动机开环伺服系统的定位精度明显提高；并且降低了步进电动机低速振动频率，使步进电动机在中低速场合的开环伺服系统中得到更广泛的应用。

那么伺服、步进电机的定位、速度、位移等控制是如何实现的呢？相信通过本项目的学习，这些问题就能迎刃而解。

本项目由以下两个任务组成。

任务一——步进电机 PLC 控制设计。

任务二——伺服电机 PLC 控制设计。

项目目标

1. 掌握伺服/步进电机的工作原理。
2. 正确分析伺服/步进电动机系统的电气线路，并对其进行连接与测试。
3. 掌握伺服驱动器的原理及参数设置。
4. 掌握用 MAP 库指令实现伺服/步进电机调速控制的程序。
5. 掌握伺服/步进电动机驱动系统的控制和调试方法。

任务一　步进电机 PLC 控制设计

本任务目标：

1. 了解步进电动机的结构。
2. 掌握步进电动机的工作原理。
3. 了解步进电动机在生产线上的传动组件。
4. 掌握控制步进电动机的 MAP 库指令。
5. 掌握步进驱动器的控制接线方法。
6. 掌握步进电动机的控制方法。

一、相关知识

（一）步进电机的结构

步进电机主要结构如图 4-1 所示，步进电机部面图如图 4-2 所示，步进电机实物图如图 4-3 所示。

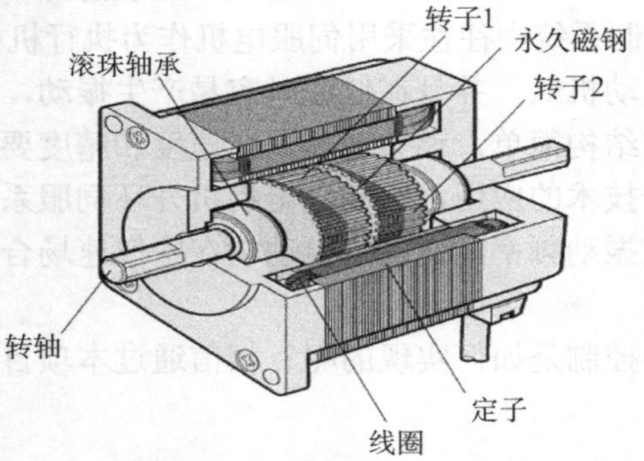

图 4-1　步进电机结构图

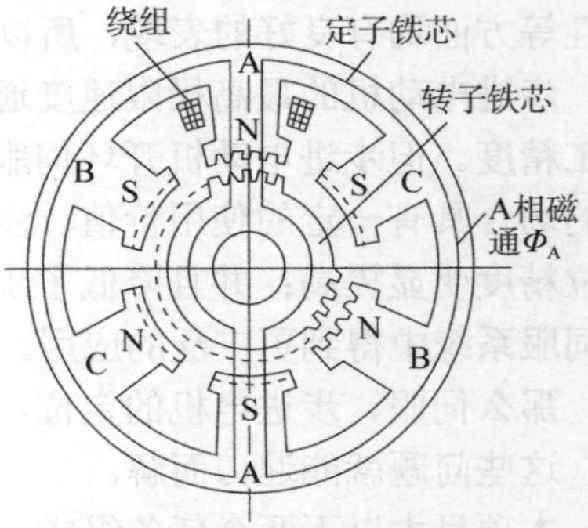

图 4-2　步进电机剖面图

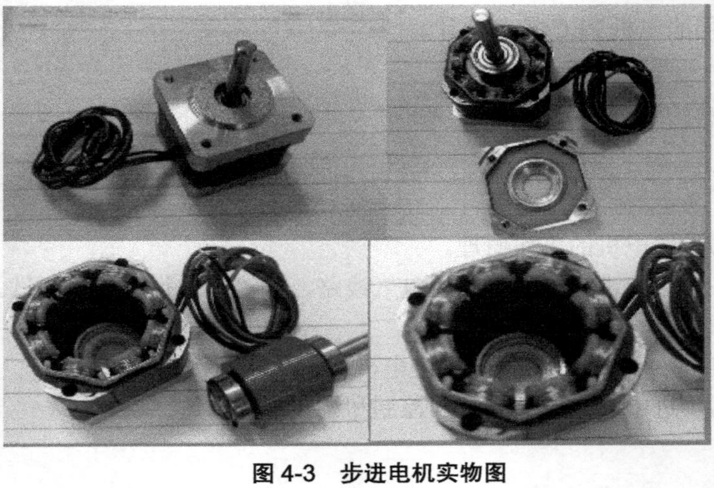

图 4-3　步进电机实物图

步进电机按定子、转子铁芯的段数分为单段式和多段式两种。

1. 单段式

单段式定子、转子为一段铁芯，各相绕组沿圆周方向均匀排列，又称为径向分相式。它是步进电机中使用最多的一种结构型式，如图 4-4 所示。定子、转子铁芯由硅钢片叠压而成，定子磁极为凸极式，磁极的极面上开有小齿。定子上有三套控制绕组，每一套有两个串联的集中控制绕组分别绕在径向相对的两个磁极上。每套绕组叫一相，三相绕组接成星形，所以定子磁极数通常为相数的两倍。转子上没有绕组，沿圆周有均匀的小齿，其齿距和定子磁极上小齿的齿距必须相等，而且转子的齿数有一定的限制。这种结构的优点是制造方便、精度高、步距角较小、启动和运行频率较高。缺点是电机的直径较小、相数又较多时，径向分相较为困难，消耗功率大，断电时无定位转矩。

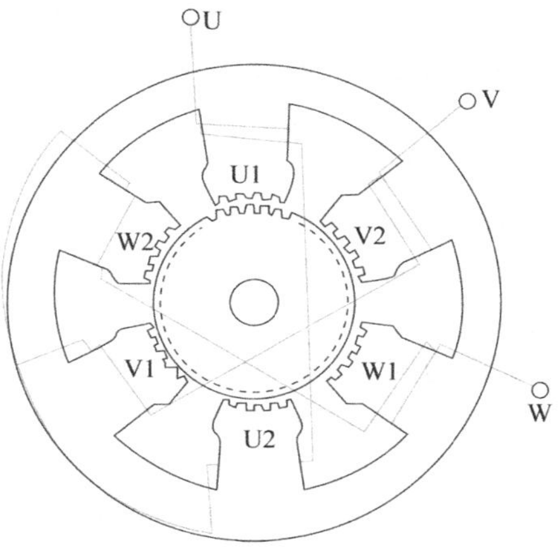

图 4-4　单段式步进电机的结构

2. 多段式

多段式是指定转子铁芯沿电机轴向按相数分为 m 段，所以又称为轴向分相式。

（二）原理分析

步进电动机是将电脉冲信号转换为相应的角位移或直线位移的一种特殊执行电动机。每输入一个电脉冲信号，电机就转动一个角度，它的运动形式是步进式的，所以称为步进电动机。

下面以一台简单的三相反应式步进电动机为例，简要介绍步进电机的工作原理。图 4-5 是一台三相反应式步进电动机的原理图。定子铁芯为凸极式，共有三对（六个）磁极，每两个空间相对的磁极上绕有一相控制绕组。转子用软磁性材料制成，也是凸极结构，只有四个齿，齿宽等于定子的极宽。

当 A 相控制绕组通电，其余两相均不通电，电机内建立以定子 A 相磁极为轴线的磁场。由于磁通具有力图走磁阻小路径的特点，使转子齿 1、3 的轴线与定子 A 相极轴线对齐，如图 4-5（a）所示。若 A 相控制绕组断电、B 相控制绕组通电时，转子在反应转矩的作用下，逆时针转过 30°，使转子齿 2、4 的轴线与定子 B 相极轴线对齐，即转子走了一步，如图 4-5（b）所示。若再断开 B 相，使 C 相控制绕组通电，转子逆时针方向又转过 30°，使转子齿

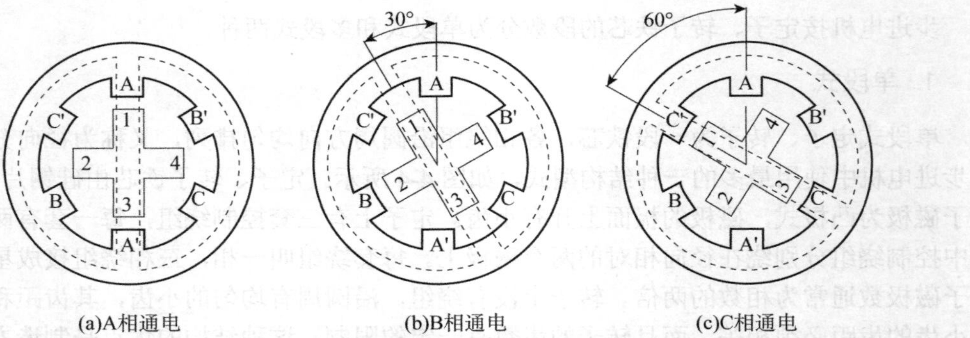

(a)A相通电 (b)B相通电 (c)C相通电

图 4-5 三相反应式步进电动机的原理图

1、3 的轴线与定子 C 相极轴线对齐，如图 4-5（c）所示。如此按 A→B→C→A 的顺序轮流通电，转子就会一步一步地按逆时针方向转动。其转速取决于各相控制绕组通电与断电的频率，旋转方向取决于控制绕组轮流通电的顺序。若按 A→C→B→A 的顺序通电，则电动机按顺时针方向转动。

上述通电方式称为三相单三拍。“三相”是指三相步进电动机；“单三拍”是指每次只有一相控制绕组通电。控制绕组每改变一次通电状态称为一拍，“三拍”是指改变三次通电状态为一个循环。把每一拍转子转过的角度称为步距角。三相单三拍运行时，步距角为 30°。显然，这个角度太大，不能付诸实用。

如果把控制绕组的通电方式改为 A→AB→B→BC→C→CA→A，即一相通电接着二相通电间隔地轮流进行，完成一个循环需要经过六次改变通电状态，称为三相单、双六拍通电方式。当 A、B 两相绕组同时通电时，转子齿的位置应同时考虑到两对定子极的作用，只有 A 相极和 B 相极对转子齿所产生的磁拉力相平衡的中间位置，才是转子的平衡位置。这样，单、双六拍通电方式下转子平衡位置增加了一倍，步距角为 15°。

进一步减少步距角的措施是采用定子磁极带有小齿、转子齿数很多的结构。分析表明，这样结构的步进电动机，其步距角可以做得很小。一般地说，实际的步进电机产品，都采用这种方法实现步距角的细分。例如输送单元所选用的 Kinco 三相步进电机 3S57Q-04056，它的步距角是在整步方式下为 1.8°，半步方式下为 0.9°。除了步距角外，步进电机还有如保持转矩、阻尼转矩等技术参数，这些参数的物理意义请参阅有关步进电机的专门资料。

（三）步进电机的应用

步进电动机是用脉冲信号控制的，一周的步数是固定的，只要不丢步，角位移误差不存在长期积累的情况，主要用于数字控制系统中，精度高，运行可靠。如采用位置检测和速度反馈，亦可实现闭环控制。

步进电动机已广泛地应用于数字控制系统中，如数模转换装置、数控机床、计算机外围设备、自动记录仪、钟表等之中，另外在工业自动化生产线、印刷设备等中亦有应用。

二、任务分析

采用步进电机驱动 YL-335A 输送单元，辅以机械手完成工件的搬运工作。

（一）YL-335A 输送单元介绍

输送单元是 YL-335A 系统中最为重要同时也是承担任务最为繁重的工作单元。该单元主要完成驱动它的抓取机械手装置精确定位到指定单元的物料台，在物料台上抓取工件，把抓取到的工件输送到指定地点然后放下。同时，该单元在 PPI 网络系统中担任着主站的角色，它接收来自按钮/指示灯模块的系统主令信号，读取网络上各从站的状态信息，加以综合后，向各从站发送控制要求，协调整个系统的工作。

输送单元由抓取机械手装置、步进电机传动组件、PLC 模块、按钮/指示灯模块和接线端子排等部件组成。

（二）步进电机传动组件

步进电机传动组件用以拖动抓取机械手装置作往复直线运动，完成精确定位的功能。图 4-6 是该组件的正视和俯视示意图。图 4-6 中，抓取机械手装置已经安装在组件的滑动溜板上。

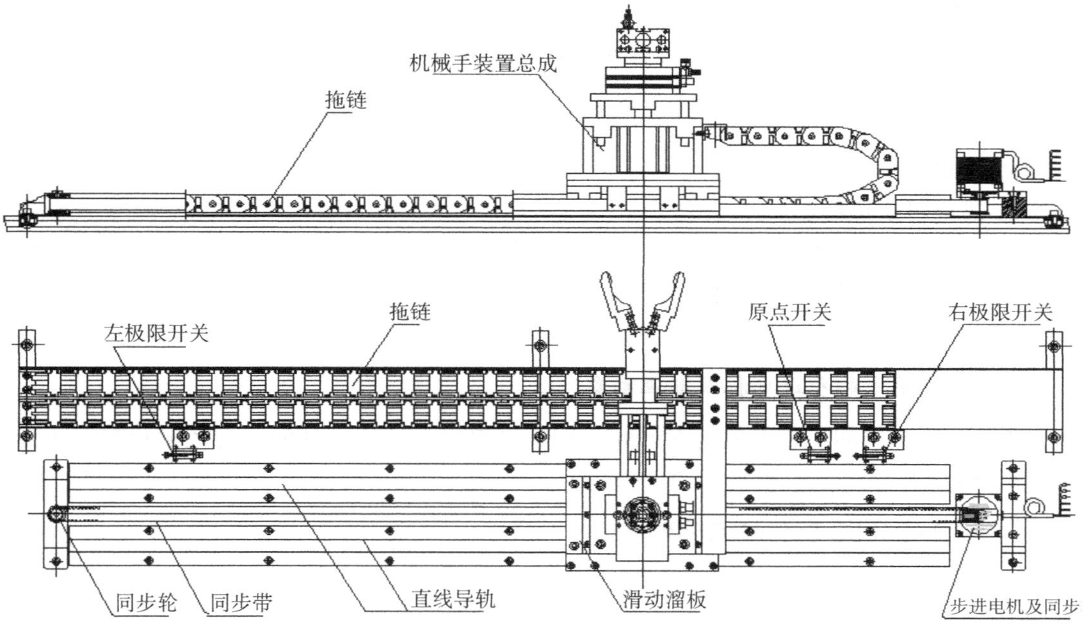

图 4-6　步进电机传动组件的正视和俯视示意图

传动组件由步进电机、同步轮、同步带、直线导轨、滑动溜板、拖链、原点开关和左、右极限开关组成。

步进电机由步进电机驱动器驱动，通过同步轮和同步带带动滑动溜板沿直线导轨作往复直线运动，从而带动固定在滑动溜板上的抓取机械手装置作往复直线运动。

抓取机械手装置上所有气管和导线沿拖链铺设，进入线槽后分别连接到电磁阀组和接线端子排组件上。

原点开关用以提供直线运动的起始点信号。左、右极限开关则用以提供越程故障时的保护信号：当滑动溜板在运动中越过左或右极限位置时，极限开关会动作，从而向系统发出越程故障信号。

已经安装好的步进电机传动组件和抓取机械手装置如图 4-7 所示。

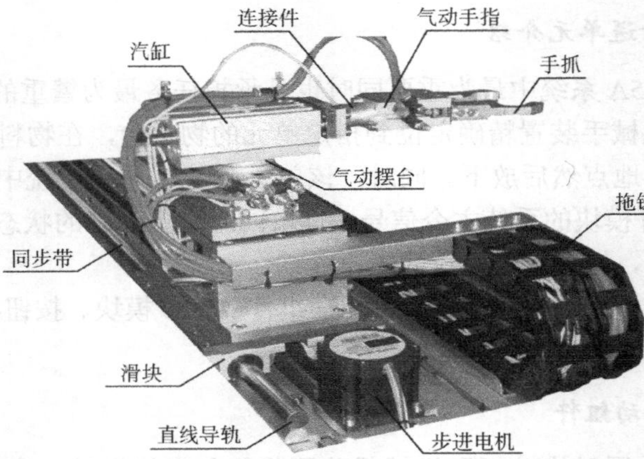

图 4-7　步进电机传动组件和抓取机械手装置

（三）输送单元的控制要求

输送单元是 YL-335A 系统中最为重要同时也是承担任务最为繁重的工作单元，可以把该单元所需完成的工作任务归纳为如下三方面：

① 网络控制。

② 抓取机械手装置控制。

③ 步进电机定位控制。

输送单元的控制基本上是顺序控制：步进电机驱动抓取机械手装置从某一起始点出发，到达某一个目标点，然后抓取机械手按一定的顺序操作，完成抓取或放下工件的任务。因此，输送单元程序控制的关键点是步进电机的定位控制。

（四）输送单元的步进电机及其驱动器

输送单元所选用的步进电机是 Kinco 三相步进电机 3S57Q-04056，与之配套的驱动器为 Kinco 3M458 三相步进电机驱动器。

1. 3S57Q-04056 部分技术参数

3S57Q-04056 部分技术参数见表 4-1。

表 4-1 3S57Q-04056 部分技术参数

参数名称	步距角	相电流/A	保持扭矩/N・m	阻尼扭矩/N・m	电机惯量/（kg・cm^2）
参数值	1.8°	5.8	1.0	0.04	0.3

3S57Q-04056 的三个相绕组必须连接成三角形，接线图如图 4-8 所示。

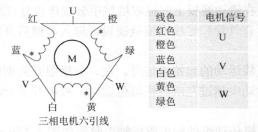

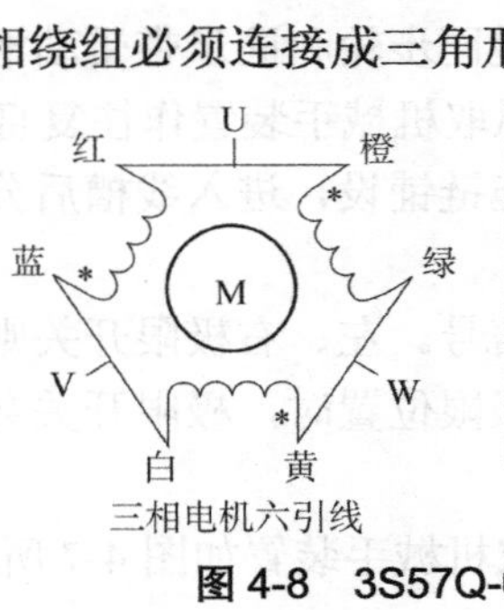

线色	电机信号
红色	U
橙色	
蓝色	V
白色	
黄色	W
绿色	

图 4-8　3S57Q-04056 的接线

2. Kinco 3M458 三相步进电机驱动器主要电气参数

供电电压：直流 24～40V。

输出相电流：3.0～5.8A。

控制信号输入电流：6～20mA。

冷却方式：自然风冷。

该驱动器具有如下特点：

① 采用交流伺服驱动原理，具备交流伺服运转特性，三相正弦电流输出。

② 内部驱动直流电压达 40V，能提供更好的高速性能。

③ 具有电机静态锁紧状态下的自动半流功能，可大大降低电机的发热。

④ 具有最高可达 10000 步/转的细分功能，细分可以通过拨动开关设定。

⑤ 几乎无步进电机常见的共振和爬行区，输出相电流通过拨动开关设定。

⑥ 控制信号的输入电路采用光耦隔离。

⑦ 采用正弦电流驱动，使电机的空载起跳频率达 5kHz（1000 步/转）左右。

在 3M458 驱动器的侧面连接端子中间有一个红色的八位 DIP 功能设定开关，可以用来设定驱动器的工作方式和工作参数。图 4-9 是该 DIP 开关功能说明。

DIP开关的正视图

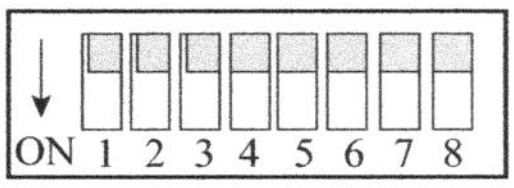

开关序号	ON 功能	OFF 功能
DIP1～DIP3	细分设置用	细分设置用
DIP4	静态电流全流	静态电流半流
DIP5～DIP8	电流设置用	电流设置用

（a）正视图与功能表

DIP1	DIP2	DIP3	细分/Y
ON	ON	ON	400
ON	ON	OFF	500
ON	OFF	ON	600
ON	OFF	OFF	1000
OFF	ON	ON	2000
OFF	ON	OFF	4000
OFF	OFF	ON	5000
OFF	OFF	OFF	10000

（b）细分设定表

DIP5	DIP6	DIP7	DIP8	输出电流/A
OFF	OFF	OFF	OFF	3.0
OFF	OFF	OFF	ON	4.0
OFF	OFF	ON	ON	4.6
OFF	ON	ON	ON	5.2
ON	ON	ON	ON	5.8

（c）输出相电流设定表

图 4-9 3M458 DIP 开关功能说明

驱动器的典型接线图如图 4-10 所示，YL-335A 中，控制信号输入端使用的是 DC24V 电压，所使用的限流电阻 R_1 为 2kΩ。

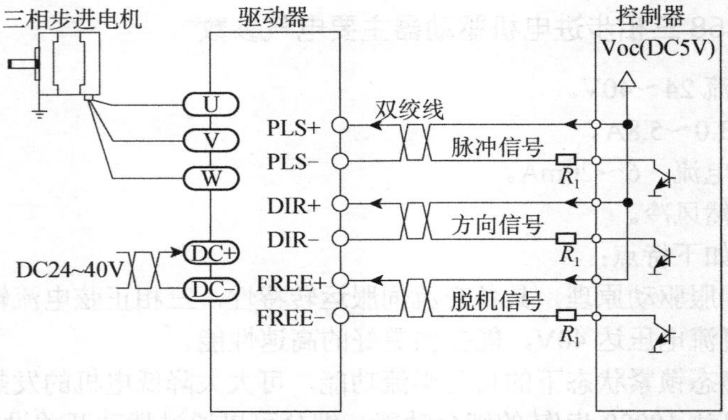

图 4-10　3M458 的典型接线图

图 4-10 所示接线图中，驱动器还有一对脱机信号输入线 FREE+和 FREE−，当这一信号为 ON 时，驱动器将断开输入到步进电机的电源回路。YL-335A 没有使用这一信号，目的是使步进电机在上电后，即使静止时也保持自动半流的锁紧状态。

YL-335A 为 3M458 驱动器提供的外部直流电源为 DC24V，6A 输出的开关稳压电源、直流电源和驱动器一起安装在模块盒中，驱动器的引出线均通过安全插孔与其他设备连接。图 4-11 是 3M458 步进电机驱动器模块的面板图。

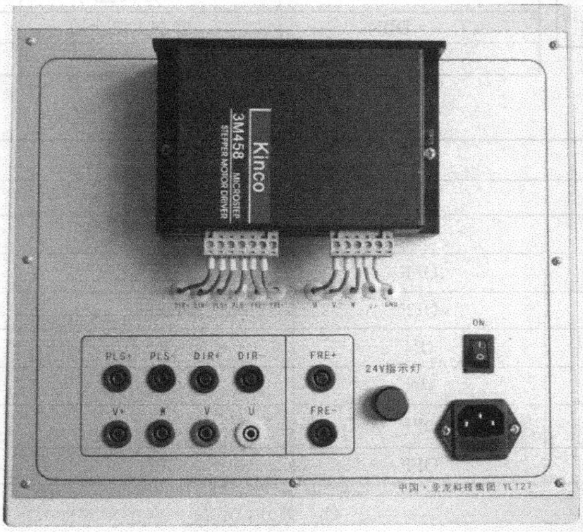

图 4-11　3M458 步进电机驱动器模块的面板图

3. 步进电机传动组件的基本技术数据

3S57Q-04056 步进电机步距角为 1.8°，即在无细分的条件下 200 个脉冲电机转一圈（通过驱动器设置细分精度最高可以达到 10000 个脉冲电机转一圈）。

步进电机传动组件采用同步轮和同步带传动。同步轮齿距为 5mm，共 11 个齿，即旋转一周机械手装置位移 55mm。

YL335-A 系统中为达到控制精度，驱动器细分设置为 10000 步/转（即每步机械手位移 0.0055mm），电机驱动电流设为 5.2A。

三、任务实施

（一）S7-200 PLC 的脉冲输出功能概述

1. MAP 库的应用

（1）MAP 库的基本描述

现在，200 系列 PLC 本体 PTO 提供了应用库 MAP SERV Q0.0 和 MAP SERV Q0.1（这两个库可同时应用于同一项目），分别用于 Q0.0 和 Q0.1 的脉冲串输出，如图 4-12 所示。

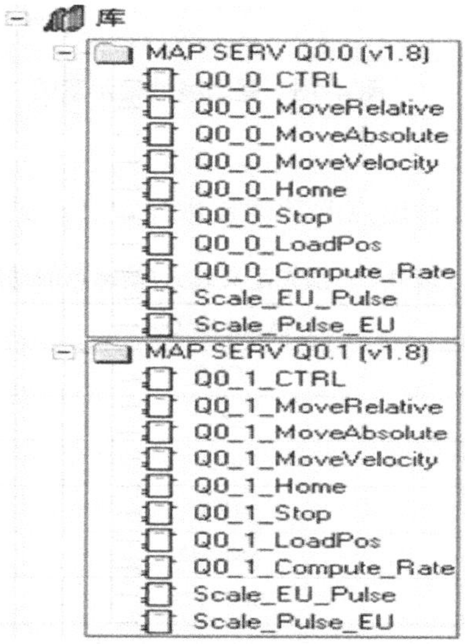

图 4-12 SERV Q0.0 和 MAP SERV Q0.1 应用库

各个模块的功能见表 4-2。

表 4-2 模块功能表

模块	功能
Q0_x_CTRL	参数定义和控制
Q0_x_MoveRelative	执行一次相对位移运动
Q0_x_MoveAbsolute	执行一次绝对位移运动
Q0_x_MoveVelocity	按预设的速度运动
Q0_x_Home	寻找参考点位置
Q0_x_Stop	停止运动
Q0_x_LoadPos	重新装载当前位置
Scale_EU_Pulse	将距离值转化为脉冲数
Scale_Pulse_EU	将脉冲数转化为距离值

（2）MAP 库的总体描述

该功能块可驱动线性轴。为了很好地应用该库，需要在运动轨迹上添加三个限位开关，如图 4-13 所示。一个参考点接近开关（Home），用于定义绝对位置 C_Pos 的零点；两个边界限位开关，一个是正向限位开关（Fwd_Limit），另一个是反向限位开关（Rev_Limit）。绝对位置 C_Pos 的计数值格式为 DINT，所以其计数范围为−2 147 483 648～+2 147 483 647。如果一个限位开关被运动物件触碰，则该运动物件会减速停止，因此，限位开关的安置位置应当留出足够的裕量 ΔS_{min}，以避免物件滑出轨道尽头。

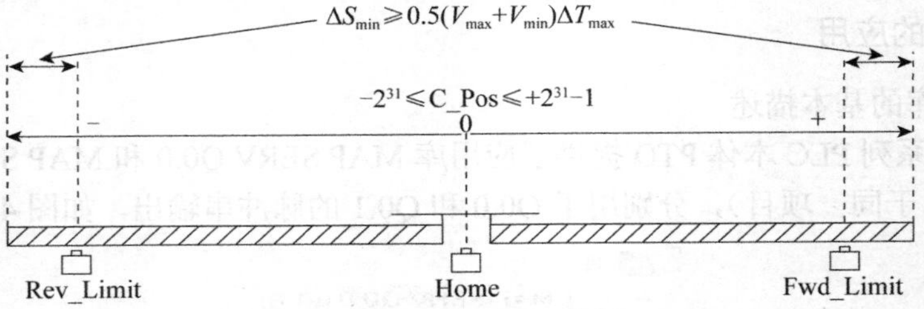

图 4-13　驱动线性轴示意图

（3）输入输出点定义

应用 MAP 库时，一些输入/输出点的功能被预先定义，见表 4-3。

表 4-3　预先定义输入/输出点的功能

名称	MAP SERV Q0.0	MAP SERV Q0.1
脉冲输出	Q0.0	Q0.1
方向输出	Q0.2	Q0.3
参考点输入	I0.0	I0.1
所用的高速计数器	HC0	HC3
高速计数器预置值	SMD 42	SMD 142
手动速度	SMD 172	SMD 182

（4）MAP 库的背景数据块

为了可以使用该库，必须为该库分配 68 BYTE（每个库）的全局变量，如图 4-14 所示。

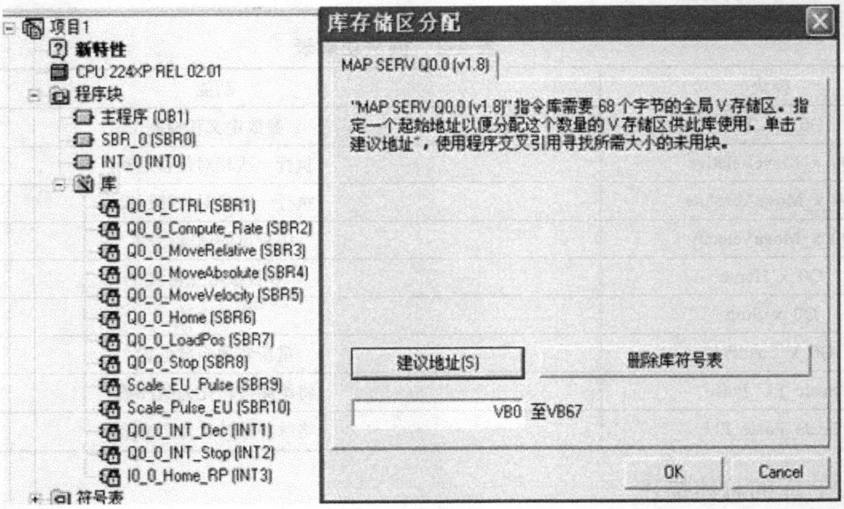

图 4-14　MAP 库存储区地址分配

表 4-4 是使用该库时所用到的最重要的一些变量（以相对地址表示）。

表 4-4　重要变量

符号名	相对地址	注释
Disable_Auto_Stop	+V0.0	默认值=0，意味着当运动物件已经到达预设地点时，即使尚未减速到 Velocity_SS，依然停止运动；默认值=1 时则减速至 Velocity_SS 时才停止
Dir_Active_Low	+V0.1	方向定义，默认值=0 方向输出为 1 时表示正向
Final_Dir	+V0.2	寻找参考点过程中的最后方向
Tune_Factor	+VD1	调整因子（默认值=0）
Ramp_Time	+VD5	Ramp time=accel_dec_time（加减速时间）
Max_Speed_DI	+VD9	最大输出频率=Velocity_Max
SS_Speed_DI	+VD13	最小输出频率=Velocity_SS
Homing_State	+VD18	寻找参考点过程的状态
Homing_Slow_Spd	+VD19	寻找参考点时的低速（默认值=Velocity_SS）
Homing_Fast_Spd	+VD23	寻找参考点时的高速（默认值=Velocity_Max/2）
Fwd_Limit	+V27.1	正向限位开关
Rev_Limit	+V27.2	反向限位开关
Homing_Active	+V27.3	寻找参考点激活
C_Dir	+V27.4	当前方向
Homing_Limit_Chk	+V27.5	限位开关标志
Dec_Stop_Flag	+V27.6	开始减速
PTO0_LDPOS_Error	+VB28	使用 Q0_x_LoadPos 时的故障信息（16#00=无故障，16#FF=故障）
Target_Location	+VD29	目标位置
Deceleration_factor	+VD33	减速因子=(Velocity_SS–Velocity_Max)/accel_dec_time(格式：REAL)
SS_Speed_real	+VD37	最小速度=Velocity_SS（格式：REAL）
Est_Stopping_Dist	+VD41	计算出的减速距离（格式：DINT）

（5）功能块介绍

下面逐一介绍该库中所应用到的程序块。这些程序块全部基于 PLC-200 的内置 PTO 输出，完成运动控制的功能。此外，脉冲数将通过指定的高速计数器 HSC 计量，通过 HSC 中断计算并触发减速的起始点。

① Q0_x_CTRL。

该模块用于传递全局参数，每个扫描周期都需要调用。功能块如图 4-15 所示，功能描述见表 4-5。

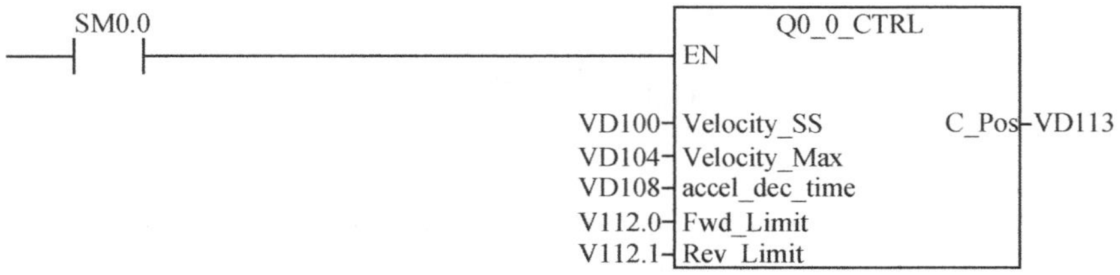

图 4-15　Q0_x_CTRL 初始化功能块

表 4-5　功能描述表

参数	类型	格式	单位	意义
Velocity_SS	IN	DINT	Pulse/sec.	启动/停止频率
Velocity_Max	IN	DINT	Pulse/sec.	最大频率
accel_dec_time	IN	REAL	sec.	最大加减速时间
Fwd_Limit	IN	BOOL	—	正向限位开关
Rev_Limit	IN	BOOL	—	反向限位开关
C_Pos	OUT	DINT	Pulse	当前绝对位置

Velocity_SS 是最小脉冲频率，是加速过程的起点和减速过程的终点。

Velocity_Max 是最大脉冲频率，受限于电机最大频率和 PLC 的最大输出频率。

在程序中若输入超出（Velocity_SS，Velocity_Max）范围的脉冲频率，将会被 Velocity_SS 或 Velocity_Max 所取代。

accel_dec_time 是由 Velocity_SS 加速到 Velocity_Max 所用的时间（或由 Velocity_Max 减速到 Velocity_SS 所用的时间，两者相等），规定范围为 0.02～32.0 s，但最好不要小于 0.5 s。

注意：超出 accel_dec_time 范围的值可以被写入块中，但是会导致定位过程出错。

②Scale_EU_Pulse。

该模块用于将一个位置量转化为一个脉冲量，因此它可用于将一段位移转化为脉冲数，或将一个速度转化为脉冲频率。功能块如图 4-16 所示，功能描述见表 4-6。

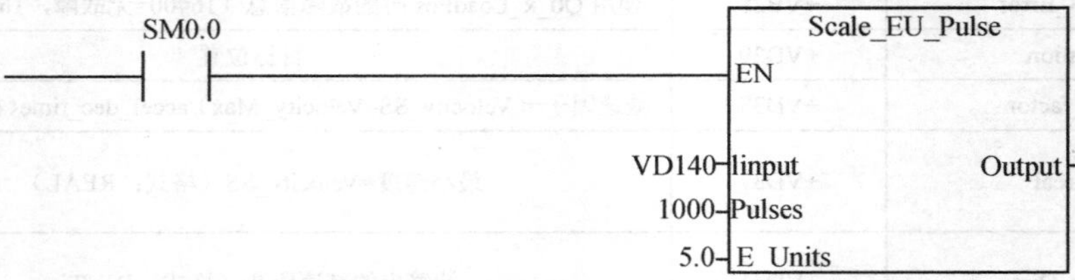

图 4-16　将距离值转化为脉冲数功能模块

表 4-6　功能描述表

参数	类型	格式	单位	意义
Input	IN	REAL	mm or mm/s	欲转换的位移或速度
Pulses	IN	DINT	Pulse /revol.	电机转一圈所需要的脉冲数
E_Units	IN	REAL	mm /revol.	电机转一圈所产生的位移
Output	OUT	DINT	Pulse or pulse/s	转换后的脉冲数或脉冲频率

下面是该功能块的计算公式：

$$\text{Output} = \frac{\text{Pulses}}{\text{E\_Units}}\text{Input}$$

③ Scale_Pulse_EU。

该模块用于将一个脉冲量转化为一个位置量，因此它可用于将一段脉冲数转化为位移，或将一个脉冲频率转化为速度。功能块如图 4-17 所示，功能描述见表 4-7。

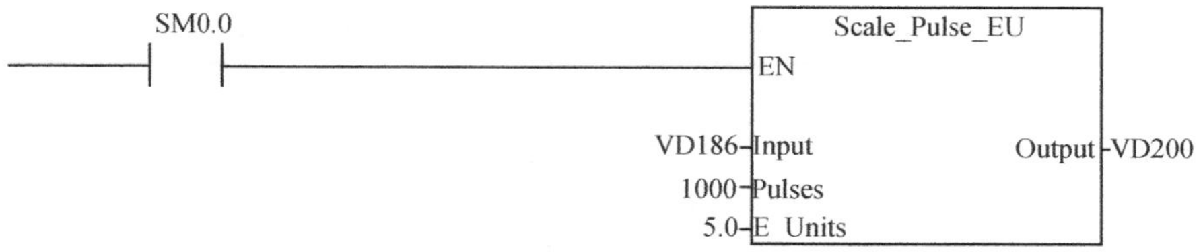

图 4-17　将脉冲数转化为距离值功能块

表 4-7　功能描述表

参数	类型	格式	单位	意义
Input	IN	REAL	Pulseor pulse/s	欲转换的脉冲数或脉冲频率
Pulses	IN	DINT	Pulse /revol.	电机转一圈所需要的脉冲数
E_Units	IN	REAL	mm /revol.	电机转一圈所产生的位移
Output	OUT	DINT	mm or mm/s	转换后的位移或速度

下面是该功能块的计算公式：

$$\text{Output}=\frac{\text{E\_Units}}{\text{Pulses}}\text{Input}$$

④ Q0_x_Home。

功能块如图 4-18 所示，功能描述见表 4-8。

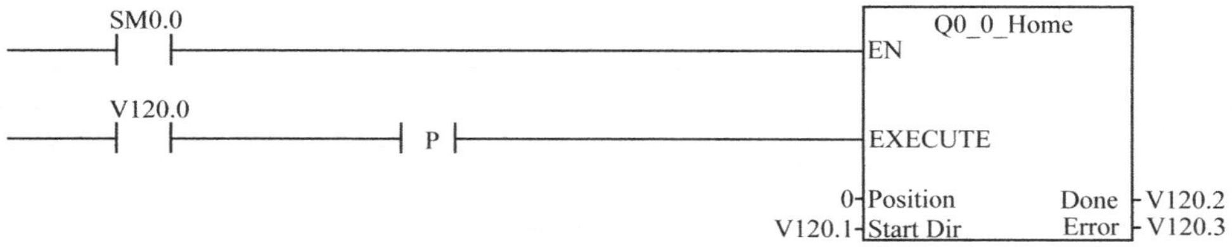

图 4-18　寻找参考点位置功能块

表 4-8　功能描述表

参数	类型	格式	单位	意义
EXECUTE	IN	BOOL	—	寻找参考点的执行位
Position	IN	DINT	Pulse	参考点的绝对位移
Start_Dir	IN	BOOL	—	寻找参考点的起始方向 （0=反向，1=正向）
Done	OUT	BOOL	—	完成位（1=完成）
Error	OUT	BOOL	—	故障位（1=故障）

该功能块用于寻找参考点，在寻找过程的起始点时，电机首先以 Start_Dir 的方向、Homing_Fast_Spd 的速度开始寻找；在碰到 limit switch（“Fwd_Limit” or “Rev_Limit”）后，减速至停止，然后开始相反方向的寻找；当碰到参考点开关（input I0.0；withQ0_1_Home：I0.1）的上升沿时，开始减速到“Homing_Slow_Spd”。如果此时的方向与“Final_Dir”相同，则在碰到参考点开关下降沿时停止运动，并且将计数器 HC0 的计数值设为“Position”中所定义的值。

如果当前方向与“Final_Dir”不同，则必然要改变运动方向，这样就可以保证参考点始终在参考点开关的同一侧（具体是哪一侧取决于“Final_Dir”）。

寻找参考点的状态可以通过全局变量“Homing_State”来监测，参见表 4-9。

表 4-9 全局变量"Homing_State"参数及意义

Homing_State 的值	意义
0	参考点已找到
2	开始寻找
4	在相反方向，以速度 Homing_Fast_Spd 继续寻找过程（在碰到限位开关或参考点开关之后）
6	发现参考点，开始减速过程
7	在方向 Final_Dir，以速度 Homing_Slow_Spd 继续寻找过程（在参考点已经在 Homing_Fast_Spd 的速度下被发现之后）
10	故障（在两个限位开关之间并未发现参考点）

⑤ Q0_x_MoveRelative。

该功能块用于让轴按照指定的方向，以指定的速度运动指定的相对位移。功能块如图 4-19 所示，功能描述见表 4-10。

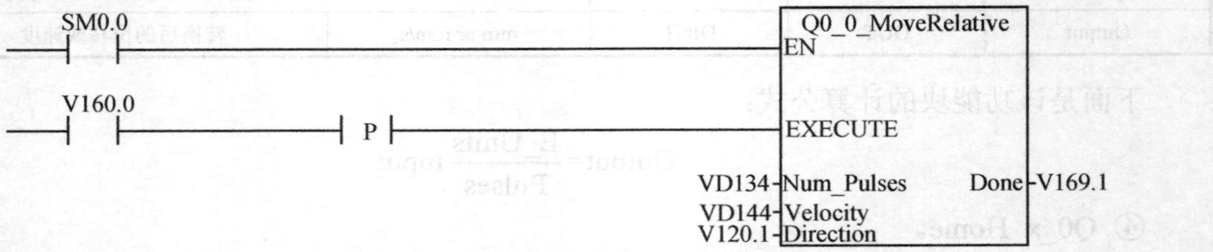

图 4-19 执行一次相对位移运动功能块

表 4-10 功能描述表

参数	类型	格式	单位	意义
EXECUTE	IN	BOOL	—	相对位移运动的执行位
Num_Pulses	IN	DINT	Pulse	相对位移（必须>1）
Velocity	IN	DINT	Pulse/sec.	预置频率(Velocity_SS <= Velocity <=Velocity_Max)
Direction	IN	BOOL	—	预置方向（0=反向，1=正向）
Done	OUT	BOOL	—	完成位（1=完成）

⑥ Q0_x_MoveAbsolute。

该功能块用于让轴以指定的速度，运动到指定的绝对位置。功能块如图 4-20 所示，功能描述见表 4-11。

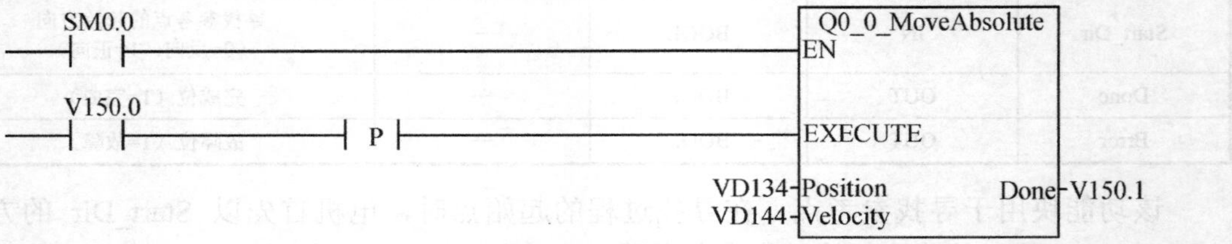

图 4-20 执行一次绝对位移运动功能块

表 4-11 功能描述表

参数	类型	格式	单位	意义
EXECUTE	IN	BOOL	—	绝对位移运动的执行位
Position	IN	DINT	Pulse	绝对位移
Velocity	IN	DINT	Pulse/sec.	预置频率(Velocity_SS <= Velocity <=Velocity_Max)
Done	OUT	BOOL	—	完成位（1=完成）

⑦ Q0_x_MoveVelocity。

该功能块用于让轴按照指定的方向和频率运动，在运动过程中可对频率进行更改。功能块如图 4-21 所示，功能描述见表 4-12。

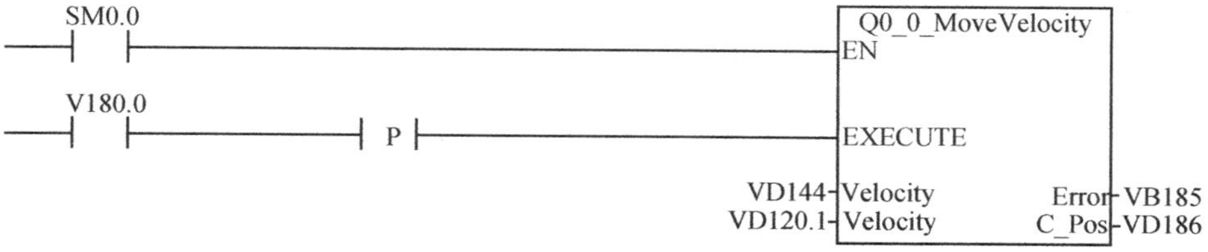

图 4-21　按预设的速度运动功能块

表 4-12　功能描述表

参数	类型	格式	单位	意义
EXECUTE	IN	BOOL	—	执行位
Velocity	IN	DINT	Pulse/sec.	预置频率(Velocity_SS <= Velocity <=Velocity_Max)
Direction	IN	BOOL	—	预置方向（0=反向，1=正向）
Error	OUT	BYTE	—	故障标识（0=无故障，1=立即停止，3=执行错误）
C_Pos	OUT	DINT	Pulse	当前绝对位置

注意：Q0_x_MoveVelocity 功能块只能通过 Q0_x_Stop block 功能块来停止轴的运动，如图 4-22 所示。

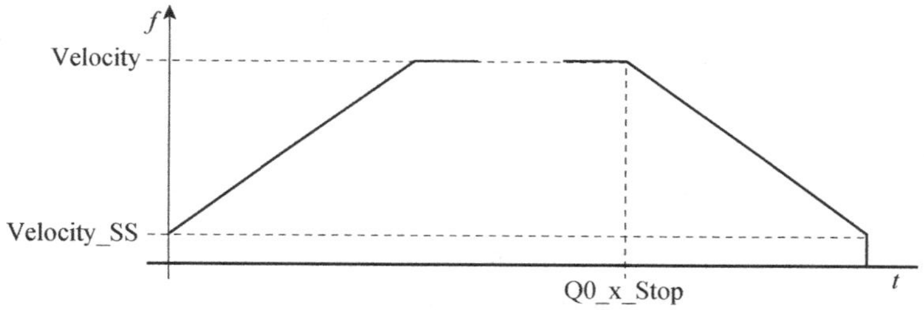

图 4-22　停止运动示意图

⑧ Q0_x_Stop。

该功能块用于使轴减速直至停止。功能块如图 4-23 所示，功能描述见表 4-13。

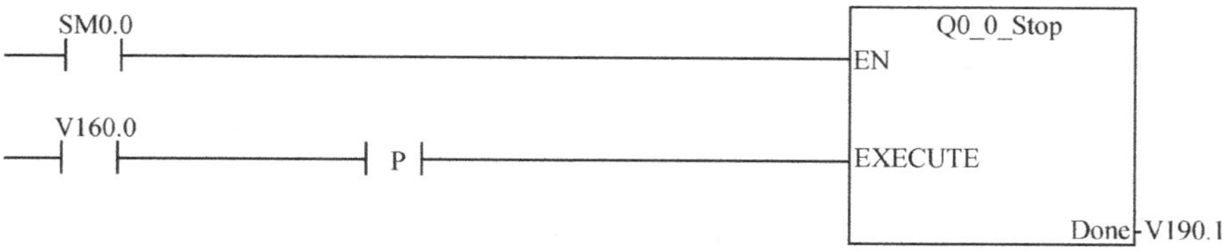

图 4-23　停止运动功能块

表 4-13　功能描述表

参数	类型	格式	单位	意义
EXECUTE	IN	BOOL	—	执行位
Done	OUT	BOOL	—	完成位（1=完成）

⑨ Q0_x_LoadPos。

该功能块用于将当前位置的绝对位置设置为预置值。功能块如图 4-24 所示，功能描述见表 4-14。

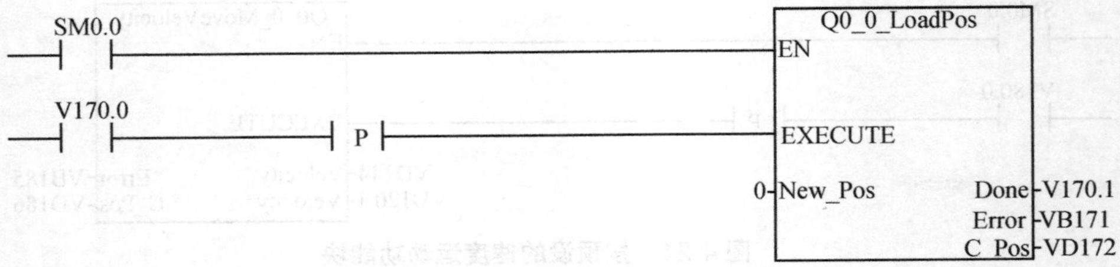

图 4-24　重新装载当前位置功能块

表 4-14　功能描述表

参数	类型	格式	单位	意义
EXECUTE	IN	BOOL	—	设置绝对位置的执行位
New_Pos	IN	DINT	Pulse	预置绝对位置
Done	OUT	BOOL	—	完成位（1=完成）
Error	OUT	BYTE	—	故障位（0=无故障）
C_Pos	OUT	DINT	Pulse	当前绝对位置

注意：使用该块将使得原参考点失效，为了清晰地定义绝对位置，必须重新寻找参考点。

（6）校准

本任务所使用的算法将计算出减速过程（从减速起始点到速度最终达到 Velocity_SS）所需要的脉冲数。但在减速过程中所形成的斜坡有可能会导致计算出的减速斜坡与实际的包络不完全一致。此时就需要对“Tune_Factor”进行校正。“Tune_Factor”的最优值取决于最大、最小和目标脉冲频率以及最大减速时间。运动校准图如图 4-25 所示。

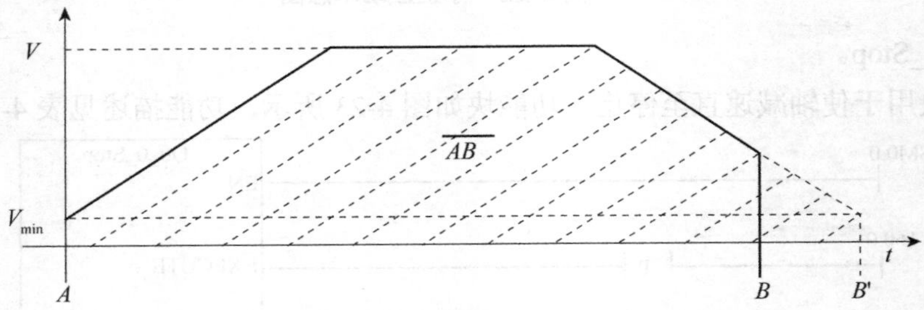

图 4-25　运动校准图

如图 4-25 所示，运动的目标位置是 *B*，算法会自动计算出减速起始点，当计算与实际不符时，当轴已经运动到 *B* 点时，尚未到达最低速度，此时若位“Disable_Auto_Stop”=0，则轴运动到 *B* 点即停止运动；若位“Disable_Auto_Stop”=1，则轴会继续运动直至到达最低速度。图 4-25 中所示的情况为计算的减速起始点出现的太晚。

注意：一次新的校准过程并不需要将伺服驱动器连接到 CPU。步骤如下：

① 置位“Disable_Auto_Stop”，即令“Disable_Auto_Stop”=1。

② 设置“Tune_Factor”=1。

③ 使用 Q0_x_LoadPos 功能将当前位置的绝对位置设为 0。

④ 使用 Q0_x_MoveRelative，以指定的速度完成一次相对位置运动（留出足够的空间以使该运动得以顺利完成）。

⑤ 运动完成后，查看实际位置 HC0。Tune_Factor 的调整值应由 HC0、目标相对位移 Num_Pulses、预估减速距离 Est_Stopping_Dist 所决定。Est_Stopping_Dist 由下面的公式计算得出：

$$\text{Est\_Stopping\_Dist}=\frac{\text{velocity}^2\text{-velocity\_SS}^2}{\text{velocity\_Max-velocity\_ss}}\cdot\frac{\text{accel\_dec\_time}}{2}$$

Tune_Factor 由下面的公式计算得出：

$$\text{Tune\_Factor}=\frac{\text{HC0-Num\_Pulses+Est\_Stopping\_Dist}}{\text{Est\_Stopping\_Dist}}$$

⑥ 在调用 Q0_x_CTRL 的网络之后插入一条网络，将调整后的 Tune_Factor 传递给全局变量+VD1，如图 4-26 所示。

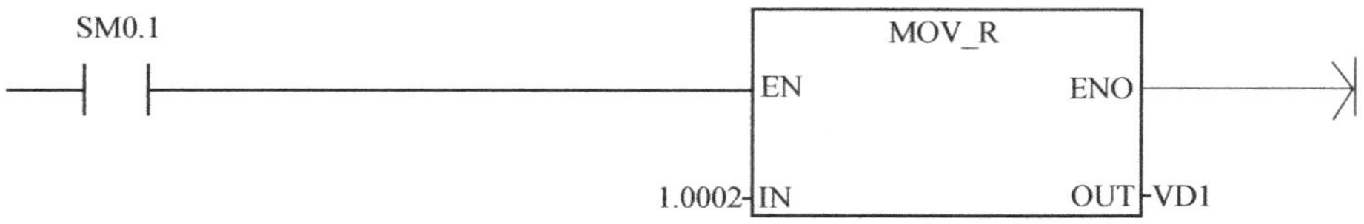

图 4-26 传送到 VD1 指令

⑦ 复位“Disable_Auto_Stop”，即令“Disable_Auto_Stop”=0。

（7）寻找参考点的若干种情况

在寻找参考点的过程中由于起始位置、起始方向和终止方向的不同会出现很多种情况。

总原则：从起始位置以起始方向 Start_Dir 开始寻找，到达参考点之前若碰到限位开关，则立即调头开始反向寻找，找到参考点开关的上升沿（即刚遇到参考点开关）即减速到寻找低速 Homing_Slow_Spd。若在检测到参考点开关的下降沿（即刚离开遇到参考点开关）之前已经减速到 Homing_Slow_Spd，则比较当前方向与终止方向 Final_Dir 是否一致，若一致，则完成参考点寻找过程；若否，则调头找寻另一端的下降沿。若在检测到参考点开关的下降沿（即刚离开遇到参考点开关）之前尚未减速到 Homing_Slow_Spd，则在减速到 Homing_Slow_Spd 后调头加速，直至遇到参考点开关上升沿，重新减速到 Homing_Slow_Spd，最后判断当前方向与终止方向 Final_Dir 是否一致。若一致，则完成参考点寻找过程；若否，则调头找寻另一端的下降沿。Final_Dir 决定寻找参考点过程结束后，轴停在参考点开关的那一侧。

图 4-27、图 4-28、图 4-29、图 4-30 反应不同情形下寻找参考点的过程。

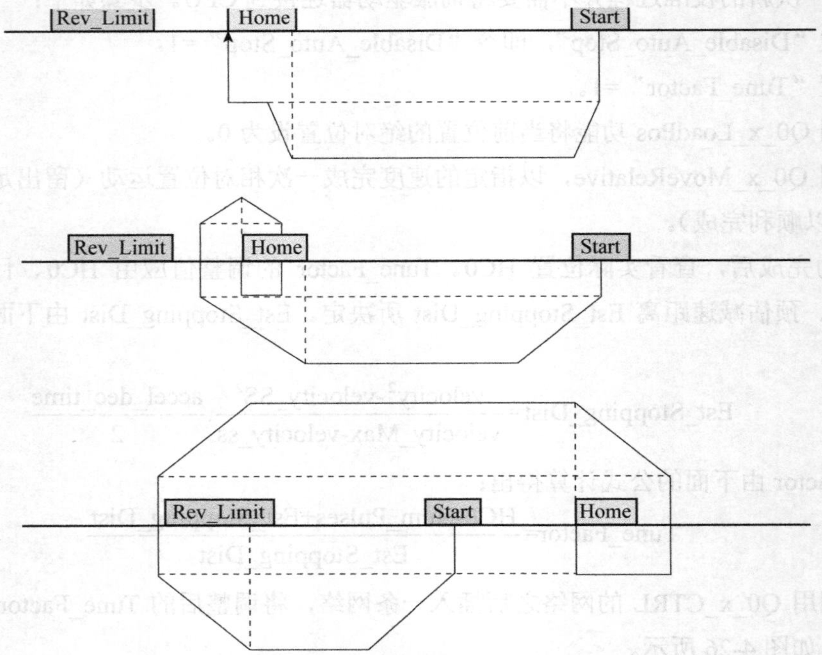

图 4-27　Start_Dir=0，Final_Dir=0

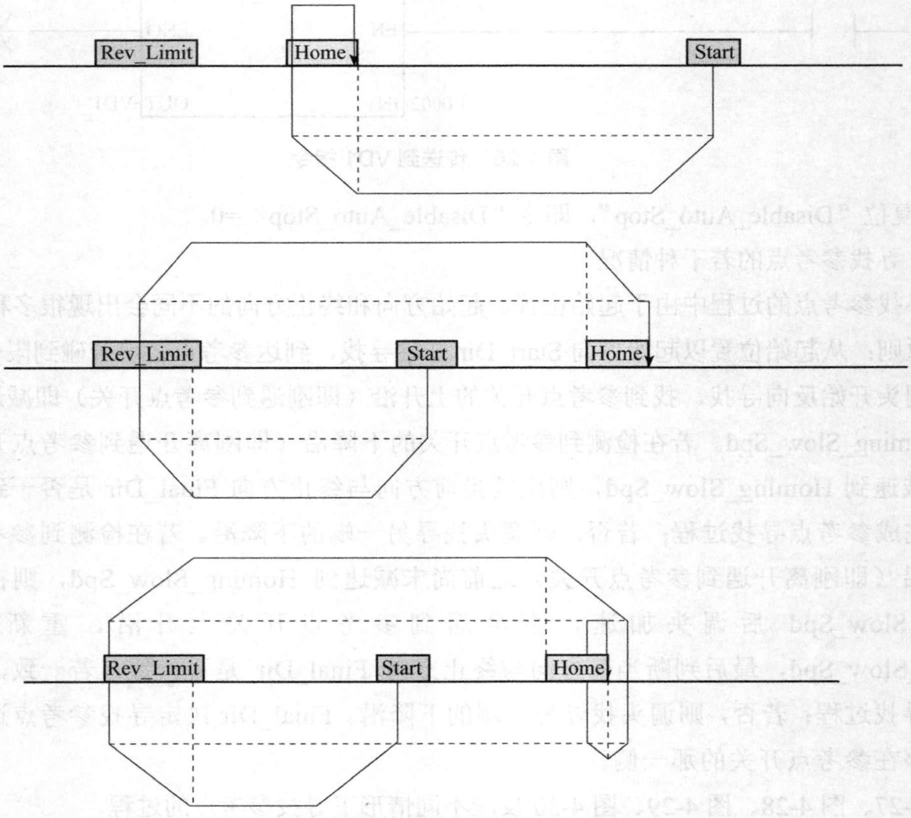

图 4-28　Start_Dir=0，Final_Dir=1

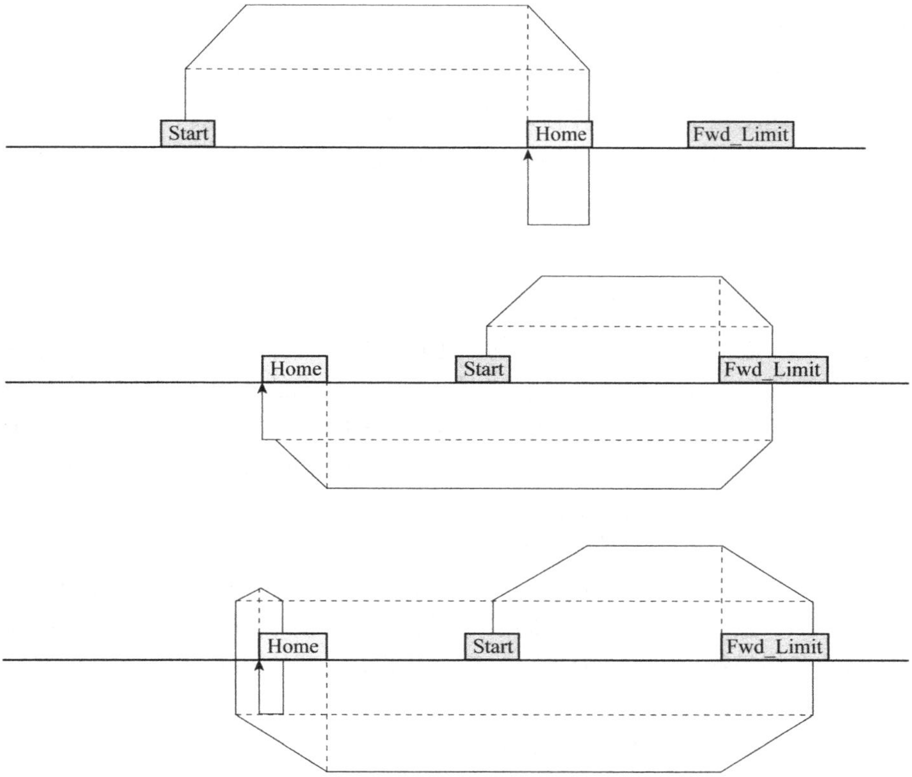

图 4-29　Start_Dir=1，Final_Dir=0

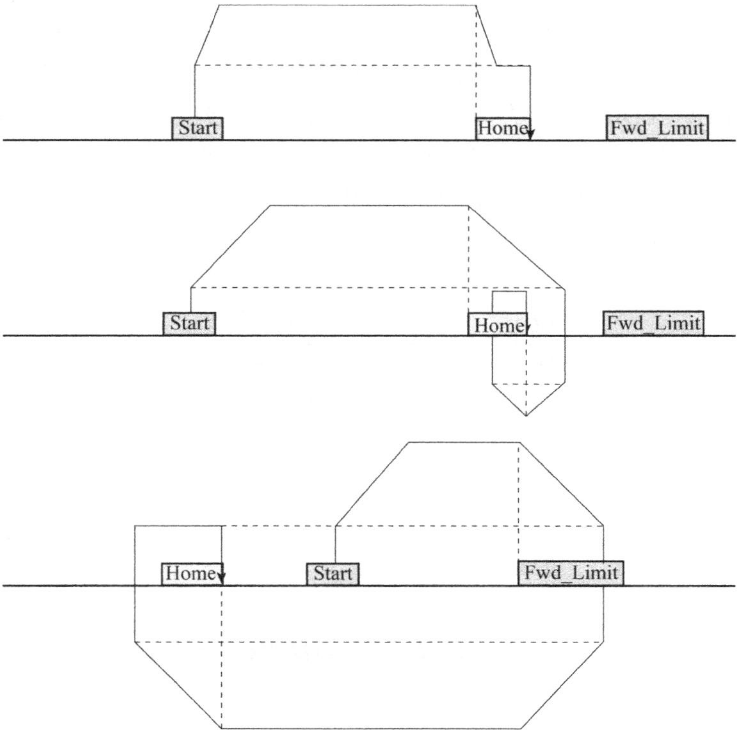

图 4-30　Start_Dir=1，Final_Dir=1

(二)控制要求提出

西门子 S7-200PLC 脉冲输出 MAP 库控制步进电机进行 PLC 程序设计，可实现步进电机的点动、正反转、速度调节、绝对位移、相对位移和回原点等功能。并使用触摸屏进行组态设计，可以在步进电机运行时，通过触摸屏进行在线参数设置和修改，并可以显示步进电机的运行速度、距离和当前位置等状态信息。

1. 接线分析

（1）步进电动机与步进驱动器的接线

本系统选用的步进电动机是两相四线的步进电动机，其型号是 3M458，这种型号的步进电动机的出线接线图如图 4-31 所示。其含义是：步进电动机的 4 根引出线分别是红色、绿色、黄色和蓝色；其中红色引出线应该与步进驱动器的 A+接线端子相连，绿色引出线应该与步进驱动器的 A−接线端子相连，黄色引出线应该与步进驱动器的 B+接线端子相连，蓝色引出线应该与步进驱动器的 B−接线端子相连。

（2）PLC 与步进电动机、步进驱动器的接线

步进驱动器有共阴和共阳两种接法，二者与控制信号有关系，西门子 PLC 输出信号是+24V 信号（即 PNP 接法），所以应该采用共阴接法。所谓共阴接法就是步进驱动器的 DIR−和 CP −与电源的负极短接，如图 4-31 所示。顺便指出，三菱的 PLC 输出低电平信号（即 NPN 接法），因此应该采用共阳接法。

（3）PLC 不能直接与步进驱动器相连接

这是因为步进驱动器的控制信号是+5V，而西门子 PLC 的输出信号是+24V，显然是不匹配的。解决的办法就是在 PLC 与步进驱动器之间串联一只 2kΩ 电阻，起分压作用，因此输入信号近似等于+5V。有的资料指出串联一只 2kΩ 的电阻是为了将输入电流控制在 10mA 左右，也就是起限流作用，在这里电阻的限流或分压作用的含义在本质上是相同的。CP+（CP−）是脉冲接线端子，DIR+（DIR−）是方向控制信号接线端子。PLC 接线图如图 4-31 所示。有的步进驱动器只能采用“共阳接法”，如果使用西门子 S7-200PLC 控制这种类型的步进驱动器，不能直接连线，必须将 PLC 的输出信号进行反相。

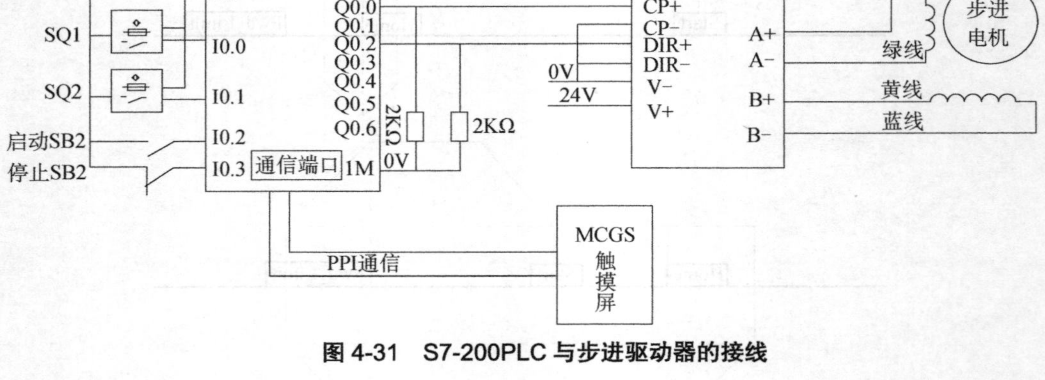

图 4-31 S7-200PLC 与步进驱动器的接线

2. PLC 地址分配

PLC 地址分配表见表 4-15。

表 4-15 PLC 地址分配表

序号	地址	功能分配	序号	地址	功能分配
1	I0.0	右限位	10	Q0.2	系统上电
2	I0.1	左限位	11	VD100	启动/停止频率设定
3	I0.2	启动	12	VD104	最大频率
4	I0.3	停止	13	VD19	回原点的低速
5	M0.0	回原点启动	14	VD23	回原点的高速
6	M1.0	相对位移启动	15	V120.0	回原点的方向设定
7	M1.1	绝对位移启动	16	VD130	位移的设定
8	M1.2	单轴连续运行启动	17	VD144	预值频率（速度）
9	M1.3	电机点动	18	VD121.0	单轴运行方向调节

3. 触摸屏控制界面

S7-200PLC 控制步进电机的触摸屏控制界面如图 4-32 所示。

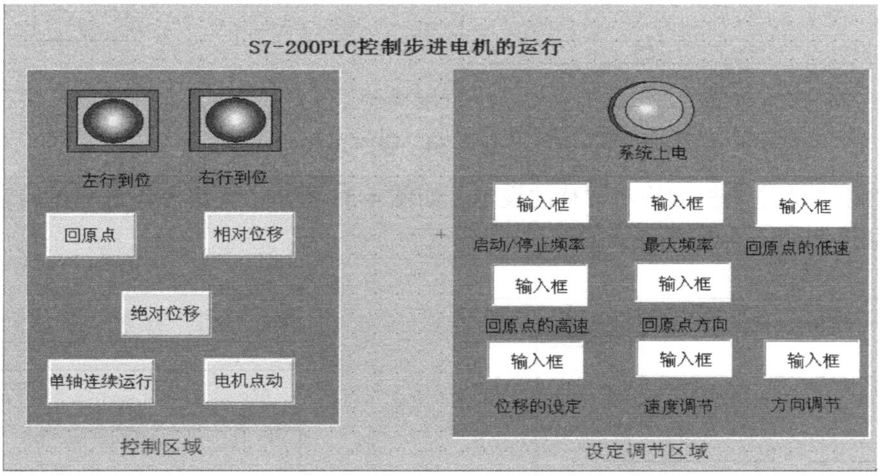

图 4-32 步进电机驱动触摸屏控制界面

4. 程序编写

（1）系统上电，电机回原点。程序如图 4-33 所示。

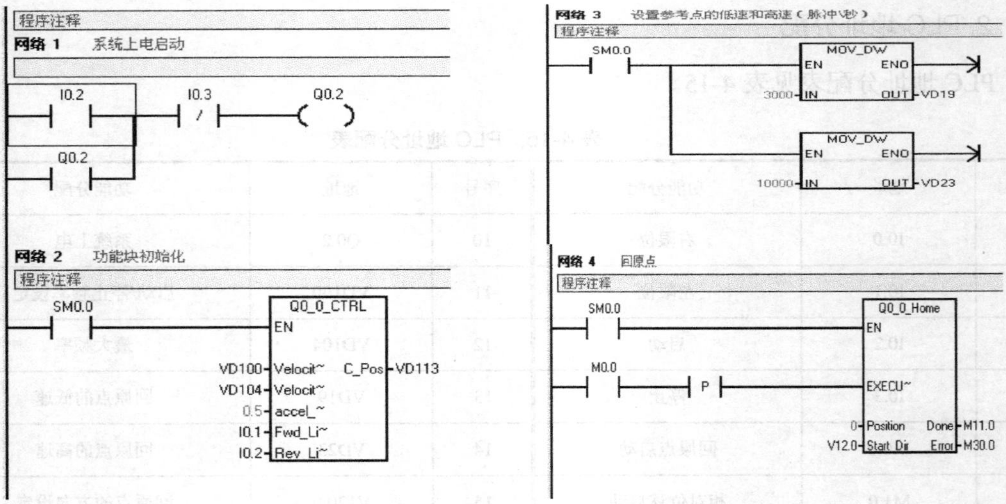

图 4-33　程序①

（2）步进电机的相对位移。程序如图 4-34 所示。

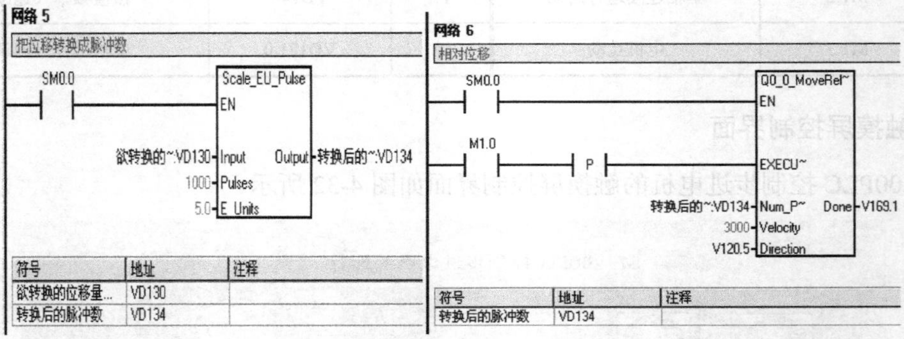

图 4-34　程序②

（3）网络 7 步进电机的绝对位移的设定，如图 4-35 所示；网络 8 步进电机的速度、方向调节和点动控制如图 4-36 所示。

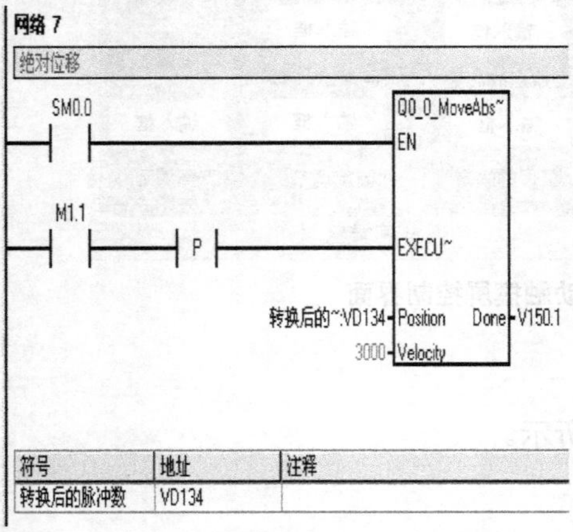

图 4-35　程序③

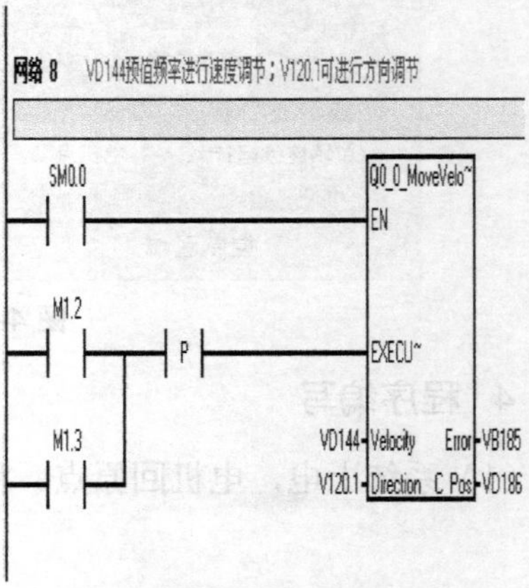

图 4-36　程序④

（4）步进电机的点动和停止运行，如图 4-37 所示。

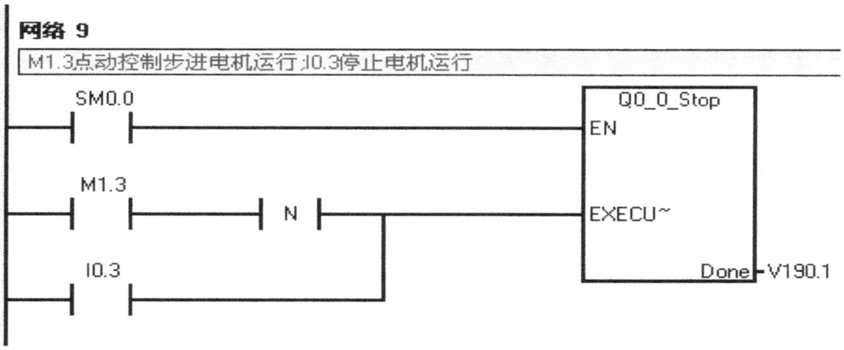

图 4-37　程序⑤

四、知识拓展

（一）测速发电机

直流测速发电机是一种微型直流发电机，实质上是一种转速测量传感器，将机械速度转变为电压信号，在自动控制系统和计算装置中作为检测元件、校正元件等。在恒速控制系统中，测量旋转装置的转速，向控制电路提供与转速成正比的信号电压作为反馈信号，以调节速度。测速发电机工作原理如图 4-38 所示。

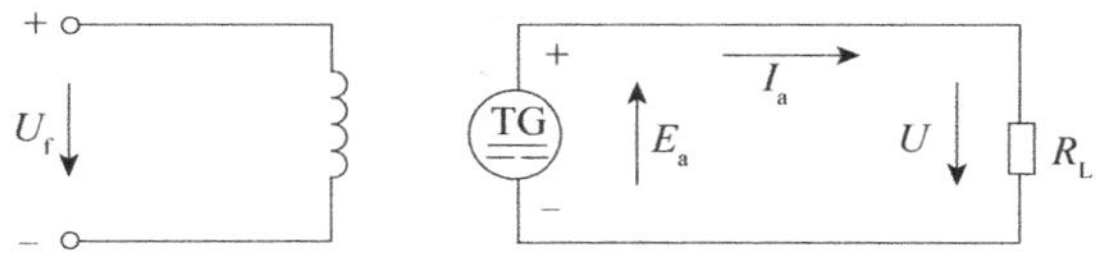

图 4-38　测速发电机工作原理图

当被测装置带动发电机电枢旋转，电枢产生电动势 E_a，其大小为

$$E_a = kE\Phi n$$

发电机的输出电压为

$$U = E_a - R_a I_a = kE\Phi n - R_a I_a$$

又

$$I_a = U/R_L$$

故

$$U = \frac{kE\Phi n R_L}{R_L + R_a}$$

可见，当励磁电压 U_f 保持恒定时，Φ 亦恒定，若 R_a、R_L 不变，输出电压 U 的大小与转速 n 成正比。对于不同的负载电阻 R_L，测速发电机输出特性的斜率有所不同。由于电机电枢反应，使输出电压与转速有一定的线性误差。R_L 越小、n 越大，误差越大。因此，应使 R_L 和 n 的大小符合直流测速发电机的技术要求，以确保控制系统的精度。

图 4-39 为直流测速发电机在恒速控制系统中的应用图。其中，直流伺服电动机 SM 拖动机械负载，要求负载转矩变动时，系统转速不变。SM 同轴连接直流测速发电机 TG，将 TG 输出电压送入系统的输入端作为反馈电压 U_f。

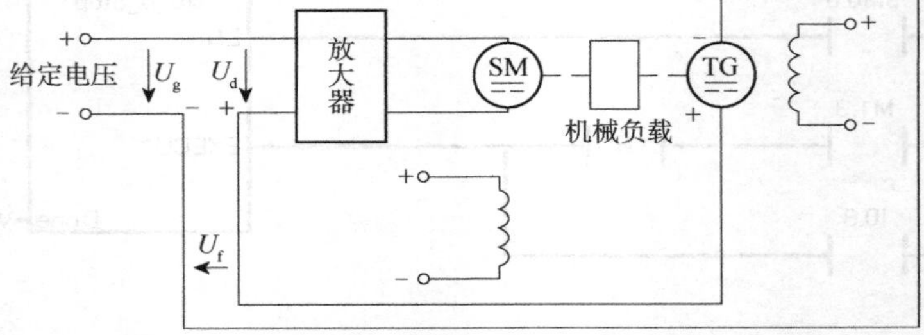

图 4-39　直流测速发电机在恒速控制系统中的应用

（二）直线电机

直线电动机是一种将电能直接转换成直线运动机械能的电力传动装置。它可以省去大量中间传动机构，加快系统反应速度，提高系统精确度，所以得到广泛的应用。直线电动机的种类按结构形式可分为单边扁平型、双边扁平型、圆盘型、圆筒型（或称为管型）等。按工作原理可分为直流、异步、同步和步进等。以下仅对结构简单、使用方便、运行可靠的直线异步电动机做简要介绍。直线电机原理图如图 4-40 所示。

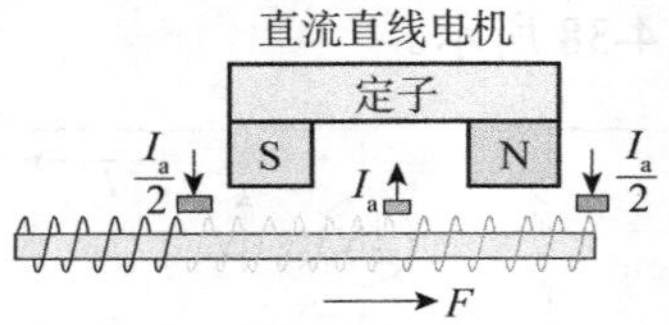

图 4-40　直线电机原理图

直线异步电动机的结构主要包括定子、动子和直线运动的支撑轮三部分。为了保证在行程范围内定子和动子之间具有良好的电磁场耦合，定子和动子的铁芯长度不等。定子可制成短定子和长定子两种形式。由于长定子结构成本高、运行费用高，所以很少采用。直线电动机与旋转磁场一样，定子铁芯也是由硅钢片叠成，表面开有齿槽，槽中嵌有三相、两相或单相绕组。单相直线异步电动机可制成罩极式，也可通过电容移相。直线异步电动机的动子有以下三种形式。

① 磁性动子是由导磁材料制成（钢板），既起导磁作用，又作为笼型动子起导电作用。

② 非磁性动子，动子是由非磁性材料（铜）制成，主要起导电作用，这种形式电动机的气隙较大，励磁电流及损耗大。

③ 动子导磁材料表面覆盖一层导电材料，导磁材料只作为磁路起导磁作用，覆盖导电材料作笼型绕组。

因磁性动子的直线异步电动机结构简单，动子不仅作为导磁体、导电体，甚至可以作为结构部件，其应用前景广阔。

直线异步电动机的工作原理和旋转式异步电动机一样，定子绕组与交流电源相连接，通以多相交流电流后，则在气隙中产生一个平稳的行波磁场（当旋转磁场半径很大时，就成了直线运动的行波磁场）。该磁场沿气隙做直线运动，同时，在动子导体中感应出电动势，并产生电流，这个电流与行波磁场相互作用产生异步推动力，使动子沿行波方向做直线运动。若把直线异步电动机定子绕组中电源相序改变一下，则行波磁场移动方向也会相反，根据这一原理，可使直线异步电动机做往复直线运动。

直线异步电动机主要用于功率较大场合的直线运动机构，如门自动开闭装置，起吊、传递和升降的机械设备，驱动车辆，尤其是用于高速和超速运输等。牵引力或推动力可直接产生，不需要中间连动部分，没有摩擦，无噪声，无转子发热，不受离心力影响等。因此，其应用将越来越广。直线同步电动机由于性能优越，应用场合与直线异步电动机相同，有取代趋势。直线步进电动机应用于数控绘图仪、记录仪、数控制图机、数控裁剪机、磁盘存储器、精密定位机构等设备中。

任务二 伺服电机 PLC 控制设计

本任务目标：

1. 了解伺服电机结构和原理。
2. 了解伺服电机及伺服驱动器的工作原理。
3. 掌握位置控制模式下电子齿轮的概念。
4. 掌握松下 MINAS A4 系列 AC 伺服电机驱动器的接线。
5. 掌握松下 MINAS A4 系列 AC 伺服电机驱动器的参数设置。
6. 掌握松下 MINAS A4 系列 AC 伺服电机位置、速度模式下的控制。

一、相关知识

输送单元中，驱动是抓取机械手装置沿直线导轨做往复运动的动力源，可以是步进电机，也可以是伺服电机，视实训的内容而定。变更实训项目时，由于所选用的步进电机和伺服电机，它们的安装孔大小及孔距相同，更换是十分容易的。

（一）伺服电机结构和原理

伺服电机也是机电一体化技术的关键产品，现介绍如下。

伺服电动机（执行电动机），它将输入的电压信号转变为转轴的角位移或角速度输出，改变输入信号的大小和极性可以改变伺服电动机的转速与转向，故输入的电压信号又称为控制信号或控制电压。

根据使用电源的不同，伺服电动机分为直流伺服电动机和交流伺服电动机两大类。直流伺服电动机输出功率较大，功率范围为 1～600W，有的甚至可达上千瓦；而交流伺服电动机输出功率较小，功率范围一般为 0.1～100W。

1. 直流伺服电动机

直流伺服电动机实际上就是他励直流电动机，只不过直流伺服电动机输出功率较小而已。直流伺服电机外形图如图 4-41 所示。

图 4-41　直流伺服电机外形图

直流及永磁伺服电动机剖面图如图 4-42 所示。

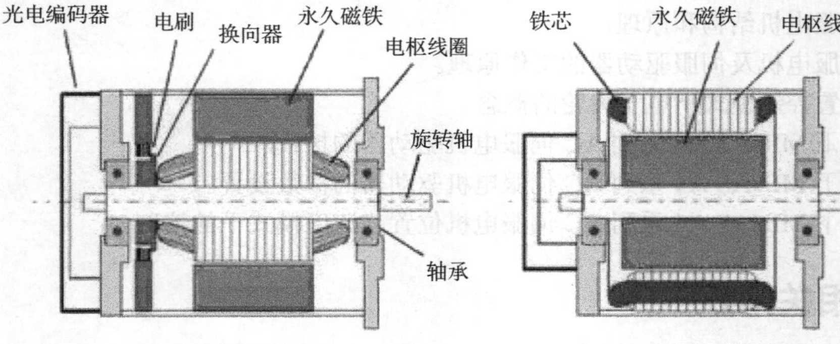

(a)直流伺服电动机剖面　　(b)永磁伺服电动机剖面

图 4-42　直流及永磁伺服电动机剖面图

输入的控制信号，既可加到励磁绕组上，也可加到电枢绕组上。若把控制信号加到电枢绕组上，通过改变控制信号的大小和极性来控制转子转速的大小和方向，这种方式叫电枢控制；若把控制信号加到励磁绕组上进行控制，这种方式叫磁场控制。

2. 交流伺服电动机

交流伺服电动机就是两相异步电动机，定子侧绕组在空间相差 90° 摆放，转子是鼠笼式的。可通过幅值、相位或幅-相控制法实现对其转速和转向的控制。交流伺服电动机外形如图 4-43 所示。交流伺服电动机结构如图 4-44 所示。

图 4-43 交流伺服电动机外形图

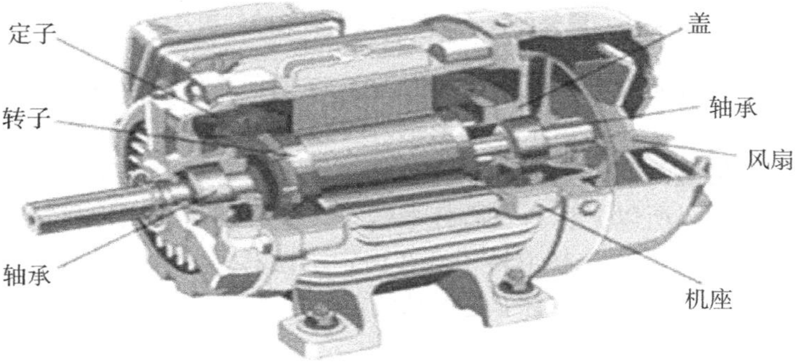

图 4-44 交流伺服电动机结构图

交流伺服电动机的结构主要可分为两大部分，即定子和转子。在定子铁芯中也安放着空间互成 90° 电角度的两相绕组，如图 4-45 所示。其中 L_1～L_2 称为励磁绕组，K_1～K_2 称为控制绕组，所以交流伺服电动机是一种两相的交流电动机。

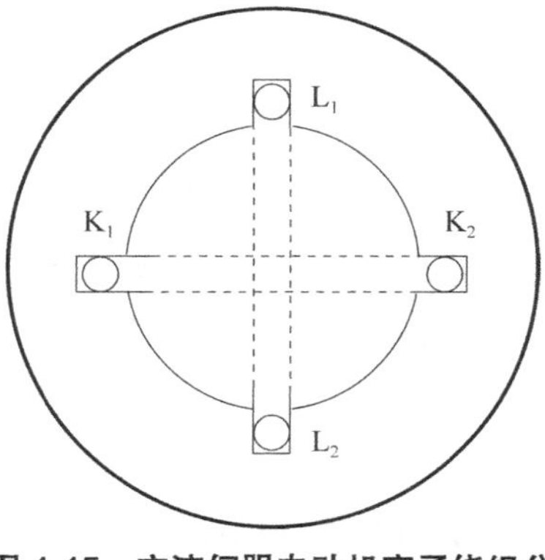

图 4-45 交流伺服电动机定子绕组分布图

转子的结构常用的有鼠笼型转子和非磁性杯形转子。鼠笼型转子交流伺服电动机的结构如图 4-46 所示，它的转子由转轴、转子铁芯和转子绕组等组成。转子铁芯是由硅钢片叠成的，每片冲成有齿有槽的形状，然后叠压起来将轴压入轴孔内。铁芯的每一槽中放有一根导条，所有导条两端用两个短路环连接，这就构成了转子绕组。

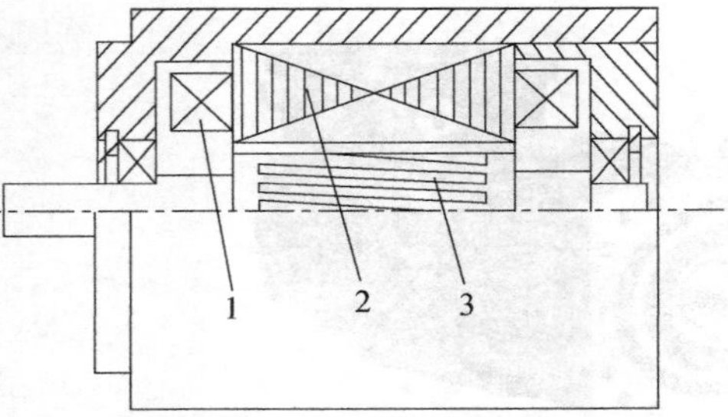

(a) 鼠笼形转子交流伺服电动机结构

1–定子绕组；2–定子铁芯；3–鼠笼转子

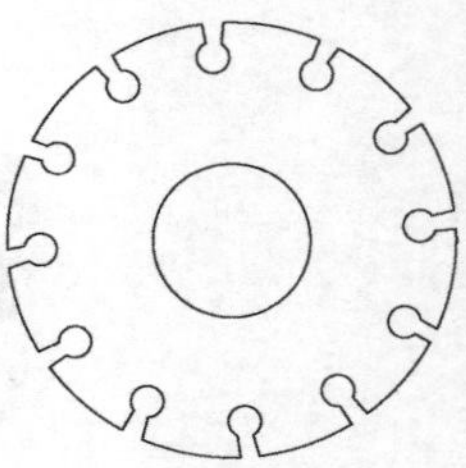

(b) 转子铁芯

图 4-46　鼠笼型转子交流伺服电动机的结构及转子铁芯图

非磁性杯形转子交流伺服电动机的结构如图 4-47 所示。图 4-47 中，外定子与鼠笼型转子伺服电动机的定子完全一样，内定子由环形钢片叠成，通常内定子不放绕组，只是代替鼠笼转子的铁芯，作为电机磁路的一部分。在内、外定子之间有细长的空心转子装在转轴上，空心转子制作成杯子形状，所以又称为空心杯形转子。空心杯由非磁性材料铝或铜制成，它的杯壁极薄，一般为 0.3mm 左右。杯形转子套在内定子铁芯外，并通过转轴可以在内、外定子之间的气隙中自由转动，而内、外定子是不动的。

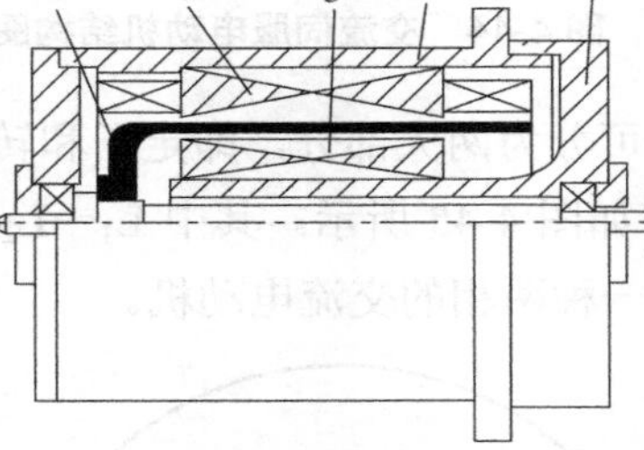

图 4-47　杯形转子伺服电动机

1–杯形转子；2–外定子；3–内定子；4–机壳；5–端盖

与鼠笼型转子相比较，非磁性杯形转子惯量小，轴承摩擦阻转矩小。由于它的转子没有齿和槽，所以定、转子间没有齿槽黏合现象，转矩不会随转子不同的位置而发生变化，恒速旋转时，转子一般不会有抖动现象，运转平稳。但是由于它内、外定子间气隙较大(杯壁厚度加上杯壁两边的气隙)，所以励磁电流就大，降低了电机的利用率，因而在相同的体积和重量下，在一定的功率范围内，杯形转子伺服电动机比鼠笼转子伺服电动机所产生的启动转矩和输出功率都小；另外，杯形转子伺服电动机结构和制造工艺又比较复杂。因此，目前广泛应用的是鼠笼型转子伺服电动机，只有在要求运转非常平稳的某些特殊场合下(如积分电路等)，才采用非磁性杯形转子伺服电动机。

（二）认知伺服电机及伺服驱动器

1. 永磁交流伺服系统概述

现代高性能的伺服系统，大多数采用永磁交流伺服系统，包括永磁同步交流伺服电动机和全数字交流永磁同步伺服驱动器两部分。

交流伺服电机的工作原理：伺服电机内部的转子是永磁铁，驱动器控制的 U/V/W 三相电形成电磁场，转子在此磁场的作用下转动；同时电机自带的编码器反馈信号传送给驱动器，驱动器根据反馈值与目标值进行比较，调整转子转动的角度。伺服电机的精度决定于编码器的精度（线数）。

交流永磁同步伺服驱动器主要有伺服控制单元、功率驱动单元、通信接口单元、伺服电动机及相应的反馈检测器件组成，其中伺服控制单元包括位置控制器、速度控制器、转矩和电流控制器等。其结构组成如图 4-48 所示。

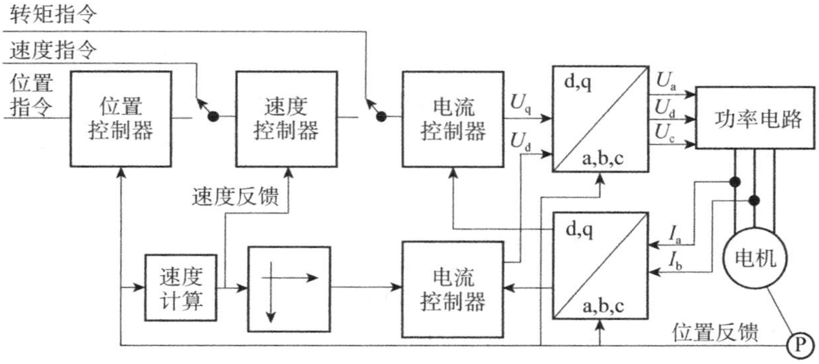

图 4-48　系统结构组成

伺服驱动器均采用数字信号处理器（DSP）作为控制核心，其优点是可以实现比较复杂的控制算法，实现数字化、网络化和智能化。功率器件普遍采用以智能功率模块（IPM）为核心设计的驱动电路，IPM 内部集成了驱动电路；同时具有过电压、过电流、过热、欠压等故障检测保护电路；在主回路中还加入软启动电路，以减小启动过程对驱动器的冲击。

功率驱动单元首先通过整流电路对输入的三相电或者市电进行整流，得到相应的直流电。再通过三相正弦 PWM 电压型逆变器变频来驱动三相永磁式同步交流伺服电机。逆变部分（DC-AC）采用功率器件集成驱动电路、保护电路和功率开关于一体的智能功率模块（IPM），主要拓扑结构是采用三相桥式电路，原理图见图 4-49。此电路利用了脉宽调制技术即 PWM（Pulse Width Modulation），通过改变功率晶体管交替导通的时间来改变逆变器输出波形的频率，改变每半周期内晶体管的通断时间比，也就是说通过改变脉冲宽度来改变逆变器输出电压幅值的大小以达到调节功率的目的。

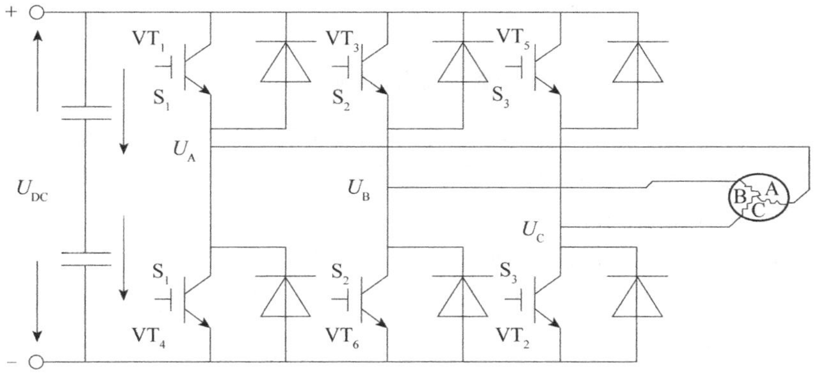

图 4-49　三相逆变电路

2. 交流伺服系统的位置控制模式

① 伺服驱动器输出到伺服电机的三相电压波形基本是正弦波（高次谐波被绕组电感滤除），而不是像步进电机那样是三相脉冲序列，即使从位置控制器输入的是脉冲信号。

② 伺服系统用作定位控制时，位置指令输入到位置控制器，速度控制器输入端前面的电子开关切换到位置控制器输出端；同样，电流控制器输入端前面的电子开关切换到速度控制器输出端。因此，位置控制模式下的伺服系统是一个三闭环控制系统，两个内环分别是电流环和速度环。由自动控制理论可知，这样的系统结构提高了系统的快速性、稳定性和抗干扰能力。在足够高的开环增益下，系统的稳态误差接近为零。这就是说，在稳态时，伺服电机以指令脉冲和反馈脉冲近似相等时的速度运行；反之，在达到稳态前，系统将在偏差信号作用下驱动电机加速或减速。若指令脉冲突然消失（例如紧急停车时，PLC 立即停止向伺服驱动器发出驱动脉冲），伺服电机仍会运行到反馈脉冲数等于指令脉冲消失前的脉冲数才停止。

3. 位置控制模式下电子齿轮的概念

位置控制模式下，等效的单闭环系统方框图如图 4-50 所示。

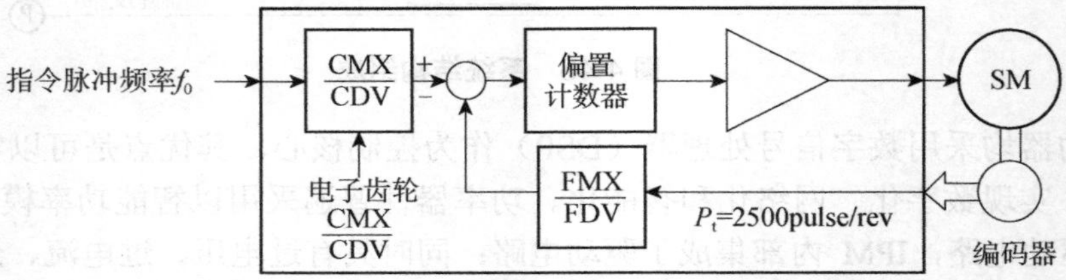

图 4-50　等效的单闭环位置控制系统方框图

图 4-50 中，指令脉冲信号和电机编码器反馈脉冲信号进入驱动器后，均通过电子齿轮变换才进行偏差计算。电子齿轮实际是一个分-倍频器，合理搭配它们的分-倍频值，可以灵活地设置指令脉冲的行程。

例如 YL-335B 所使用的松下 MINAS A4 系列 AC 伺服电机驱动器，电机编码器反馈脉冲为 2500pulse/rev。默认情况下，驱动器反馈脉冲电子齿轮分-倍频值为 4 倍频。如果希望指令脉冲为 6000pulse/rev，那么就应把指令脉冲电子齿轮的分-倍频值设置为 10000/6000。从而实现 PLC 每输出 6000 个脉冲，伺服电机旋转一周，驱动机械手恰好移动 60mm 的整数倍。

（三）松下 MINAS A4 系列 AC 伺服电机驱动器

在 YL-335B 的输送单元中，采用了松下 MHMD022P1U 永磁同步交流伺服电机，以及 MADDT1207003 全数字交流永磁同步伺服驱动装置作为运输机械手的运动控制装置。松下伺服电机结构概图如图 4-51 所示。

MHMD022P1U 的含义：MHMD 表示电机类型为大惯量，02 表示电机的额定功率为 200W，2 表示电压规格为 200V，P 表示编码器为增量式编码器，脉冲数为 2500pulse/rev，分辨率为 10000，输出信号线数为 5。

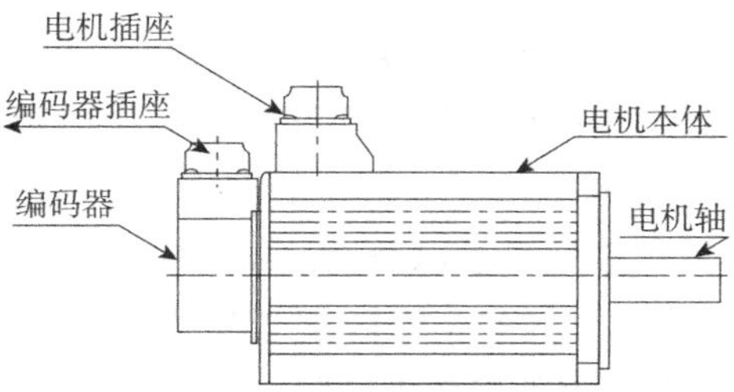

图 4-51　松下伺服电机结构概图

MADDT1207003 的含义：MADDT 表示松下 A4 系列 A 型驱动器，T1 表示最大瞬时输出电流为 10A，2 表示电源电压规格为单相 200V，07 表示电流监测器额定电流为 7.5A，003 表示脉冲控制专用。驱动器的外观和面板如图 4-52 所示。

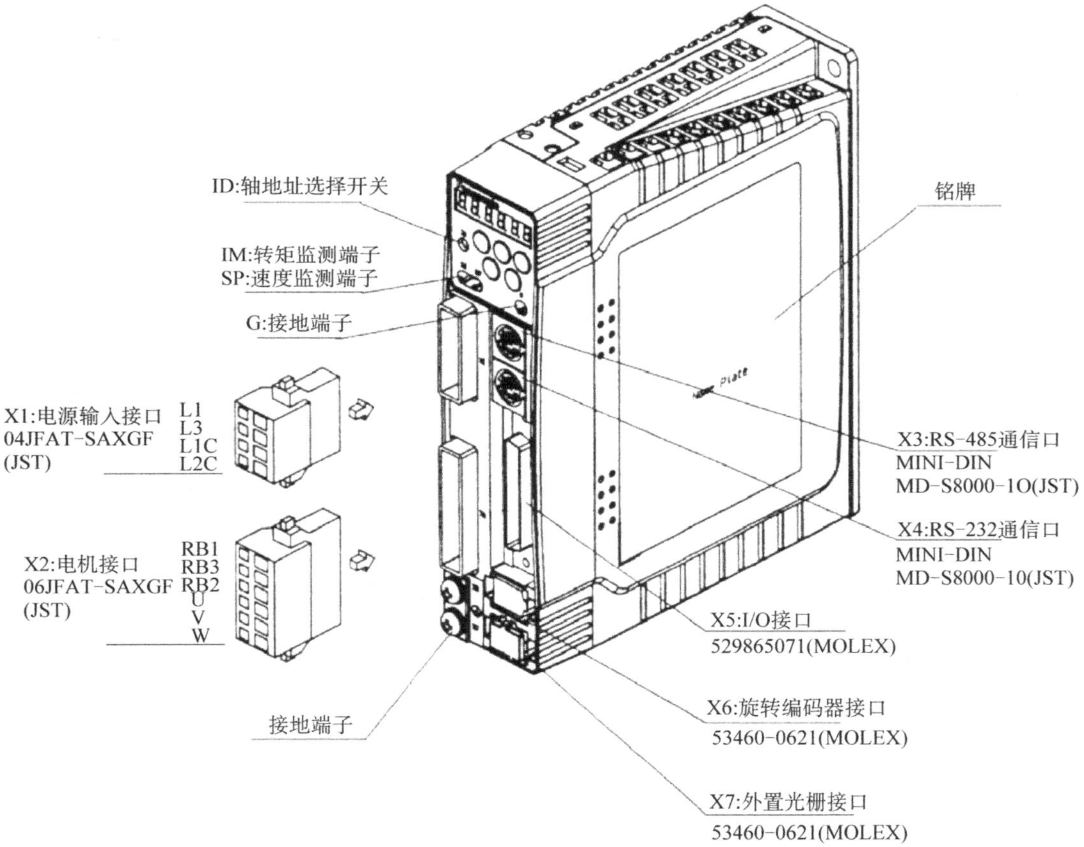

图 4-52　伺服驱动器的外观和面板图

1. 接线

MADDT1207003 伺服驱动器面板上有多个接线端口，分别介绍如下。

X1：电源输入接口，AC220V 电源连接到 L1、L3 主电源端子，同时连接到控制电源端子 L1C、L2C 上。

X2：电机接口和外置再生放电电阻器接口。U、V、W 端子用于连接电机。必须注意，电源电压务必按照驱动器铭牌上的指示，电机接线端子（U、V、W）不可以接地或短路，交流伺服电机的旋转方向不像感应电动机可以通过交换三相相序来改变，必须保证驱动器上的U、V、W 接线端子与电机主回路接线端子按规定的次序一一对应，否则可能造成驱动器的损坏。电机的接线端子和驱动器的接地端子以及滤波器的接地端子必须保证可靠地连接到同一个接地点，机身也必须接地。RB1、RB2、RB3 端子是外接放电电阻，MADDT1207003 的规格为 100Ω/10W，YL-335B 没有使用外接放电电阻。

X6：连接到电机编码器信号接口，连接电缆应选用带有屏蔽层的双绞电缆，屏蔽层应接到电机侧的接地端子上，并且应确保将编码器电缆屏蔽层连接到插头的外壳（FG）上。

X5：I/O 控制信号端口，其部分引脚信号定义与选择的控制模式有关，不同模式下的接线请参考《松下 A 系列伺服电机手册》。YL-335B 输送单元中，伺服电机用于定位控制，选用位置控制模式。所采用的是简化接线方式，如图 4-53 所示。

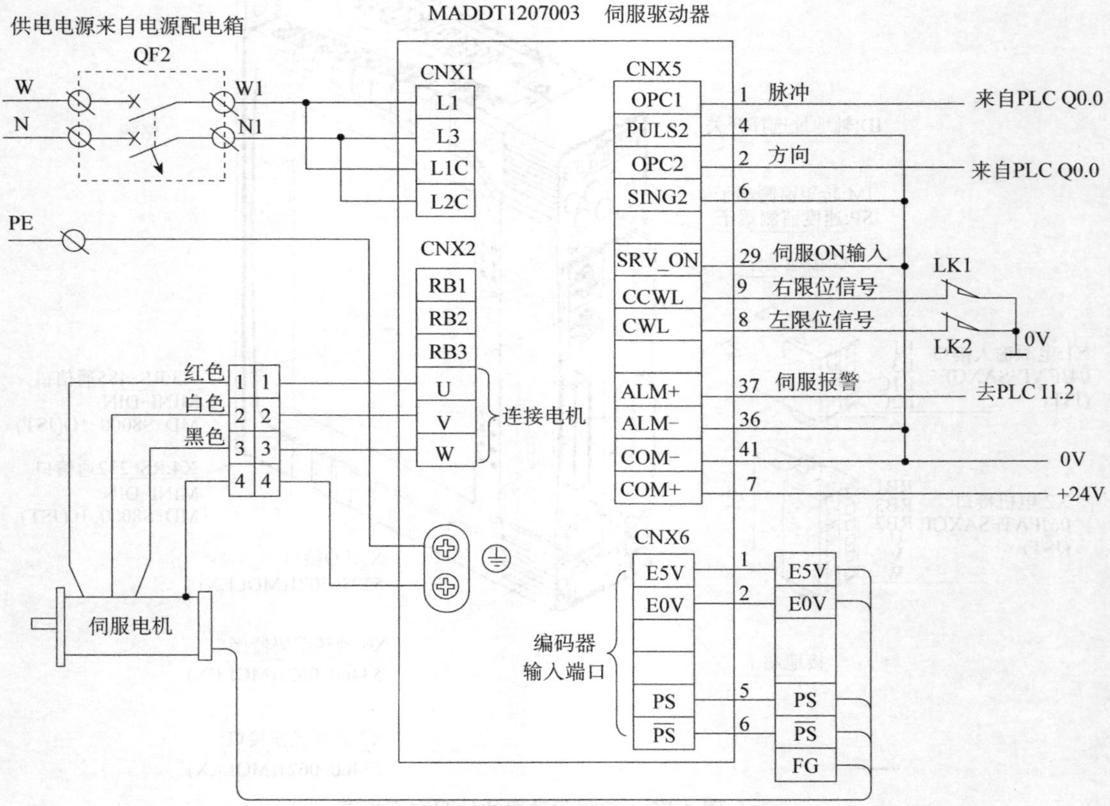

图 4-53 伺服驱动器电气接线图

2. 伺服驱动器的参数设置与调整

松下的伺服驱动器有七种控制运行方式，即位置控制、速度控制、转矩控制、位置/速度控制、位置/转矩、速度/转矩、全闭环控制。位置方式就是用输入脉冲串来使电机定位运行，电机转速与脉冲串频率相关，电机转动的角度与脉冲个数相关。速度方式有两种，一是通过输入直流−10～+10V 指令电压调速，二是选用驱动器内设置的内部速度来调速。转矩方式是通过输入直流-10～+10V 指令电压调节电机的输出转矩，这种方式下运行必须要进行速度限制，有如下两种方法：

① 设置驱动器内的参数来限制。

② 输入模拟量电压限速。

3. 参数设置方式操作说明

MADDT1207003 伺服驱动器的参数共有 128 个，Pr00～Pr7F，可以通过与 PC 连接后在专门的调试软件上进行设置，也可以在驱动器上的面板上进行设置。

在 PC 上安装，通过与伺服驱动器建立起通信，就可将伺服驱动器的参数状态读出或写入，非常方便，见图 4-54。当现场条件不允许，或修改少量参数时，也可通过驱动器上操作面板来完成。操作面板如图 4-55 所示，各个按钮的说明见表 4-16。

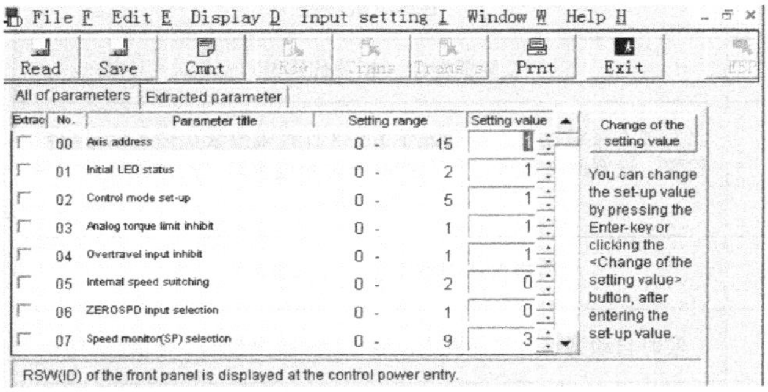

图 4-54 驱动器参数设置软件 Panaterm

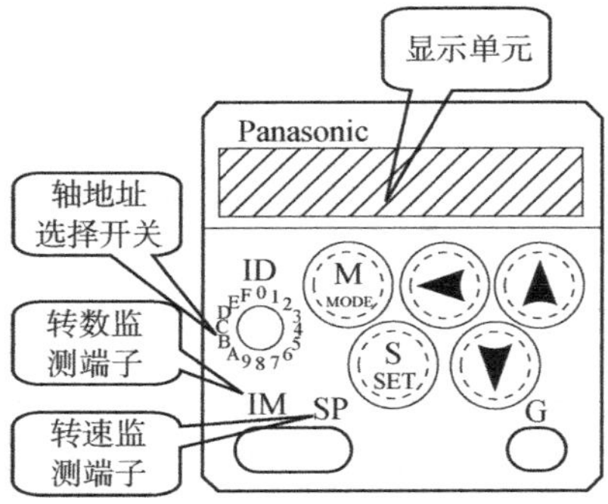

图 4-55 驱动器操作面板

表 4-16 伺服驱动器面板按钮的说明

按键	激活条件	功能
MODE	在模式显示时有效	在以下 5 种模式之间切换：①监视器模式；②参数设置模式；③EEPROM 写入模式；④自动调整模式；⑤辅助功能模式
SET	一直有效	用来在模式显示和执行显示之间切换
▲ ▼	仅对小数点闪烁的那一位数据位有效	改变模式里的显示内容、更改参数、选择参数或执行选中的操作
◀		把移动的小数点移动到更高位数

面板操作说明如下。

① 参数设置。先按“SET”键，再按“MODE”键选择到“Pr00”后，按向上、下或向左的方向键选择通用参数的项目，按“SET”键进入；然后按向上、下或向左的方向键调整参数，调整完后，按“S”键返回。选择其他项再调整。

② 参数保存。按“M”键选择“EE-SET”后按“SET”键确认，出现“EEP-”；然后按向上键 3s，出现“FINISH”或“reset”，重新上电即可保存。

③ 手动 JOG 运行。按“MODE”键选择“AF-ACL”；按向上、下键选择到“AF-JOG”

按“SET”键一次，显示“JOG-”；按向上键 3s 显示“ready”，再按向左键 3s 出现“sur-on”锁紧轴，按向上、下键，单击正反转。注意先将 S-ON 断开。

④ 部分参数说明。在 YL-335B 上，伺服驱动装置工作于位置控制模式，S7-226 的 Q0.0 输出脉冲作为伺服驱动器的位置指令，脉冲的数量决定伺服电机的旋转位移，即机械手的直线位移；脉冲的频率决定了伺服电机的旋转速度，即机械手的运动速度。S7-226 的 Q0.1 输出脉冲作为伺服驱动器的方向指令。对于控制要求较为简单的，伺服驱动器可采用自动增益调整模式。根据上述要求，伺服驱动器参数设置如表 4-17 所示。

表 4-17 伺服参数设置表

序号	参数		设置数值	功能和含义
	参数编号	参数名称		
1	Pr01	LED 初始状态	1	显示电机转速
2	Pr02	控制模式	0	位置控制（相关代码 P）
3	Pr04	行程限位禁止输入无效设置	2	当左或右限位动作，则会发生 Err38 行程限位禁止输入信号出错报警。设置此参数值必须在控制电源断电重启之后才能修改、写入成功
4	Pr20	惯量比	1678	该值自动调整得到，具体请参见 AC
5	Pr21	实时自动增益设置	1	实时自动调整为常规模式，运行时负载惯量的变化情况很小
6	Pr22	实时自动增益的机械刚性选择	1	此参数值设置较大，响应越快
7	Pr41	指令脉冲旋转方向设置	1	指令脉冲+指令方向。设置此参数值必须在控制电源断电重启之后才能修改、写入成功。 指令脉冲 + 指令方向 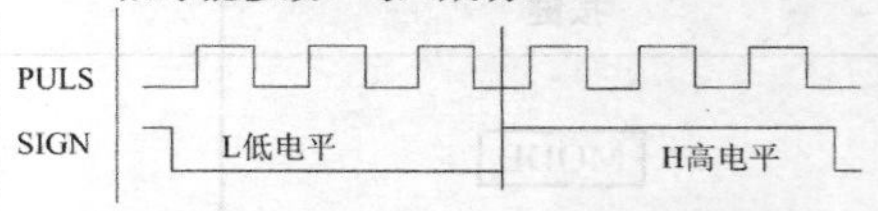
8	Pr42	指令脉冲输入方式	3	
9	Pr48	指令脉冲分倍频第 1 分子	10000	每转所需指令脉冲数=编码器分辨率×$\frac{Pr4B}{Pr48\times 2^{Pr4A}}$ 现编码器分辨率为 10000（2500p/r×4），参数设置见表，则 每转所需指令脉冲数=10000×$\frac{Pr4B}{Pr48\times 2^{Pr4A}}$ =10000×$\frac{5000}{10000\times 2^0}$=5000
10	Pr49	指令脉冲分倍频第 2 分子	0	
11	Pr4A	指令脉冲分倍频分子倍率	0	
12	Pr4B	指令脉冲分倍频分母	6000	

注：其他参数的说明及设置请参见松下 NinasA4 系列伺服电机、驱动器使用说明书。

二、任务分析及实施

YL-335B 型自动化模拟生产线实训平台由供料站、加工站、装配站、分拣站和输送站五个工作站组成，五个站之间通过 PPI 网络连接构成一个分布式系统，是一个高度仿真性的自动化生产线，涵盖了机械气动、传感器、电气控制、PLC 控制、人机界面、通信技术等多种核心技术。

该系统的工艺控制过程为：供料站将料仓内的工件推出料台，输送站的机械手将工件抓取运送到装配站装配小零件，装配完后将工件运送到加工站加工，加工站加工完后将成品送至分拣站分拣，然后再返回参考点，完成一个周期的工作。这里的关键技术就是输送站中机械手的位置控制问题，具体来说有四个位置的定位控制。但是，伺服系统的控制方式不仅有定位控制，还有速度控制模式和转矩控制模式。系统工艺控制过程如图 4-56 所示。

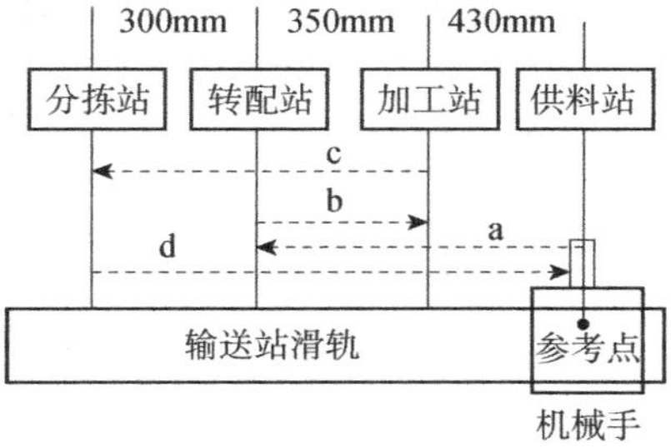

图 4-56　YL-335B 自动化生产线工艺控制过程

(一)控制要求

① 工作台移动的距离可以通过触摸屏设置相对位移或绝对位移来实现，设置单位是毫米。按下停止按钮，工作台马上停止。

② 按下回原点按钮，工作台能自动回到原点位置，如图 4-57 所示。

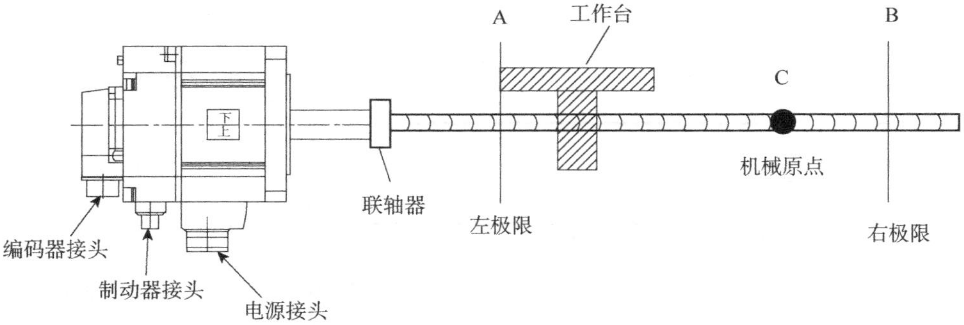

图 4-57　伺服电机驱动丝杠原理图

（二）控制分析

1. 硬件分析

上位机的触摸屏采用的是北京昆仑通态MCGS，如图4-58 所示。控制器是西门子 S7-200PLC，如图 4-59 所示。因此采用运动控制库 MAP 指令，如图 4-60 所示，控制、修改指令比较方便。

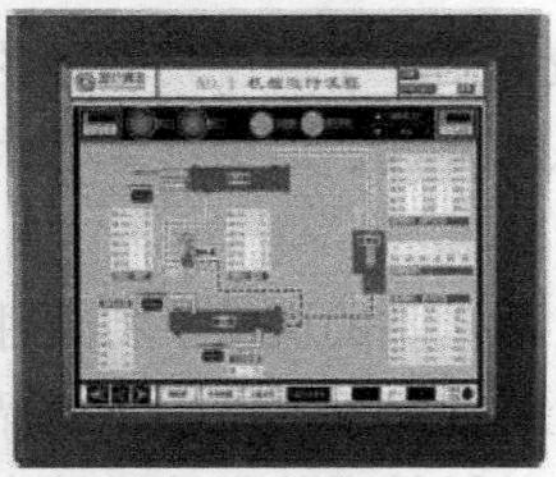

图 4-58　MCGS 触摸屏

图 4-59　S7-200PLC

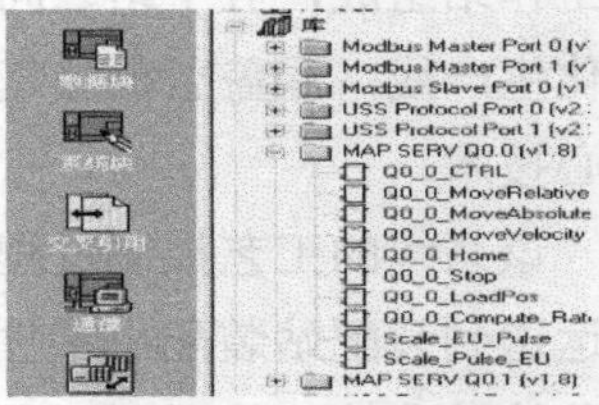

图 4-60　MAP 运动控制库

2. 软件分析

Q0_x_Home 功能块：寻找参考点位置，其梯形图如图 4-61 所示。

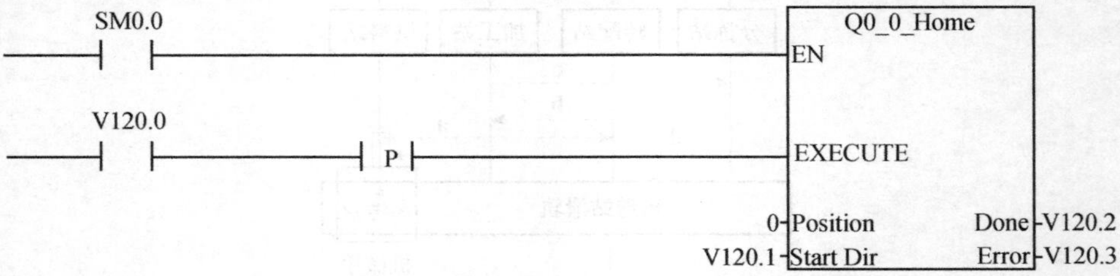

图 4-61　寻找参考点位置 Q0_x_Home 功能块

EN 为允许端，EXECUTE 为触发端，Position 为参考点位置端，Start Dir 为寻找参考点时的起始方向（可以通过设置伺服驱动器的参考来确定其起始方向），Done 为完成标志位，Error 为错误信息标志位。当允许端为高电平，并且触发端有上升沿时，该功能块按设定的起始方向寻找参考点位置，成功完成后 Done=1，否则 Error=1。

Q0_x_MoveAbsolute 功能块：执行一次绝对位移，其梯形图如图 4-62 所示。

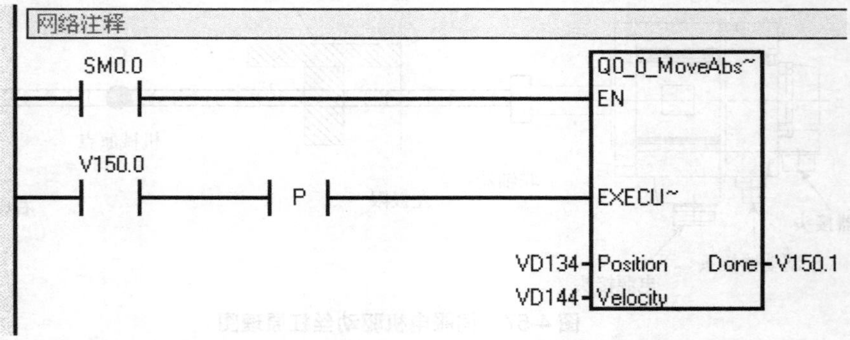

图 4-62　Q0_x_MoveAbsolute 功能块

EN 为允许端，EXECUTE 为触发端，Position 为指定的目标绝对位置，Velocity 为预设的运动速度，Done 为完成标志位。当允许端为高电平，并且触发端有上升沿时，该功能块按预设的速度运动到目标绝对位置，成功完成时 Done=1。

Q0_x_Stop 功能块：停止运行。运行过程中需要急停处理时，则执行 Q0_x_Stop 功能块，如图 4-63 所示。

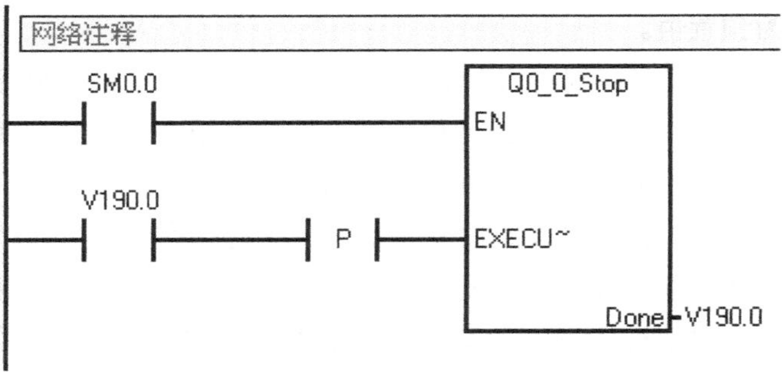

图 4-63　Q0_x_Stop 功能块

注意：执行一次绝对位移过程中的急停，需要与 Q0_x_Stop 功能块一起配合才能完成停止运行。

Q0_x_CTRL 功能块：参数的定义和初始化控制如图 4-64 所示。

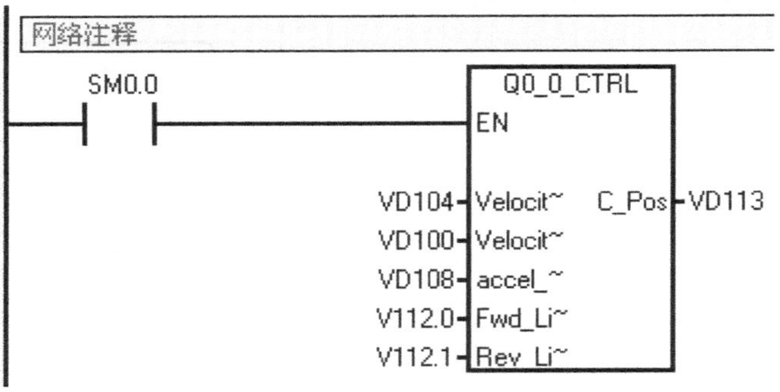

图 4-64　Q0_x_CTRL 功能块

在主程序中必须保证每个扫描周期执行 Q0_x_CTRL 功能块。Velocity_SS 为最小运行速度，Velocity_Max 为最大运行速度，accel_dec_time 为最小加速度时间，范围被规定为 0.02～32.0s，一般不小于 0.5s，Fwd_i.imit、ReV_limit 分别为正、反向限位开关，C_pos 为当前位置。

Q0_x_LoadPos 功能块：重新装载当前位置值作为参考点，如图 4-65 所示。

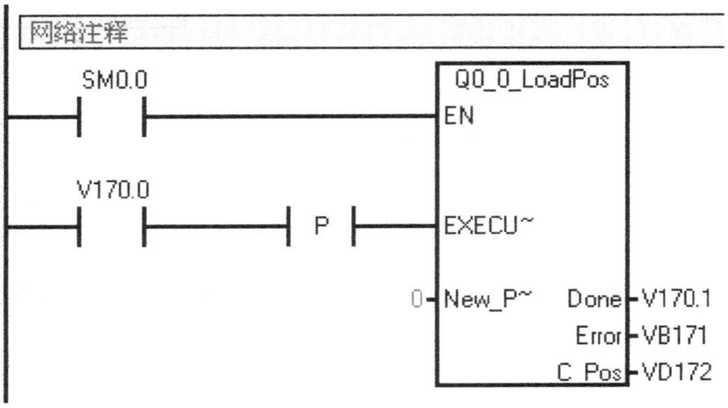

图 4-65　Q0_x_LoadPos 功能块图

EN 为允许端，EXECUTE 为触发端，New_Pos 为预置的绝对位置，Done 为当前位置。该功能块用于将当前位置的绝对位置设置为预置值。寻找参考点完成后一般要执行该功能块，将参考点位置设置为预置值。

基于 MAP 指令库的位置控制实质上是绝对位置控制，相比 S7-200 编程软件自带的相对位置控制向导指令，在控制便捷性、控制稳定性方面均有很大的优势。绝对位置控制，首要的问题是确定参考点的位置，一旦参考点位置确定了，根据不同的目标绝对位置，执行 Q0_x_MoveAbsolute 功能块就可以按照预设的要求实现定位控制。

寻找参考点时系统默认速度是最大初始化运行速度的二分之一，该速度往往过大，实际上可以通过库指令的相对地址 VD23 来修改寻找参考点时的速度。寻找参考点有两种情况，一种情况是当机械手正好位于参考点位置时，此时应在应用程序中执行一个短距离绝对位移，再执行返回参考点功能块。当碰到参考点开关的上升沿时，机械手减速运行，直到碰到参考点开关的下降沿时停止运行，同时装载参考点的值，寻找参考点完成。另一种情况是当机械手位于参考点的左侧时，直接执行返回参考点功能块操作。

程序流程图如图 4-66、图 4-67 所示。

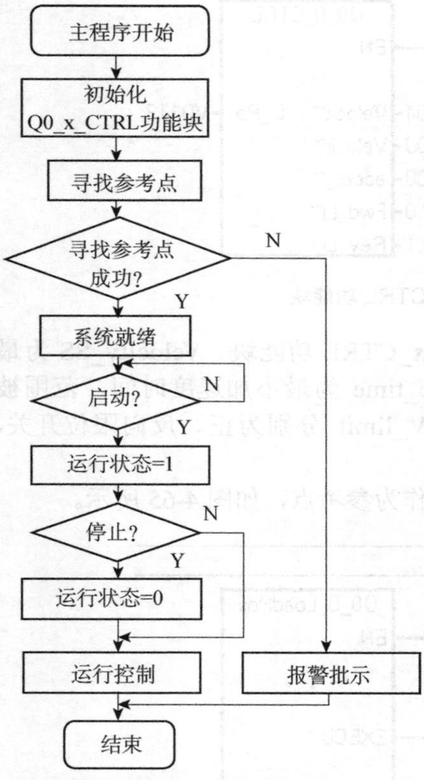

图 4-66　主程序流程图

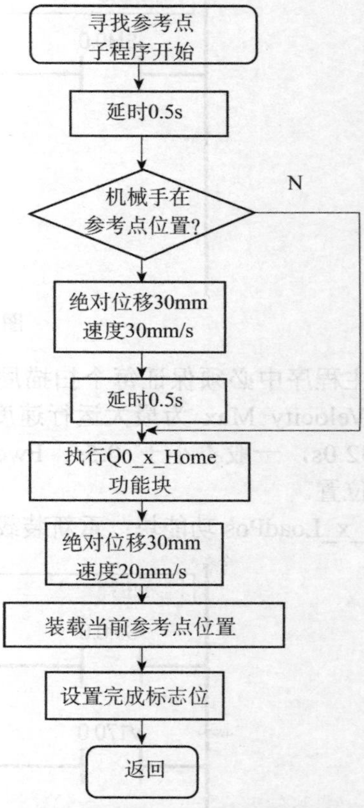

图 4-67　寻找参考点子程序流程图

（三）控制原理图

PLC 控制伺服驱动器的电路图如图 4-68 所示，其中 P 代表伺服系统的位置模式，S 代表伺服系统的速度模式。此电路图可实现伺服系统的位置模式和速度模式的运行切换。

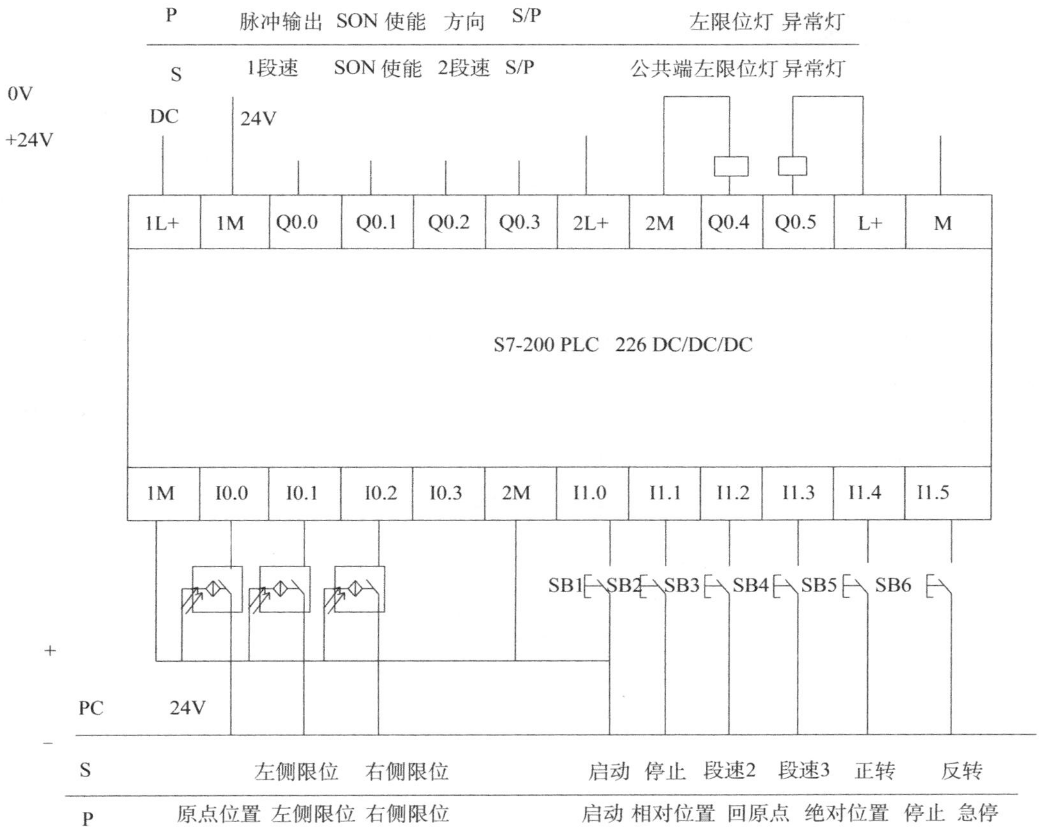

图 4-68　PLC 控制伺服驱动器的电路图

（四）触摸屏控制界面

触摸屏控制界面如图 4-69 所示。

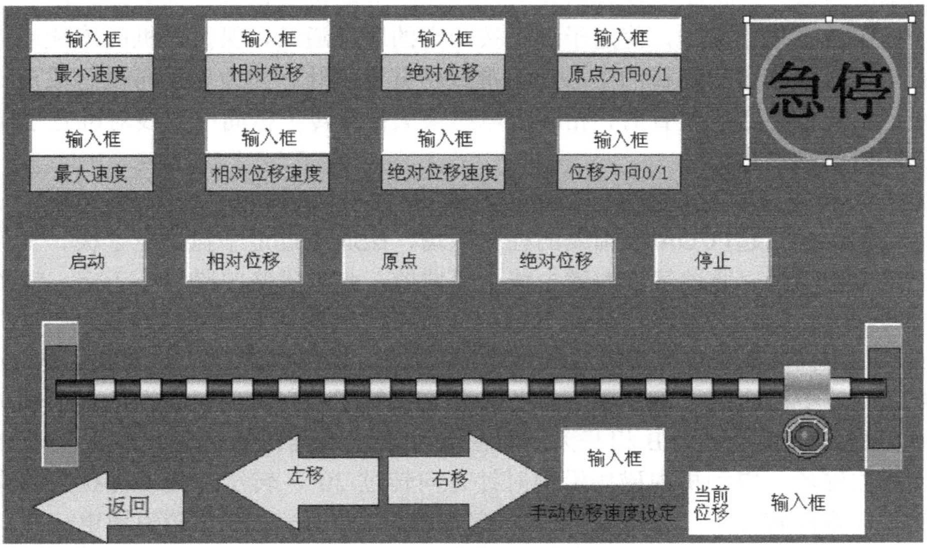

图 4-69　触摸屏控制界面

三、知识拓展

开关磁阻电机是 20 世纪 80 年代初随着电力电子、微机和控制理论的迅速发展而发展起来的一种新型调速驱动系统。具有结构简单、运行可靠、成本低、效率高等突出优点，目前已成为交流电机调速系统、直流电机调速系统、无刷直流电机调速系统的强有力的竞争者。

1. 开关磁阻电机的工作原理

开关磁阻电机的工作原理遵循磁阻最小原理，即磁通总是要沿着磁阻最小路径闭合。因此，它的结构原则是转子旋转时磁路的磁阻要有尽可能大的变化。所以开关磁阻电动机采用凸极定子和凸极转子的双凸极结构，并且定、转子极数不同。

开关磁阻电机的定子和转子都是凸极式齿槽结构，如图 4-70 所示。定、转子铁芯均由硅钢片冲成一定形状的齿槽，然后叠压而成。

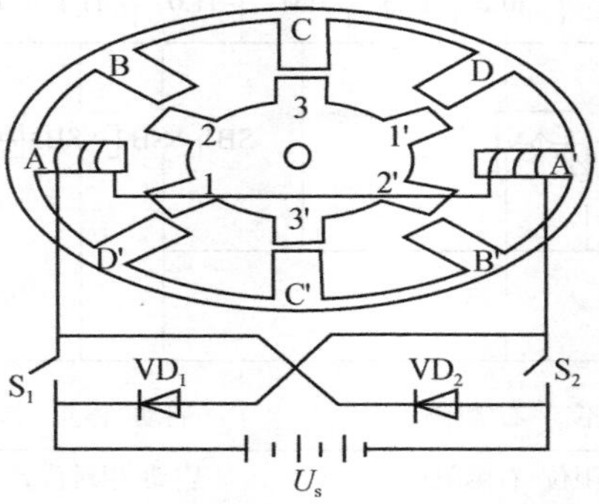

图 4-70　开关磁阻电机定、转子结构图

图 4-70 所示为 12/8 极三相开关磁阻电动机，S_1、S_2 是电子开关，VD_1、VD_2 是二极管，通直流电源。电机定子和转子呈凸极形状，极数互不相等。转子由叠片构成，定子绕组可根据需要采用串联、并联或串并联结合的形式在相应的极上得到径向磁场，转子带有位置检测器以提供转子位置信号，使定子绕组按一定的顺序通断，保持电机的连续运行。电机磁阻随着转子磁极与定子磁极的中心线对准或错开而变化，因为电感与磁阻成反比。当转子磁极在定子磁极中心线位置时，相绕组电感最大；当转子极间中心线对准定子磁极中心线时，相绕组电感最小。

当定子 A 相磁极轴线 OA 与转子磁极轴线 O1 不重合时，开关 S_1、S_2 合上，A 相绕组通电，电动机内建立起以 OA 为轴线的径向磁场，磁通通过定子扼、定子极、气隙、转子极、转子扼等处闭合。通过气隙的磁力线是弯曲的，此时磁路的磁导小于定、转子磁极轴线重合时的磁导。因此，转子将受到气隙中弯曲磁力线的切向磁拉力产生的转矩的作用，使转子逆时针方向转动，转子磁极的轴线 O1 向定子 A 相磁极轴线 OA 趋近。当 OA 和 O1 轴线重合时，转子已达到平衡位置，即当 A 相定、转子极对极时，切向磁拉力消失。此时打开 A 相开关 S_1、S_2，合上 B 相开关，即在 A 相断电的同时 B 相通电，建立以 B 相定子磁极为轴线的磁场，电动机内磁场沿顺时针方向转过 30°，转子在磁场磁拉力的作用下继续沿着逆时针方向转过 15° 。依此类推，定子绕组 A—B—C 三相轮流通电一次，转子逆时针转动了一个转子极距 T_r（$T_r=2\pi/N$），连续不断地按 A—B—C—A 的顺序分别给定子各相绕组通电，电动机内磁场轴线沿 A—B—C—A 的方向不断移动，转子沿 A—C—B—A 的方向逆时针旋转。如果按 A—C—B—A 的顺序给定子各相绕组轮流通电，则磁场沿着 A—C—B—A 的方向转动，转子则沿着相反的 A—B—C—A 方向顺时针旋转。

2. 开关磁阻电机的控制原理

传统的 PID 控制，一方面参数的整定没有实现自动化，另一方面这种控制必须精确地确定对象模型。而开关磁阻电动机(SRM)得不到精确的数学模型，控制参数是变化和非线性的，使得固定参数的 PID 控制不能使开关磁阻电动机控制系统在各种情况下保持设计时的性能指标。

模糊控制器是一种近年来发展起来的新型控制器，其优点是不需要掌握受控对象的精确数学模型，而根据人工控制规则组织控制决策表，然后由该表决定控制量的大小。因此采用模糊控制，对开关磁阻电动机（SRM）进行控制是改善系统性能的一种途径。但在实践中发现，常规模糊控制器的设计存在一些不足，如控制表中数据有跳跃、平滑性较差，这对控制效果有影响。

将模糊控制和 PID 控制两者结合起来，扬长补短，是一个优秀的控制策略。优点如下所述：

第一，由线性控制理论可知，积分控制作用能消除稳态误差，但动态响应慢，比例控制作用动态响应快，而比例积分控制既能获得较高的稳态精度，又能具有较高的动态响应。因此，把 PI 控制策略引入 Fuzzy 控制器，构成 Fuzzy-PI 复合控制，是改善模糊控制器稳态性能的一种途径。

第二，增加模糊量化论域是提高模糊控制器稳态精度的最直接的方法，但这种方法要增大模糊推理的计算量，况且量化论域的增加也不是无止境的。

采用模糊+PI 控制的开关磁阻电机调速系统框图如图 4-71 所示。

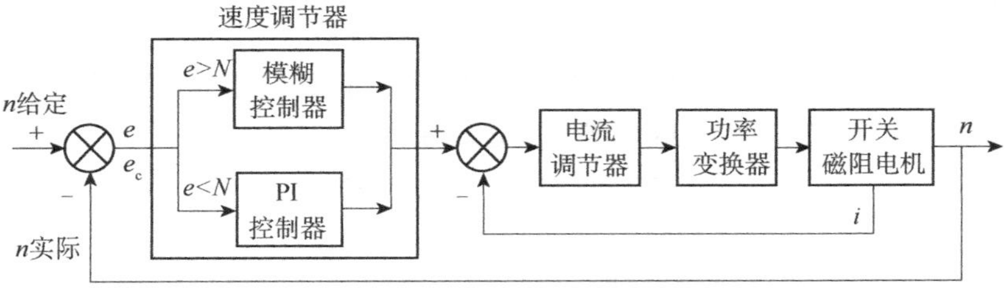

图 4-71　开关磁阻电机调速系统框图

3. 开关磁阻电机调速系统概述

开关磁阻电机驱动系统主要由开关磁阻电机(SRM)、功率变换器、控制器、电流监测器和位置监测器组成，其组成结构如图 4-72 所示。

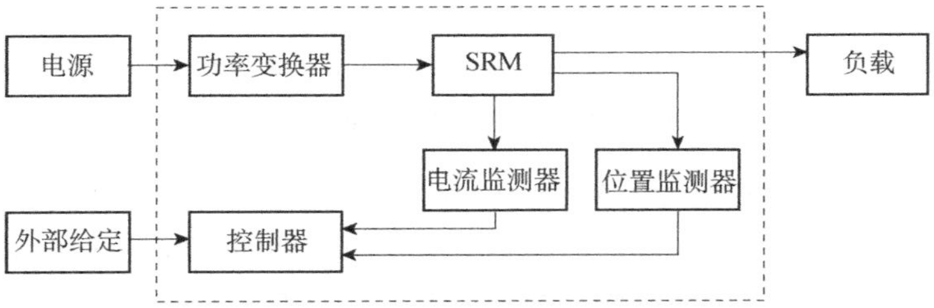

图 4-72　开关磁阻电机驱动系统

（二）永磁无刷直流电动机

直流无刷永磁电动机主要由电动机本体、位置传感器和电子开关线路三部分组成。其定子绕组一般制成多相（三相、四相、五相等），转子由永久磁钢按一定极对数（$2p$=2，4，…）组成。图 4-73 为三相两极直流无刷电机结构。

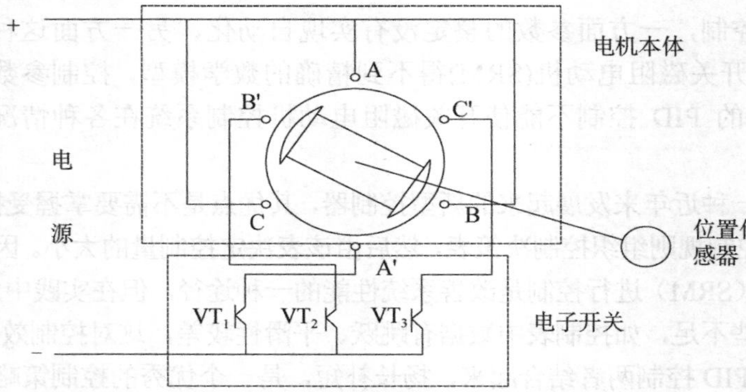

图 4-73　三相两极直流无刷电机结构

三相定子绕组分别与电子开关线路中相应的功率开关器件连接，A、B、C 相绕组分别与功率开关管 VT_1、VT_2、VT_3 相接，位置传感器的跟踪转子与电动机转轴相连接。

当定子绕组的某一相通电时，该电流与转子永久磁钢的磁极所产生的磁场相互作用而产生转矩，驱动转子旋转，再由位置传感器将转子磁钢位置变换成电信号，去控制电子开关线路，从而使定子各项绕组按一定次序导通，定子相电流随转子位置的变化而按一定的次序换相。由于电子开关线路的导通次序是与转子转角同步的，因而起到了机械换向器的换向作用。

图 4-74 为三相直流无刷电动机半控桥电路原理图。此处采用光电器件作为位置传感器，以三只功率晶体管 VT_1、VT_2 和 VT_3 构成功率逻辑单元。

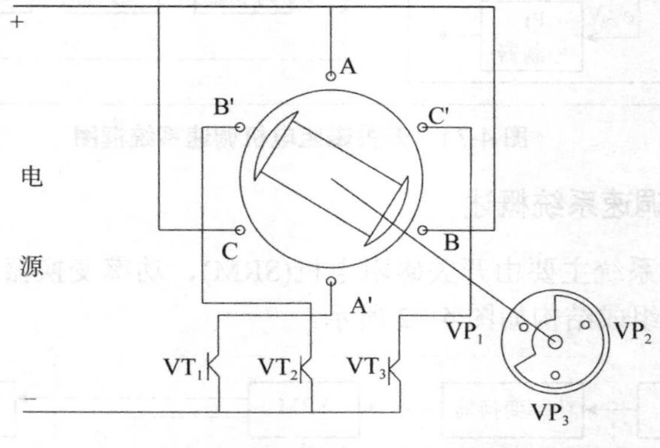

图 4-74　三相直流无刷电动机半控桥电路

三只光电器件 VP_1、VP_2 和 VP_3 的安装位置各相差 120°，均匀分布在电动机一端。借助安装在电动机轴上的旋转遮光板的作用，使从光源射来的光线一次照射在各个光电器件上，并依照某一光电器件是否照射到光线来判断转子磁极的位置。开关顺序及定子磁场旋转如图 4-75 所示。

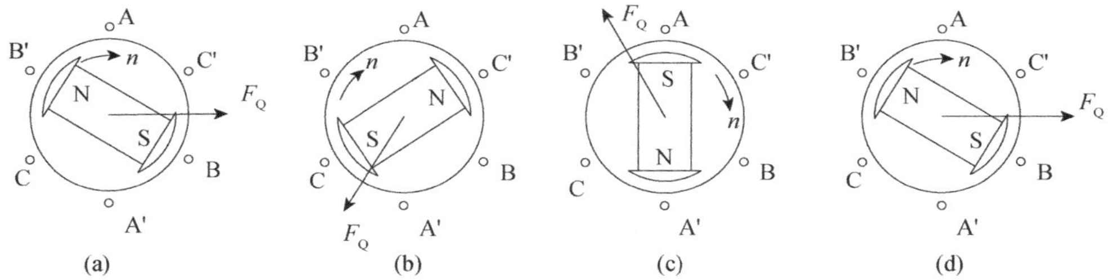

图 4-75 开关顺序及定子磁场旋转示意图

图 4-74 所示的转子位置和图 4-75（a）所示的位置相对应。由于此时光电器件 VP_1 被光照射，从而使功率晶体 VT_1 呈导通状态，电流流入绕组 A-A′，该绕组电流同转子磁极作用后所产生的转矩使转子的磁极按图 4-75（a）中箭头方向转动。当转子磁极转到图 4-75（b）所示的位置时，直接装在转子轴上的旋转遮光板亦跟着同步转动，并遮住 VP_1 而使 VP_2 受光照射，从而使晶体管 VT_1 截止，晶体管 VT_2 导通，电流从绕组 A-A′ 断开而流入绕组 B-B，使得转子磁极继续朝箭头方向转动。当转子磁极转到图 4-75（c）所示的位置时，此时旋转遮光板已经遮住 VP_2，使 VP_3 被光照射，导致晶体管 VT_2 截止，晶体管 VT_3 导通，因而电流流入绕组 C-C，于是驱动转子磁极继续朝顺时针方向旋转并回到图 4-75（a）的位置。

这样，随着位置传感器转子扇形片的转动，定子绕组在位置传感器 VP_1、VP_2、VP_3 的控制下，便一相一相地依次得电，实现了各相绕组电流的换相。在换相过程中，定子各相绕组在工作气隙内所形成的旋转磁场是跳跃式的。这种旋转磁场在 360° 电角度范围内有三种磁状态，每种磁状态持续 120° 电角度。各相绕组电流与电动机转子磁场的相互关系如图 4-75 所示。图 4-75（a）为第一种状态，显然，绕组电流与转子磁场的相互作用，使转子沿顺时针方向旋转，转过 120° 电角度后，便进入第二状态；这时绕组 A-A′ 断电，而 B-B′ 随之通电，即定子绕组所产生的磁场转过了 120° ，如图 4-75（b）所示。电动机定子继续沿顺时针方向旋转，再转 120° 电角度，便进入第三状态；这时绕组 B-B′ 断电，C-C′ 通电，定子绕组所产生的磁场又转过了 120° 电角度，如图 4-75（c）所示。它继续驱动转子沿顺时针方向转过 120° 电角度后就恢复到初始状态，如图 4-75（d）所示。图 4-76 为各相绕组的导通顺序的示意图。

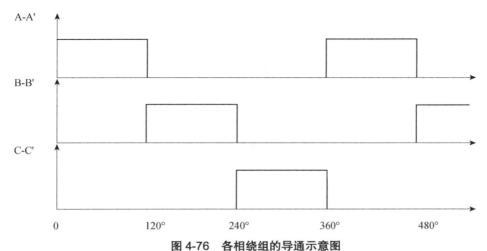

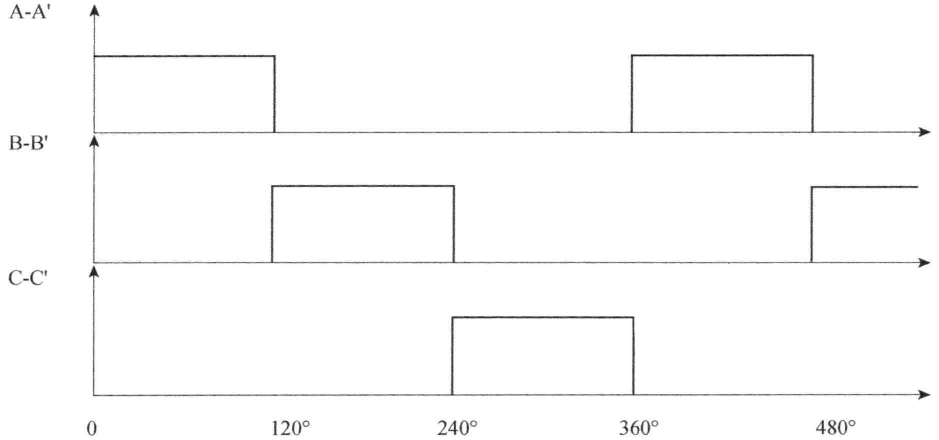

图 4-76 各相绕组的导通顺序示意图

项目小结

通过本项目的学习，要求掌握以下内容。

（一）步进电机的认知及应用

1. 步进电机的结构原理

步进电动机受脉冲的控制，其转子的角位移量和转速与输入脉冲的数量和脉冲频率成正比，可以通过控制脉冲个数来控制角位移量，从而达到准确定位的目的；同时也可以通过控制脉冲频率来控制电机转动的速度和加速度，从而达到调速的目的。步进电动机的运行特性还与其线圈绕组的相数和通电运行方式有关。

2. 3M458 步进电机驱动器模块

在驱动器上有 1 个 4 位的拨位开关（DIP1～DIP4），通过 DIP1 和 DIP2 不同设置组合（00、01、10）分别选择对应工作步距角为 0.9°、0.45°、0.225°。同时在驱动器上还有 1 个 10 位接口的接线端口接线排，分别用于与控制器和步进电动机进行连接。该步进电机驱动器工作电流输出为 1.7A，工作电压为 DC24V。

3. 步进电动机接线原理

步进驱动器的接线原理如图 4-77 所示。

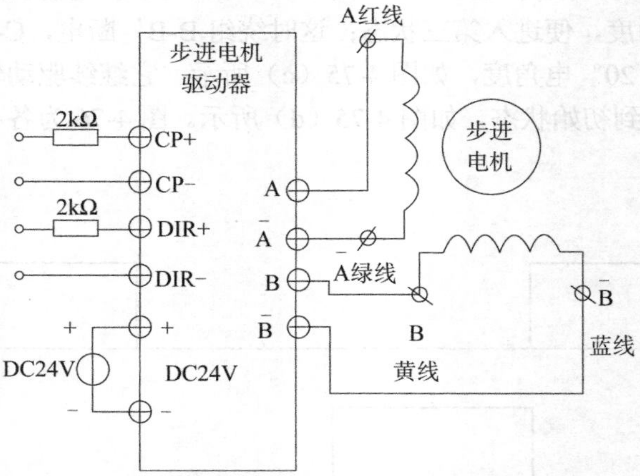

图 4-77 步进驱动器的接线原理

① CP+与 CP−为脉冲信号。

② 脉冲的数量、频率和步进电动机的位移、速度成正比例。

③ DIR+和 DIR−为方向信号，它的高低电平决定电动机的旋转方向。

④ 驱动器的 CP+、DIR+两端口引出接线上均串上一个 2kΩ 的电阻，起限流保护作用。

4. 驱动器的工作方式/工作参数

DIP1、DIP2 位置状态决定驱动器的细分步数，细分设置见表 4-18。

表 4-18　细分设置表

DIP1	DIP2	步/转	角度/步
0	0	400	0.9°
0	1	800	0.45°
1	0	1600	0.225°

（二）MAP 库的应用概述

现在，西门子 S7-200 系列 PLC 本体 PTO 提供了应用库 MAP SERVQ0.0 和 MAP SERV Q0.1，分别用于 Q0.0 和 Q0.1 的脉冲串输出，如图 4-78 所示。

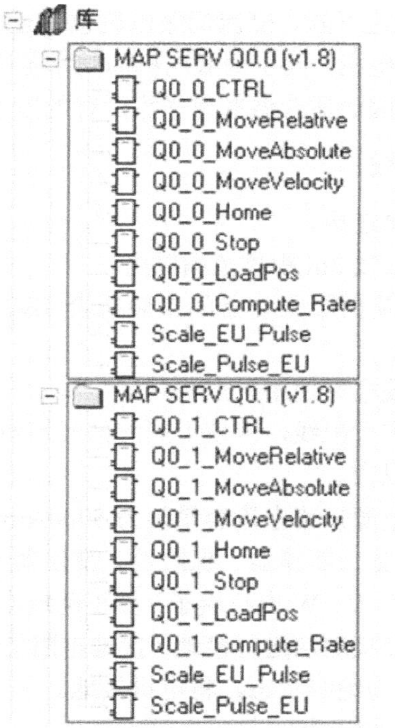

图 4-78　MAP 库的指令

各个模块的功能见表 4-19。

表 4-19　各模块及功能

模块	功能
Q0_x_CTRL	参数定义和控制
Q0_x_MoveRelative	执行一次相对位移运动
Q0_x_MoveAbsolute	执行一次绝对位移运动
Q0_x_MoveVelocity	按预设的速度运动
Q0_x_Home	寻找参考点位置
Q0_x_Stop	停止运动

（续表）

模块	功能
Q0_x_LoadPos	重新装载当前位置
Scale_EU_Pulse	将距离值转化为脉冲数
Scale_Pulse_EU	将脉冲数转化为距离值

充分掌握表4-19的库指令的应用就能很好地对伺服/步进电机的速度、位移、定位进行控制。

（三）伺服电动机认知与应用

1. 伺服电机的结构原理

伺服电动机又称执行电动机，在自动控制系统中，用作执行元件，把所接收到的电信号转换成电动机轴上的角位移或角速度输出。其主要的特点是：当信号电压为零时，无自转现象，转速随着转矩的增加而匀速下降。交流伺服电机也是无刷电机，分为同步和异步电机，目前运动控制中一般都用同步电机。同步伺服电机的功率范围大，惯量大，最高转动速度低，且随着功率增大而快速降低，因而适合做低速平稳运行的应用。

2. 伺服驱动器的外围接线

① 配线时尽量以最短距离连接。

② 配线的长度：命令输入线3m距离范围以内。

③ 请务必使输入电源端及伺服驱动器间安装符合IEC标准或UL认证的断路器及保险丝。

④ 配线材料按照“电线规格”使用。

⑤ 一定按照标准接线图进行配线，未使用到的信号切勿接出。

⑥ 编码器输入线：20m以内。

⑦ 在最大输入电压下的电源短路电流容量须为5000Arms以下，若电源短路电流有超过规格可能，请务必安装限流设备（断路器、保险丝、变压器），以限制短路电流。

⑧ 伺服驱动器输出端（U、V、W电机端子）要正确地连接，否则伺服电机无法正常工作。

⑨ 接地请使用多分支单点接地法进行接地（接地电阻值要小于100Ω），而且必须单点接地。若是希望电机与机械之间为绝缘状态，将电机接地。

⑩ 隔离线必须连接在FG端子上。

⑪ 装在输出信号的控制继电器，其过压（突波）吸收用的二极管的方向一定要连接正确，否则会造成故障，无法输出信号，也可能影响紧急停止的保护回路不能正常工作。

⑫ 伺服驱动器输出端不要随便添加滤波电容器，或过压（突波）吸收器及噪声滤波器等各种信号优化电路。

⑬ 为了防止噪声造成的错误动作，请采下列的处置。

- 请在电源上加入绝缘变压器及噪声滤波器等滤波装置。
- 请将动力线（电源线、电机线等的强电回路）与信号线不要放置在同一配线管内，两者之间要相距30cm以上来配线。
- 为防止动作不正确，应设置“紧急停止开关”，以确保安全。
- 完成配线后，检查各连接头的连接情况（如焊点有无虚焊、有无焊点短路、PIN脚的顺序是否正确等），压紧接头确认是否与驱动器完全连接，螺丝有无拴紧，一定要注意防止电缆破损、拉扯变形、重压等情况的存在。

思考与练习四

1. 当直流伺服电动机电枢电压、励磁电压不变时，如将负载转矩减少，试问此时电动机的电枢电流、电磁转矩、转速将怎样变化？并说明由原来的稳态到达新的稳态的物理过程。

2. 直流伺服电动机在不带负载时，其调节特性有无死区？调节特性死区的大小与哪些因素有关？

3. 一台直流伺服电动机带动一恒转矩负载（负载阻转矩不变），测得初始电压为 4V，当电枢电压 U_a=50V 时，其转速为 1500r/min。若要求转速达到 3000r/min，试问要加多大的电枢电压？

4. 已知一台直流伺服电动机的电枢电压 U_a=100V，空载电流 I_{a0}=0.055A，空载转速 n_0=4600r/min，电枢电阻 R_a=800Ω。试求：

（1）当电枢电压 U_a=67.5V 时的理想空载转速 n_0 及堵转转矩 T_d；

（2）该电机若用放大器控制，放大器内阻 R_i=80Ω，开路电压 U_i=67.5V，求这时的理想空载转速 n_0 及堵转转矩 T_d；

（3）当阻转矩 T_L+T_0 由 30×10^{-3}N·m 增至 40×10^{-3}N·m 时，试求上述两种情况下转速的变化 Δn。

5. 改变交流伺服电动机转向的方法有哪些？为什么能改变？

6. 为什么交流伺服电动机有时能称为两相异步电动机？如果有一台电机，技术数据上标明空载转速是 1200r/min，电源频率为 50Hz，请问这是几极电机？空载转差率是多少？

7. 什么是自转现象？为了消除自转，交流伺服电动机零信号时应具有怎样的机械特性？

8. 交流伺服电动机与步进电动机的比较，分析各自的优缺点。

9. 永磁交流伺服电动机同直流伺服电动机比较。

10. 已知伺服马达的编码器的分辨率是 131072p/r，额定转速为 3000r/min，上位机发送脉冲的能力为 200kpulse/s，要想达到额定转速，那么电子齿轮比至少应该设为多少？

11. 已知伺服马达的分辨率是 131072p/r，滚珠丝杠的进给量为 P_b=8mm。

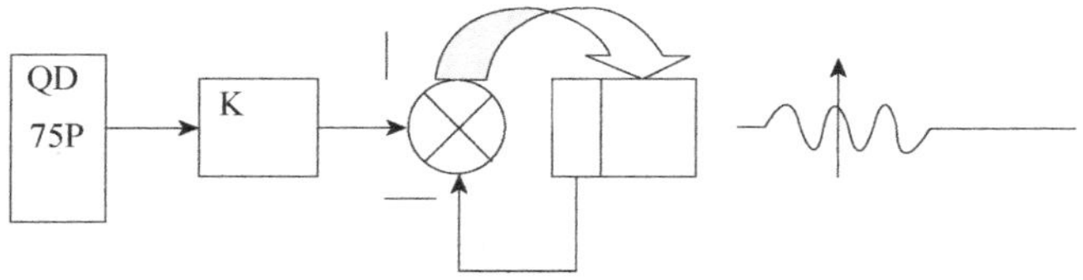

（1）计算反馈脉冲的当量（一个脉冲走多少）。

（2）要求指令脉冲当量为 0.1μm/p，电子齿轮比应为多少？

（3）电机的额定速度为 3000r/min，脉冲频率应为多少？